# Q. 物理学はどのように進展してきた？

　物理学は科学の中でも早くから体系化され，あらゆる自然科学の基礎となっている。17世紀から19世紀にかけて，力学，熱，波動，電磁気などの物理学理論の体系が確立された。これらの分野は古典物理学とよばれ，巨視的物理現象に対しては完成された物理学体系である。続く19世紀末から20世紀初めにかけて，物理学は大きな変革を迎える。電子や原子核が確認され，熱放射の波長分布，光電効果，原子の線スペクトルなど，古典物理学では説明できない現象が発見された。これらの現象を説明するために量子力学が誕生し，古典物理学は微視的現象の理解には不十分であることが示された。また，相対性理論というまったく新しい時間と空間の概念も導入された。これらの，従来の物理学の基本概念を根本的にくつがえした新しい分野は，現代物理学とよばれている。

⤴ p.4 物理学者名鑑

JN080860

# Q. 物理学にはどのような分野がある？

　本書で扱うのは，高校で学ぶ，力学，熱力学，波，電磁気，原子の5分野である。大学の理工系学部に入学すると，これらを基礎にして，弾性体・流体力学，解析力学，統計力学などの古典物理学，さらに，量子力学，相対性理論などの現代物理学を学ぶ。これらの物理学はすでに完成されたものであるが，現在も進展している研究分野としては，大きく分けて2つの分野がある。物質の根源を追及する素粒子・原子核・宇宙物理学と，物質のさまざまな形態と性質を研究する物性物理学であり，それぞれに理論分野と実験分野がある。

力学　　熱力学　　波　　電磁気　　原子

## フックの法則 （♪ p.28）
力学

ばねが他の物体に及ぼす力の大きさは，ばねの伸びまたは縮みの長さに比例する。これをフックの法則という。上皿ばねはかりには，上皿がつる巻きばねを介して保持されていて，ばねの伸びが物体にはたらく重力に比例することを利用して物体の重さを表示するものがある。

## 作用反作用の法則 （♪ p.28）
力学

物体に力（作用）を及ぼすとき，それと同時に相手の物体から同じ作用線上で同じ大きさで逆向きの力（反作用）を受けるという法則。ロケットはガスを後方に噴射する。ロケットはガスを押す（作用）が，逆にガスもロケットを押す（反作用）ため，空気のない宇宙空間でも前進できる。

## 慣性の法則 （♪ p.30）
力学

物体に力がはたらかないとき，静止している物体は静止を続け，運動している物体は等速直線運動を続ける（慣性の法則）。カーリングのストーンは，選手の手をはなれた後，慣性の法則に従って，ほぼ等速直線運動を続ける。氷面でも摩擦力は 0 ではないので，わずかな減速は起こる。

## 運動の法則 （♪ p.30）
力学

物体に力がはたらくと，力の向きに加速度が生じる。その加速度の大きさは力の大きさに比例し，質量に反比例する。綱で引かれてそりに力がはたらくと，そりは加速して速さが増加する。加速度の大きさは，強く引くほど大きく，そりの上の人の体重が大きいほど小さくなる。

## アルキメデスの原理 （♪ p.34）
力学

液体（気体）中の物体は，それが排除している液体（気体）の重さに等しい大きさの浮力を受ける。これをアルキメデスの原理という。船は鉄の塊なのに水に浮く。船体の中に大きな空洞をつくり，大量の水を押しのけて（排除して），船にはたらく重力とつりあう浮力を発生させている。

## てこの原理 （♪ p.37）
力学

てこには，支点，力点，作用点がある。支点から作用点までの距離より，支点から力点までの距離のほうが長い場合，小さな力（力点）で大きな力（作用点）を生み出せる。これをてこの原理といい，その本質は力のモーメントのつりあいである。栓抜きやくぎ抜きなどの原理である。

## 仕事の原理 （♪ p.38）
力学

道具を用いることで物体を動かす力を小さくすることはできるが，動かす距離が長くなるので仕事の量は変わらない。これを仕事の原理という。変速機能つきの自転車では，重いギアだと少しこぐだけで長い距離を進めるが，軽いギアではたくさんこがないと同じ距離を進めない。

## 力学的エネルギー保存則 （♪ p.40）
力学

運動エネルギーと位置エネルギーの和を力学的エネルギーという。重力のもとでの運動では，力学的エネルギーは一定に保たれる。ジェットコースターは，高い所では重力による位置エネルギーが大きく運動エネルギーが小さい。低い所では逆転して運動エネルギーのほうが大きくなる。

## 運動量保存則 （♪ p.44）
力学

質量と速度の積を運動量という。複数の物体が内力を及ぼしあうだけで外力を受けていないとき，全体の運動量は変化しない。これを運動量保存則という。ビリヤードで球を衝突させると，衝突の前後でそれぞれの球の運動の向きや速さは変化するが，運動量の和は変化しない。

身のまわりには物理に関係した物事があふれている。ここでは，その中でも物理の法則や原理に関係するものを特集した（一部，法則や原理以外のものも含む）。興味をもった法則や原理などについて，右上の 🌙 のページで詳しく読んでみよう。

## ケプラーの法則 （🌙 p.52）
力学

提供：NASA

ケプラー（🌙 p.4）は，ティコ・ブラーエ（デンマーク）の残した膨大な観測資料をもとにして惑星の運動を解析し，3つの法則（ケプラーの法則）にまとめた。地球は太陽から万有引力を受け，ケプラーの法則に従って，周期1年の円軌道に近いだ円軌道上を運動している。

## 万有引力の法則 （🌙 p.53）
力学

ニュートン（🌙 p.4）は，天体間にはたらく引力を導入して，惑星の運動を説明した。この引力はすべての物体の間にはたらくので，万有引力といわれる。潮の満ち引きは，おもに月からの引力で海水が動かされるために起こる。写真の砂の道は干潮時に現れるものである。

## 熱平衡・熱量の保存 （🌙 p.60）
熱力学

物体間で熱の移動が起こり，温度が等しくなった状態を熱平衡という。2物体間では，「高温の物体が失った熱量＝低温の物体が得た熱量」となり，熱量は保存される。郷土料理「わっぱ煮」では，具材や水を入れた器（わっぱ）に熱した石を入れ，石のもつ熱量が移動することで加熱する。

## ボイルの法則 （🌙 p.64）
熱力学

温度が一定のとき，一定質量の気体の体積が圧力に反比例する法則を，ボイルの法則という。標高の低い所で購入したポテトチップスの袋を山頂に持っていくと袋がパンパンに膨らんでしまう。山頂では気圧（空気が袋を押す圧力）が低くなるので，袋内の気体の体積は大きくなる。

## シャルルの法則 （🌙 p.64）
熱力学

圧力が一定のとき，一定質量の気体の体積が絶対温度に比例する法則を，シャルルの法則という。熱気球では，気球内の空気を加熱して温度を上げると体積が増加し，増加分は外に逃げて空気の密度が減少する。これによって気球全体にはたらく重力が浮力より小さくなり浮上する。

## ボイル・シャルルの法則 （🌙 p.65）
熱力学

ボイル・シャルルの法則は，一定質量の気体の体積が，圧力に反比例し，絶対温度に比例する法則である。自動車のエンジンでは，ガソリンの燃焼によってエンジン内の空気を加熱する。温度が上がると圧力が増加し，膨張しながらピストンを押す過程で動力を得ている。

## 熱力学第一法則 （🌙 p.66）
熱力学

熱力学第一法則は，「内部エネルギーの変化＝物体が受け取った熱量＋物体がされた仕事」という法則であり，熱や仕事をエネルギーに変換できることを示している。蒸気機関は，気体（水蒸気）を使って熱の吸収と放出をくり返し，気体のもつエネルギーを仕事に変換している。

## 熱力学第二法則 （🌙 p.68）
熱力学

熱は高温の物体から低温の物体へ移動するが，自然に低温の物体から高温の物体へ移動することはない。コーヒーにミルクを注ぐと，ゆっくりと拡散していくが，逆に集まってくることはない。このような時間を逆に進めると不自然な現象に関する法則が熱力学第二法則である。

## 重ねあわせの原理 （🌙 p.78）
波

重ねあわせの原理は，2つの波が重なっている場所の変位が，それぞれの波が単独で伝わるときのその場所における各変位の和に等しいという原理である。ノイズキャンセリングイヤホンは，外部からの音の山と谷を逆転させた音を重ねあわせることで，外部からの音を弱めている。

## ホイヘンスの原理 (♪ p.82)

波

波面の各点から球面波(素元波)が出て，前方でこれらに共通に接する面ができる。これが次の瞬間の波面になるという原理。波が障害物の背後に回りこむ回折現象もホイヘンスの原理で説明できる。写真では防波堤の背後に波が回折し海岸線がお椀のような形状になっている。

## 反射の法則 (♪ p.82, ♪ p.97)

波

波が媒質の境界面に入射するときには，「入射角＝反射角」という反射の法則に従って反射する。球面の外側を鏡にした凸面鏡は，平面鏡に比べて小さな面積で広い範囲を映せるため，自動車のサイドミラー，カーブミラーなどに利用されている。スプーンの外側も凸面鏡に近い。

## 屈折の法則 (♪ p.83, ♪ p.91)

波

波が異なる媒質の境界面で屈折するとき，屈折の法則に従う。屈折の法則は，波の速さの違いを考慮したホイヘンスの原理で説明できる。水の中のストローから届く光は水と空気の境界面で屈折しているが，人の目はまっすぐ届いていると認識するため，折れ曲がって見える。

## ドップラー効果 (♪ p.88)

波

ドップラー効果は，音源や観測者が動いていると，音が高く聞こえたり，低く聞こえたりする現象である。近づいてくる電車の警笛音は電車が通り過ぎて遠ざかっていく瞬間，急に低く聞こえる。また，電車に乗って踏切を通り過ぎる瞬間，踏切の警報音が低くなって聞こえる。

## 光の散乱 (♪ p.93)

波

光が小さな粒子に当たると四方に散る。これを光の散乱という。光の波長より小さな粒子による散乱では，赤色より青色の光のほうが散乱されやすい。日の出前や日の入り後，大気による散乱光で空が明るい時間を薄明という。夕方の空の色は，青から黄金，橙，赤へと刻々と変わる。

## 光の干渉 (♪ p.99)

波

光は波であり，2つの光が重なると，互いに強めあったり弱めあったりして，光の明暗ができる。この現象を光の干渉という。しゃぼん玉や水面に浮かんだ油の膜は，赤や青などに色づいて見える。これは，せっけん水や油の薄い膜の上面と下面で反射した光が干渉するためである。

## 光速度不変の原理 (♪ p.102)

波

アインシュタイン(♪ p.7)は，時間と空間の考え方を再検討し，すべての慣性系において，物理法則は互いに同等(特殊相対性原理)，真空中の光速度は光源の運動状態によらず一定(光速度不変の原理)という2つの仮説をもとに，慣性系に対する特殊相対性理論を提唱した。

## クーロンの法則 (♪ p.107)

電磁気

2つの点電荷の間にはたらく静電気力の大きさは，電気量の大きさの積に比例し，距離の2乗に反比例する。これをクーロンの法則という。下敷きで髪の毛をこすると，下敷きが負の電荷，髪の毛が正の電荷を帯びる。これらの間にはたらく静電気力によって髪の毛が引き寄せられる。

## オームの法則 (♪ p.114)

電磁気

導体に流れる電流は，両端に加えた電圧(電位差)に比例する。これをオームの法則といい，その比例定数の逆数を電気抵抗または抵抗という。体脂肪計は，体に微弱な電流を流して電気抵抗を計測し，脂肪と筋肉で電気抵抗が違うことを利用して，体脂肪率を算出している。

## ジュールの法則 (♪ p.116)

電磁気

導体に電流を流すと熱が発生する。その発熱量は，流れる電流の2乗，導体の抵抗，時間に比例する。これをジュールの法則といい，発生する熱をジュール熱という。ヘアドライヤーは，電熱線に電流を流して発生したジュール熱で空気を温め，ファンを回転させて送風している。

## キルヒホッフの法則 (♪ p.118)

電磁気

電気回路のキルヒホッフの法則は，任意の回路の交点についての電流に関する法則と，任意の閉じた経路についての電圧に関する法則の2つからなる。現代社会を支える産業技術や身のまわりの電気製品に不可欠な電気回路基板の設計には，キルヒホッフの法則が役立っている。

## 右ねじの法則 (♪ p.124, ♪ p.126)

電磁気

直線電流は，電流を中心にした同心円状の磁場をつくる。磁場の向きは，右ねじの法則に従い，右ねじの回る向きとなる。写真のようなリニアモーターカーは，コイルに電流を流して磁場をつくり（電磁石），コイル間の引力や斥力を利用して浮上し，摩擦抵抗のない高速走行を実現する。

## フレミングの左手の法則 (♪ p.126)

電磁気

磁場中の電流は力を受ける。フレミングの左手の法則は，左手の中指を電流，人差し指を磁場の向きにすると，直交した親指が力の向きになるという法則である。模型用のモーターは，内側の回転コイルに電流を流し，外側の磁石による磁場中で受ける力を利用してコイルを回転させる。

## レンツの法則 (♪ p.130)

電磁気

誘導電流のつくる磁束は，加えられた磁束の変化を打ち消すような向きに生じる（レンツの法則）。電磁(IH)調理器は，コイルに交流電流を流して交流磁場を発生させている。レンツの法則により，上に置いた鍋の金属中に電流（渦電流）が流れ，そのジュール熱で加熱する。

## 電磁誘導の法則 (♪ p.130)

電磁気

回路を貫く磁束が変化すると，変化を打ち消す向きに，磁束の変化率に応じた誘導起電力が生じる。これを電磁誘導の法則という。鉄道乗車用の非接触ICカードにはICチップとアンテナコイルが入っており，改札口のリーダーから出る変動する磁場により情報をやりとりしている。

## 光電効果 (♪ p.144)

原子

光を金属に照射すると電子が飛び出す現象を光電効果といい，光が粒子の性質をもつ光子としてふるまう現象である。光電子増倍管（写真）は，光電効果による光電流を増幅する微弱光検出器であり，岐阜県の素粒子実験施設スーパーカミオカンデのニュートリノ検出実験でも活躍している。

## 原子のエネルギー準位 (♪ p.148)

原子

原子内の電子は定常状態にあり，そのエネルギーはとびとびの値をとる。この定常状態またはそのエネルギーをエネルギー準位という。より低いエネルギー準位に移るとき，その差のエネルギーをもつ光子を放出する。花火の色は，火薬物質がもつ固有のエネルギー差で決まる。

## 質量とエネルギーの等価性 (♪ p.152)

原子

提供：ESA/NASA/SOHO

原子核の質量は，構成核子（陽子や中性子）の質量の合計より小さい（質量欠損）。質量とエネルギーは等価であり，失われた質量は，原子核の結合エネルギーに転化する。太陽では，4個の水素から1個のヘリウムを生成する核反応（核融合）が起こり，巨大な太陽エネルギーが生成されている。

## アルキメデス

❶ B.C.287 年頃
❷ B.C.212 年頃
（75 歳頃）
❸ イタリア
❹ 力学
❺ 浮力の原理（アルキ
メデスの原理）を発見
（↓ p.34）、てこの原
理を発見

シチリア島に生まれ、エジプトのアレクサンドリアで学んだといわれる。金細工師につくらせた金の王冠に銀が混ざっているのではないかと疑った王ヒエロン 2 世の調査依頼を受け、王冠を水につけてこぼれた水量から王冠の体積をはかった。そこから比重を求めて銀の混入を見破ったといわれる。

## ガリレイ

❶ 1564 年
❷ 1642 年 (77 歳)
❸ イタリア
❹ 力学
❺ 落下の法則を発見
（↓ p.26）,振り子の等
時性を発見（↓ p.51）,
屈折望遠鏡を製作
（↓ p.97）

ピサに生まれてピサ大学で学び、数学教授となるが、後にパドヴァ大学に移った。望遠鏡を製作して天体観測を行い、木星の衛星（ガリレオ衛星）などを発見した。地動説（太陽中心説）を支持したことで宗教裁判にかけられ、地動説の撤回を誓わされたうえに、フィレンツェ郊外に軟禁された。

## ケプラー

❶ 1571 年
❷ 1630 年 (58 歳)
❸ ドイツ
❹ 力学
❺ ケプラーの法則を発
見（↓ p.52）

ドイツの天文学者。テュービンゲン大学で学び、プラハで天体観測を行っていたティコ・ブラーエ（デンマーク）に弟子入りした。地動説（太陽中心説）の考え方に基づいて、ティコ・ブラーエの長年の天体観測資料を分析し、惑星の運動が円軌道でなく、だ円軌道であることなどを発見した。

## ボイル

❶ 1627 年
❷ 1691 年 (64 歳)
❸ アイルランド
❹ 熱力学
❺ ボイルの法則を発見
（↓ p.64）

アイルランドに生まれ、居住したオックスフォードやロンドンに実験室を建てて生涯を実験研究に費やした。水銀による圧力でガラス管中の空気を圧縮すると、体積と圧力が反比例することを発見した。また、真空ポンプで水をくみ上げると、どの高さまで上昇するか実験したといわれている。

## ホイヘンス

❶ 1629 年
❷ 1695 年 (66 歳)
❸ オランダ
❹ 波
❺ ホイヘンスの原理を
提唱（↓ p.82）

ハーグに生まれ、ライデン大学で数学と法律を学んだ。フランス科学アカデミーの最初の外国人会員としてパリでも活躍した。ホイヘンスの原理を提唱して反射と屈折の法則などの説明に成功し、波動説の基礎を樹立した。物理学だけでなく、数学や天文学でも多くの業績がある。

## ニュートン

❶ 1643 年
❷ 1727 年 (84 歳)
❸ イギリス
❹ 力学・波
❺ 運動の 3 法則の体系
化、万有引力の発見
（↓ p.53）、プリズム
を用いた光と色の研
究（↓ p.92）、反射望
遠鏡の発明（↓ p.97）

ケンブリッジ大学で学び、教授となった。力学を集大成した「自然哲学の数学的諸原理」や光と色の関係を分析した「光学」を出版した。ペストの大流行により大学が一時閉鎖され、故郷ウールスソープの農園に帰省した。その 2 年間に、主要な業績の着想を得たといわれている。

## クーロン

❶ 1736 年
❷ 1806 年 (70 歳)
❸ フランス
❹ 電磁気
❺ クーロンの法則を発
見（↓ p.107）、ねじ
りはかりを考案

軍の技術者であったクーロンは、微小な力をはかることができる、ねじりはかりを考案した。これを用いて、帯電体間にはたらく力を精密に測定し、距離の 2 乗に反比例することを確かめた。各地での任務を歴任したが、科学アカデミー会員に選出され、晩年はパリで過ごした。

## シャルル

❶ 1746 年
❷ 1823 年 (76 歳)
❸ フランス
❹ 熱力学
❺ シャルルの法則を発
見（↓ p.64）

熱した空気よりも水素のほうが気球を浮かばせるのに適していると考え、水素気球を製作してパリで飛ばした。自分でも乗りこみ、3 km 以上の上空に達したといわれている。また、定圧の下で、気体の体積の温度による変化を系統的に実験して調べた。

## ヤング

❶ 1773 年
❷ 1829 年 (55 歳)
❸ イギリス
❹ 波
❺ 光の波動説により光の
干渉を説明（↓ p.98）、
光の横波説を提唱

ロンドンで医師を開業し、眼と耳の研究を光と音の研究へと発展させた。二つの接近したスリットを通った光が干渉模様をつくることを実験で示し（ヤングの実験）、光の波動説を主張した。偏光現象を解釈するため、光が横波であることを初めて唱えた。

物理学は多くの物理学者の貢献があって発展してきた。ここでは，本書で扱う物理の範囲（おもに高校物理の内容）に関係する物理学者を特集した。

❶生年，❷没年（年齢），❸出身国，❹関係する分野，❺おもな業績（🔵は関係が深いページ）　※❸は現在の国名。❹，❺は本書の範囲。

## アンペール

❶ 1775 年
❷ 1836 年（61 歳）
❸ フランス
❹ 電磁気
❺ アンペールの法則を発見（🔵p.124）

リヨンに生まれ，パリの理工科学校などで数学を教えた。エルステッド（デンマーク）の電流の磁気作用の発見を聞いてすぐに実験を行い，電流のまわりにつくられる磁場の向きや 2 つの平行電流間にはたらく力について調べた。電流の単位アンペアはアンペールの名にちなんでいる。

## エルステッド

❶ 1777 年
❷ 1851 年（73 歳）
❸ デンマーク
❹ 電磁気
❺ 電流の磁気作用を発見（🔵p.124）

コペンハーゲン大学で学び，後に教授となった。電池につないだ導線を磁針と平行に置くと，磁針が大きく振れた。電流の向きを逆にすると，磁針は反対の向きに振れた。これは，電気と磁気を結びつける最初の実験であり，アンペールやファラデーらの研究の契機となった。

## オーム

❶ 1789 年
❷ 1854 年（65 歳）
❸ ドイツ
❹ 電磁気
❺ オームの法則を発見（🔵p.114）

エアランゲン大学で学んだ。高校教師をしながら，ボルタ電池を使って導線による電気伝導を詳しく測定し，電池の内部抵抗も考えた分析を加えてオームの法則を発見した。温度差による熱の流れや高低差による水の流れとの類推で着想したといわれる。

## ファラデー

❶ 1791 年
❷ 1867 年（75 歳）
❸ イギリス
❹ 電磁気
❺ 電磁誘導の法則を発見（🔵p.130）

電池と検流計をつないだ2つのコイルを鉄心に巻きつけると，スイッチをオン・オフする瞬間だけ検流計が振れることを発見した。製本屋の徒弟から身を起こしたファラデーは，自分の発見を数学的に表現できなかったが，マクスウェル（イギリス）の電磁場理論への道を開いた。

## ドップラー

❶ 1803 年
❷ 1853 年（49 歳）
❸ オーストリア
❹ 波
❺ ドップラー効果を発見（🔵p.88）

ザルツブルクに生まれ，プラハ工科大学（現チェコ工科大学）やウィーン大学で教授をつとめた。二重星などの色に関してドップラー効果を論じ，後に音響現象にも当てはまることを指摘した。チェコ工科大学には，彼の名をつけた基礎物理学の「ドップラー研究所」がある。

## マイヤー

❶ 1814 年
❷ 1878 年（63 歳）
❸ ドイツ
❹ 熱力学
❺ エネルギー保存則を初めて提唱（🔵p.68），熱の仕事当量を算出

熱と仕事は互いに変換可能で，熱と仕事をあわせた保存則が成りたつことを実験や計算で示し，定圧比熱と定積比熱の差から熱の仕事当量を求めた。ジュール（イギリス）より先に発表したにもかかわらず，学会からは認められず，晩年になってようやく評価されるようになった。

## ジュール

❶ 1818 年
❷ 1889 年（70 歳）
❸ イギリス
❹ 熱力学
❺ ジュールの法則を発見（🔵p.116），熱の仕事当量を実測

マンチェスター近郊のビール製造業の家に生まれ，大学へは行かず生涯自宅の実験室で研究を続けた。電流による発熱量を精密に調べてジュールの法則を導いた。羽根車で水をかくはんする実験に代表されるさまざまな方法を考案して熱の仕事当量を測定した。

## フーコー

❶ 1819 年
❷ 1868 年（48 歳）
❸ フランス
❹ 波
❺ 実験室内で光の速さを測定

高速回転鏡と固定反射鏡の間で光を往復させ，光の道筋のずれを測定することによって，実験室内での光の速さの決定に成功した。続いて，光路に水を満たして水中の光の速さを求めたところ，光の速さは空気中より減少した（約 3/4 倍）。この結果は光が波動であることを決定づけた。

## フィゾー

❶ 1819 年
❷ 1896 年（76 歳）
❸ フランス
❹ 波
❺ 地上で光の速さを測定

光源からの光を回転歯車のすき間を通し，約 8.6 km 遠方の丘の上に置いた反射鏡で反射させ，もどってきた光が歯車の次の歯でさえぎられるときの回転数から，光の往復時間を求めた。往復距離を往復時間でわることによって地上で初めて光の速さの測定に成功した。

## クラウジウス

❶ 1822 年
❷ 1888 年(66 歳)
❸ ドイツ
❹ 熱力学
❺ 熱力学第一法則を定式化（🔊 p.66），熱力学第二法則を定式化（🔊 p.68）

ベルリン大学で学んだ。教員免許を取得し，卒業後はベルリンのギムナジウムで物理を教えた。その後，チューリッヒ工科大学などを経てボン大学教授となり，学長もつとめた。熱力学第一法則・第二法則を定式化し，熱の理論を熱力学という数学的な論理体系にまとめた。

## キルヒホッフ

❶ 1824 年
❷ 1887 年(63 歳)
❸ ロシア
❹ 電磁気・波
❺ キルヒホッフの法則を発見（🔊 p.118），太陽スペクトルを分析

ケーニヒスベルク大学で学び，ハイデルベルク大学，ベルリン大学などで教授をつとめた。電気工学の基礎であるキルヒホッフの法則を発見した。また，太陽のフラウンホーファー線が元素の吸収スペクトルであり，分光学的に太陽の構成元素を同定できることを示した。

## ケルビン

❶ 1824 年
❷ 1907 年(83 歳)
❸ イギリス
❹ 熱力学
❺ 絶対温度の概念を導入（🔊 p.60），熱力学第二法則を発見（🔊 p.68）

本名はウィリアム・トムソン。ケルビン(卿)は爵位に由来する。10 歳でグラスゴー大学に入学し，ケンブリッジ大学でも学んで，22 歳でグラスゴー大学の教授に就任した。絶対温度の概念を導入し，クラウジウス(ドイツ)とは独立に熱力学第二法則を発見した。

## マクスウェル

❶ 1831 年
❷ 1879 年(48 歳)
❸ イギリス
❹ 熱力学，電磁気
❺ 気体分子運動論を展開（🔊 p.65），電磁気を記述する基本方程式を導入し電磁波の存在を予言（🔊 p.137）

エディンバラ大学とケンブリッジ大学で学んだ。ファラデーの研究結果を数学的に表現し，電気と磁気を結びつける数個の基本方程式にまとめた。この方程式をもとに，電磁波が存在し，その横波が光の速さで伝播することを予言した。また，気体分子の速度分布を理論的に導いた。

## ボルツマン

❶ 1844 年
❷ 1906 年(62 歳)
❸ オーストリア
❹ 熱力学
❺ 熱力学第二法則を力学的に解析し，統計力学の基礎を築いた

ウィーンに生まれ，ウィーン大学で学んだ。グラーツ大学，ミュンヘン大学，ウィーン大学などで教授をつとめた。気体分子運動論による熱力学第二法則の説明を試み，分子の力学的な解析から熱力学的な性質を説明する統計力学を生み出した。

## レントゲン

❶ 1845 年
❷ 1923 年(77 歳)
❸ ドイツ
❹ 原子
❺ X線を発見（🔊 p.146）

チューリッヒ工科大学で学び，ヴュルツブルク大学，ミュンヘン大学などで教授をつとめた。放電管の陰極線が当たった部分から出る正体不明の放射線に気づき，X線と名づけた。1901 年に第 1 回ノーベル物理学賞を受賞した。X線は原子物理学や医療診断に大きく貢献している。

## フレミング

❶ 1849 年
❷ 1945 年(95 歳)
❸ イギリス
❹ 電磁気
❺ フレミングの法則を考案（🔊 p.126），二極真空管を発明

ケンブリッジ大学などで学び，後にロンドン大学の電気工学教授に就任した。フレミングの法則は，ロンドン大学の講義で考案されたという。また，最初の真空管である二極真空管を発明し，電子工学の幕開けに貢献した。マルコーニ無線電信会社やエジソン電灯会社などの顧問もつとめた。

## ベクレル

❶ 1852 年
❷ 1908 年(55 歳)
❸ フランス
❹ 原子
❺ ウランからの放射線を発見（🔊 p.151）

パリの学者一家に生まれた。ウラン塩の蛍光を研究中に，ウランが放出した放射線($\alpha$ 線)が写真乾板を露光させることを発見し，放射能現象の研究の先駆けとなった。55 歳で急死したのは放射線障害が原因だと考えられる。放射能の単位ベクレル(Bq)は彼の名前に由来する。

## ローレンツ

❶ 1853 年
❷ 1928 年(74 歳)
❸ オランダ
❹ 電磁気
❺ ローレンツ力を導入（🔊 p.128），ローレンツの電子論を展開

ライデン大学で学び，24 歳で同大学の教授に就任した。物質を荷電粒子の集合体と考え，電磁波によって荷電粒子の振動が起こることで，電磁波の反射や屈折が起こると説明した。後に電子が発見され，ローレンツの電子論とよばれる。ローレンツ力やローレンツ変換などに名を残した。

## ヘルツ

❶ 1857 年
❷ 1894 年（36 歳）
❸ ドイツ
❹ 電磁気
❺ 電磁波の存在を実験で証明（🌙 p.137）

ベルリン大学などで学んだ。カールスルーエ工科大学に在職時，コンデンサーの放電によって，近くの導線ループのすき間に火花が飛ぶことに気づき，無線通信の根幹をなす電磁波の存在を実証した。光電効果の発見でも知られる。敗血症で36 歳という若さで亡くなった。

## プランク

❶ 1858 年
❷ 1947 年（89 歳）
❸ ドイツ
❹ 原子
❺ プランク定数を導入（🌙 p.144），量子論の発端を開く

ミュンヘン大学とベルリン大学で学んだ。光のエネルギーがある最小単位（エネルギー量子）の整数倍しかとれないと仮定して（量子仮説），実験結果と一致する熱放射式を発見した。光の最小単位に関する定数はプランク定数と名づけられ，物理学の基礎定数の一つとなった。

## キュリー

❶ 1867 年
❷ 1934 年（66 歳）
❸ ポーランド
❹ 原子
❺ ラジウム，ポロニウムの自然放射能を発見

パリのソルボンヌ大学で学んだ。放射性元素ラジウム，ポロニウムを発見し，用語「放射能」を発案した。交通事故死した夫の職を継いで，ソルボンヌ大学初の女性教授となった。史上初めてノーベル賞を 2 度受賞した。放射線研究が影響し白血病で死去した。

## ミリカン

❶ 1868 年
❷ 1953 年（85 歳）
❸ アメリカ
❹ 原子
❺ 油滴を利用した実験によって電気素量を測定（🌙 p.143）

コロンビア大学などで学び，シカゴ大学とカリフォルニア工科大学で教授をつとめた。水滴より蒸発の少ない油滴を使って，電荷量が決まった最小値をもつことを示し，物理学の基本定数の 1 つである電気素量を精密に計測した。また，光電効果の精密な測定を行い理論を評価した。

## ラザフォード

❶ 1871 年
❷ 1937 年（66 歳）
❸ ニュージーランド
❹ 原子
❺ 原子核の存在を確認（🌙 p.148）

ニュージーランド出身。ケンブリッジ大学などで学び，マンチェスター大学などで教授をつとめた。$\alpha$ 線と $\beta$ 線の発見，元素崩壊理論の提唱，$\alpha$ 線の本体（ヘリウム原子核）の解明，$\alpha$ 線の散乱実験による原子核の発見，原子核の人工変換などの業績により原子物理学の父とよばれる。

## アインシュタイン

❶ 1879 年
❷ 1955 年（76 歳）
❸ ドイツ
❹ 原子
❺ 光量子仮説を提唱（🌙 p.144），ブラウン運動の原理を解明，特殊相対性理論・一般相対性理論を提唱（🌙 p.102）

チューリッヒ工科大学で学び，ベルンで特許局技師となった。特許局在職中の 1905 年，26 歳で3つの重要な論文を発表し，奇跡の年とよばれている。1921 年に，光量子仮説でノーベル賞を受賞したが，相対性理論ではないのは興味深い。ナチスの迫害を逃れて，1933 年に渡米した。

## ボーア

❶ 1885 年
❷ 1962 年（77 歳）
❸ デンマーク
❹ 原子
❺ ボーアの原子模型を提唱（🌙 p.148）

コペンハーゲン大学などで学んだ。ラザフォード（イギリス）のもとに留学し，原子模型の研究に加わった。帰国後，ラザフォードの原子模型に量子仮説を導入して，水素原子のスペクトル線系列の説明に成功した。量子論の育ての親として，量子力学の確立に大きく貢献した。

## ブラッグ

❶ 1890 年
❷ 1971 年（81 歳）
❸ オーストラリア
❹ 原子
❺ 結晶による X 線回折についてブラッグの条件を発見（🌙 p.147）

ローレンス・ブラッグは，アデレード大学やケンブリッジ大学などで学んだ。父のヘンリーと共に X 線を利用した結晶構造解析の研究を行い，親子でノーベル賞を受賞した。受賞時，ローレンス・ブラッグは 25 歳という若さであった。この研究は DNA の二重らせん構造の解明にも役立った。

## ド・ブロイ

❶ 1892 年
❷ 1987 年（94 歳）
❸ フランス
❹ 原子
❺ 粒子の波動性を提唱（🌙 p.145）

名門公爵家に生まれた。1924 年ソルボンヌ大学に提出した博士論文で物質波を提唱した。理解しきれなかった教授の一人がアインシュタインに意見を求めたところ，この論文を絶賛していたという。実際にド・ブロイは，1929 年にノーベル賞を受賞している。

# フォトサイエンス 物理図録 CONTENTS

新課程

■記号の見方
基 物 … 物理基礎の内容を含む項目
基 物 … 物理の内容を含む項目
基 物 … 物理基礎と物理の内容を含む項目

## ■ 本書の特徴

**❶ 実験や現象の写真が豊富で詳しい。**
物理でよく行う実験写真を豊富に収録し，実験の推移やその結果をわかりやすく示してあります。また，各項目に関連する身近な現象などの写真も積極的に取り入れ，物理と日常生活を結びつけるようにしました。

**❷ 最新の話題や身のまわりの物理が豊富で楽しい。**
新聞やニュースでよく目や耳にする話題や，身のまわりの現象などを，特集・コラム・ズームアップなどで物理的な視点で解説しています。楽しみながら物理を学ぶことができます。

**❸ 図解が充実していて，公式や法則がわかりやすい。**
物理では多くの公式や法則が登場します。しかし，式や文章だけでこれらのイメージを膨らませることは，なかなか難しいと思われます。本書では写真や図版を多用し，公式や法則の直観的な理解ができるように工夫しました。

**❹ 巻末資料が充実。**
巻末の資料編が 26 ページ。データ集としてもお使いいただけます。調べたいデータがすぐに見つかり便利です。実験の検証・確認など，自在にお使いいただけます。

## ■ 本書の構成

Column
物理に関連した身近な話題を取り上げました。

Jump
参照すべきページと参照事項を案内します。

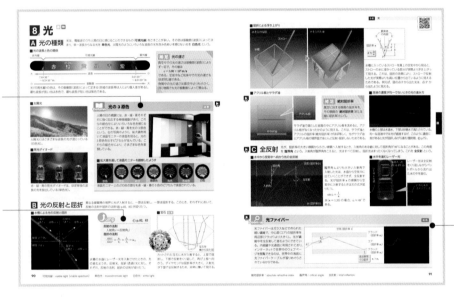

Zoom up
少しレベルの高い内容や，細かい知識にふれています。

Point
注意したいことや，覚えておくとよいことを整理しました。

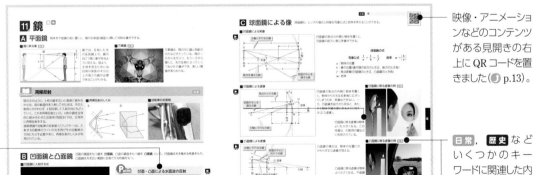

映像・アニメーションなどのコンテンツがある見開きの右上に QR コードを置きました（ J p.13）。

日常，歴史 など，いくつかのキーワードに関連した内容にアイコンを置きました（ J p.12）。

## ■カテゴリー別一覧

● 本文中に以下のアイコンを配置してあります。
　学習目的に応じてご活用ください。

| 日常 | 物理に関係した身近な内容を扱った項目 |
| 技術 | 物理に関係した技術を最新のものを中心に扱った項目 |
| 歴史 | 物理に関する歴史や重要な発見・発明などを扱った項目 |
| 環境 | 環境やエネルギー問題に関する内容を扱った項目 |
| 分析 | 実験結果を分析する過程を詳しくを扱った項目 |

※下記の一覧には記載していますが，アイコンを配置していないものもあります（巻頭特集・特集・序章など）。

# ■映像・アニメーション コンテンツ一覧

● 本文中にアイコン（）が配置されている箇所では，学習事項に関連した映像・アニメーションなどを見ることができます。各見開きの右上にある QR コードからアクセスしてください。右記の QR コードまたは下記の URL からアクセスすることもできます。

https://cds.chart.co.jp/books/w94pfd87ps　　＊ QR コードは株式会社デンソーウェーブの登録商標です。

※学校や公共の場所では，先生の指示やマナーを守ってスマートフォンなどをご利用ください。
※Web ページへのアクセスには，ネットワーク接続が必要になります。ネットワーク接続に際し発生する通信料は，お客様のご負担となります。

# 序編 実験の基本操作

## 1 長さの測定

### ▶QR A ノギスの使い方

ノギスは、長さをより精密に測定したいときに用いる。直方体の物体の辺の長さだけでなく、円筒形の物体の外径や内径、穴の深さなどさまざまな形状の測定ができる。

#### 各部の名称

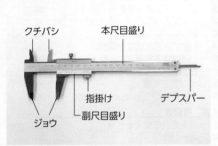

クチバシ　本尺目盛り
指掛け　　デプスバー
ジョウ　　副尺目盛り

ノギスの各部の名称を上の写真に示す。各部を用いた4種類の測定方法（下の写真）があるが、ここでは一般的な外側測定を例にした。

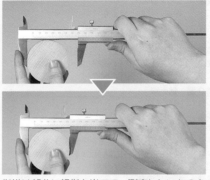

指掛け部分に親指を当てて、測定したいものを軽くはさむ。測定対象を強くはさみすぎないように注意する。

#### 目盛りの読み方

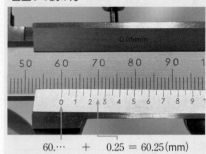

本尺目盛りに、本尺目盛りと副尺目盛りが合致したところの副尺目盛りを足して、測定値を読む。

$$60.\cdots + 0.25 = 60.25(\mathrm{mm})$$

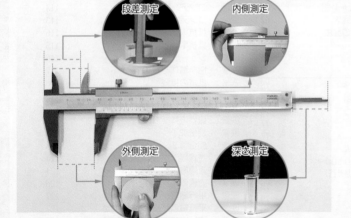

段差測定　内側測定
外側測定　深さ測定

#### 測定の際の注意

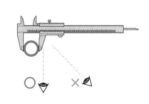
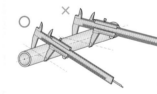

目盛りは斜めからではなく、まっすぐ正面から見る。

円筒体は軸方向に垂直になるようにはさむ。

### ▶QR B マイクロメーターの使い方

マイクロメーターは、ノギスよりもさらに精密に測定したいときに用いる。薄いものの厚さなどの測定に適する。

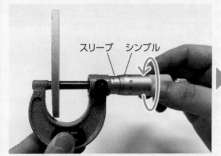

スリーブ　シンブル

一度シンブルを回して測定したいものを軽くはさむ。

ラチェット

少しシンブルを逆転させて緩め、ラチェットを回して測定物をはさむ。ラチェットを使うことによってしめつける力を一定にする。

#### 目盛りの読み方

| スリーブ側 | シンブル側 | |
|---|---|---|
| | | スリーブ側 7.… |
| | | シンブル側 0.28 |
| | | ➡ 7.28mm |
| | | スリーブ側 7.5 |
| | | シンブル側 0.05 |
| | | ➡ 7.55mm |

スリーブ側の目盛りとシンブル側の目盛りを足して測定値を読む。スリーブ側の目盛りが0.5mmごとであることに注意する。

# ② 速さの測定（長さから求める）

## QR A 記録タイマーの使い方

物体に記録テープをつけて運動させると，記録テープ上に一定時間ごとに印をつけることができる。その印の間隔を測定し，グラフを作成することで速さを求めることができる。

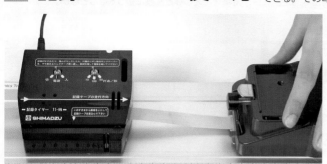

紙テープを運動を調べる物体に取りつけ，記録タイマーに通す。その後，記録タイマーの電源を入れて，物体の運動を開始する。このとき，記録テープが曲がった状態で運動させると，物体にはたらく抵抗力が大きくなってしまうので注意する。

### 紙テープの分析の例（自由落下）

| 0 | 1.72 | 4.95 | (cm) |

基準点

紙テープを分析する際は，打点が重なってはっきりしていない部分を除外して基準点を決め，基準点からの距離を一定の打点ごとに測定する。この例では，打点数を1秒間に50打点にして2打点ごとの長さを測定しているので，2打点分の長さは50分の2（＝0.04）秒間に移動した距離を表す。

| 時刻(s) | 基準点からの距離(m) | 各区間の移動距離(m) | 各区間の平均の速さ(m/s) |
|---|---|---|---|
| 0 | 0 | | |
| 0.04 | 0.0172 | > 0.0172 | 0.43 |
| 0.08 | 0.0495 | > 0.0323 | 0.81 |
| 0.12 | 0.0974 | > 0.0479 | 1.20 |
| 0.16 | 0.1612 | > 0.0638 | 1.60 |
| 0.20 | 0.2404 | > 0.0792 | 1.98 |
| 0.24 | 0.3354 | > 0.0950 | 2.38 |
| 0.28 | 0.4458 | > 0.1104 | 2.76 |

得られた測定値からこのような表を作成し，各区間における平均の速さを求める。この平均の速さから，$v$–$t$図をかく。

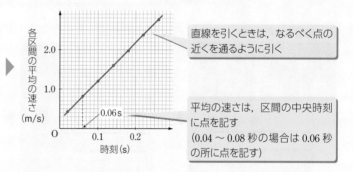

直線を引くときは，なるべく点の近くを通るように引く

0.06 s

平均の速さは，区間の中央時刻に点を記す
（0.04～0.08秒の場合は0.06秒の所に点を記す）

## B 映像による測定方法

記録タイマーを用いなくても，物体の運動の動画を撮影することによって速度をもとめることもできる。記録テープの摩擦などによる抵抗力が生じないのがメリットである。

赤い点(•)は滑走体の位置を示している ｜ 滑走体

動画を一定の時間間隔で止めて距離を測定する（写真は，画像を重ねたもの）。各区間における平均の速さの求め方は記録テープと同じ。

### 測定の際の注意

・測定対象にあわせて動画のフレームレート(fps)を設定する
フレームレートとは，1秒間の動画が何枚の画像で構成されているかを示す単位のこと（30 fpsであれば，1秒間に30枚の画像が記録される）。

・測定対象と目盛りを離しすぎない
測定対象と測定目盛りとの間で，奥行き方向の距離が大きくなると，実際の値とのずれが生じてしまうので注意する。

測定目盛り
カメラ
測定
対象
測定対象

## 補足 ものさしなどの目盛りの読み方

ふつう，目盛りは最小の目盛りのさらに10分の1まで目分量で読む。
例．15 cm定規を用いて，木板の長さを測定する

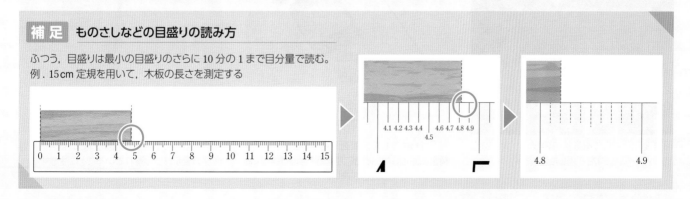

| 4.1 4.2 4.3 4.4 | 4.6 4.7 4.8 4.9 |
| 4.5 | |

4.8    4.9

# 3 質量や温度などの測定

## ▶ A 電子てんびん

機種によってスイッチの位置や形が違うが，基本的な機能はすべて同じである。
上皿てんびんや電子てんびんなどの精密な測定器具は，衝撃を与えるなど乱暴に扱ってはならない。

### ■ 電子てんびんの各部の名称とゼロ点調整

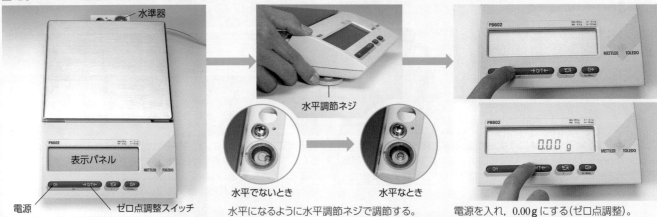

水平になるように水平調節ネジで調節する。

電源を入れ，0.00 g にする（ゼロ点調整）。

### ■ 一定量の物質をはかり取る（3.61 g はかり取る場合）

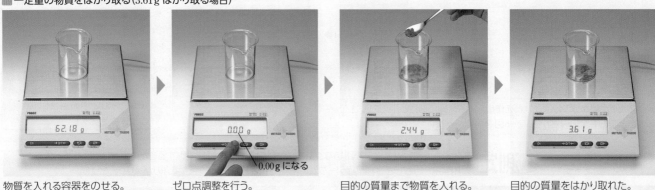

物質を入れる容器をのせる。　　ゼロ点調整を行う。　　目的の質量まで物質を入れる。　　目的の質量をはかり取れた。

## B 温度計（接触式）

温度計には，サーミスタ内蔵温度計や棒状のアルコール温度計など，用途によってさまざまなものがある。
実験によっては，温度が異なると結果が予期せず変わることもあるので，温度の測定は重要である。

### ■ サーミスタ内蔵温度計

温度変化に対して電気抵抗の変化が大きい抵抗体（サーミスタ）を利用した温度計。

### ■ 熱電対

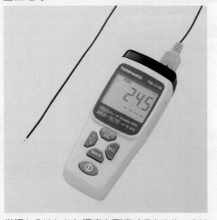

常温からはなれた温度を測定するときや，より精密に測定したいときに用いられる温度計。温度変化に対する応答が速い。

### ■ アルコール温度計

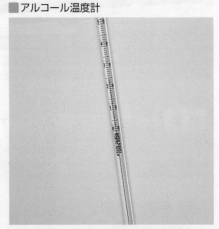

試料の温度が測定中も変化している場合，温度計の表示は少し遅れていることに注意する。

# C 温度計（非接触式）

対象物に触れずに測定できる温度計として，放射温度計やサーモグラフィーなどがある。物体表面から放射される赤外線のエネルギー量を測定している。

## ▧放射温度計

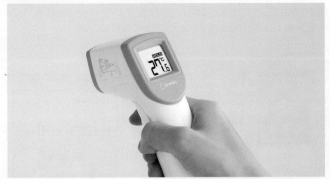

測定する対象に向けて測定スイッチを押すことで温度を測定できる。物質によって放射率が異なるため，放射率の補正機能をもつものがある。

### 測定の際の注意

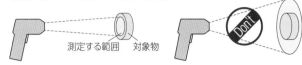

・放射温度計はある決まった測定視野内の平均温度を表示する
・測定の際は，その測定する範囲が対象物より小さくなるようにする

測定する範囲　対象物　Don't

・測定範囲は測定距離 $D$ と測定する範囲の直径 $S$ の比 $D:S$ で表される
　下の図は $D:S=60:1$ の例

$S=2.5\,\mathrm{cm}$　測定する範囲　$S=5.0\,\mathrm{cm}$
測定距離 $D=1.5\,\mathrm{m}$
測定距離 $D=3.0\,\mathrm{m}$

## ▶QR ▧サーモグラフィー

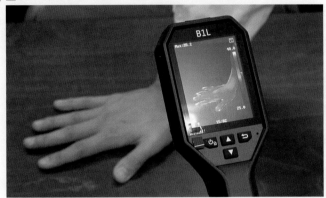

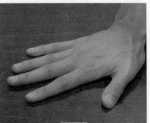

物体の表面の温度を色によって可視化することができる。温度分布を見ることができるので，温度が変化している箇所などを調べることができる。放射温度計のように放射率の補正機能がついているものや対象物との距離を設定できるものもある。

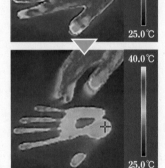

40.0℃
25.0℃

40.0℃
25.0℃

## ▶QR D 直視分光器

直視分光器を用いると，光源のスペクトルを簡易的に観察できる。

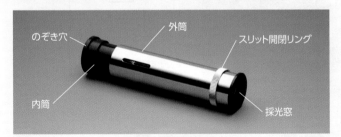

のぞき穴　外筒　スリット開閉リング
内筒　採光窓

### ピントの調節

内筒を出し入れすることでピントを調節する。

### スリット幅の調節

スリット開閉リングを回して，スリット幅を調節する。

## 🔍 Zoom up　センサーを用いた測定

速度や加速度，温度，電流など，さまざまな物理量は専用のセンサーを用いることでも測定できる。
センサーで測定する際には，測定する時間間隔（サンプリング周波数）を適切に設定する必要がある。例えば，サンプリング周波数 20 Hz の場合，0.05 s ごとに測定するということである。
センサーで測定したデータは，Excel などの表計算ソフトに取りこんで分析することができる。

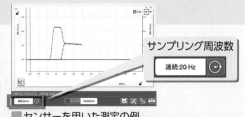

サンプリング周波数
連続:20 Hz

▧センサーを用いた測定の例

# 4 電気の測定

## ▶ A 電流計

電流の測定に用いる。交流用と直流用，アナログ式（指針式）やデジタル式などがあり，測定の目的にあったものを選ぶ。はかろうとする回路の部分に直列に入れて，＋端子を電源の正極側に，測定範囲とあう－端子を電源の負極側につなぐ。

### ■ 直流電流計

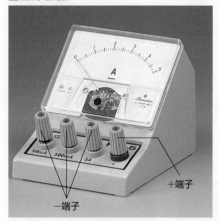

－端子

＋端子

### ■ 直流電流計のつなぎ方

抵抗　電池　スイッチ

回路図

回路記号

直流電流計 —Ⓐ—

交流電流計 —Ⓐ—

### ■ －端子の選び方

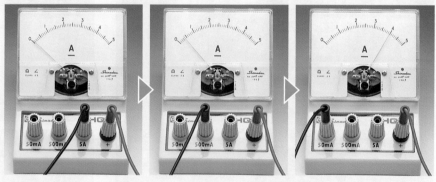

50mA 500mA 5A ＋

電流の値が予想できるときは，その範囲に入る端子を選ぶ。わからないときは，まず最大値（5A）の端子につなぎ，針の振れが小さければ，測定範囲の小さな端子に順次つなぎかえていく。

## ▶ B 電圧計

電圧の測定に用いる。交流用と直流用，アナログ式（指針式）やデジタル式などがあり，測定の目的にあったものを選ぶ。はかろうとする回路の部分に並列に入れて，＋端子を電源の正極側に，測定範囲とあう－端子を電源の負極側につなぐ。

### ■ 直流電圧計

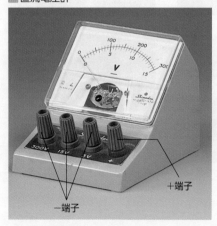

－端子

＋端子

### ■ 直流電圧計のつなぎ方

抵抗

電池　スイッチ

回路図

回路記号

直流電圧計 —Ⓥ—

交流電圧計 —Ⓥ—

### ■ －端子の選び方

300V 15V 3V ＋

電圧の値が予想できるときは，その範囲に入る端子を選ぶ。わからないときは，まず最大値（300V）の端子につなぎ，針の振れが小さければ，測定範囲の小さな端子に順次つなぎかえていく。

# C　検流計（ガルバノメーター）

感度のよい電流計で，微弱な電流が流れたかどうかを測定する計器。＋端子に電流が流れこむと，検流計の針は＋側（右）に振れる。

## 検流計

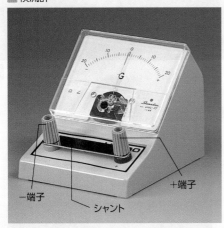

感度がよいので，強い電流が流れる可能性があるときには，端子間のシャントをつないだまま接続し，電流が弱くなってからシャントを外して使用する。

-端子　シャント　+端子

# D　すべり抵抗器

ブラシをすべらせて抵抗の値を変化させる可変抵抗器。

## すべり抵抗器

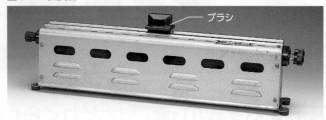

ブラシ

## すべり抵抗器内部の回路

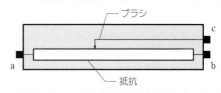

ブラシ

抵抗

ブラシを右側へすべらせると，ac 間の抵抗値は大きく，bc 間の抵抗値は小さくなる。ab 間の抵抗値は変わらない。

# E　オシロスコープ

電気信号の電圧を目に見える形で観察することができる装置。アナログ式やデジタルストレージ式，高周波数や，複数の電気信号を観察できるものなどがある（下の写真はデジタルストレージ式）。

## オシロスコープ

ⓐ**時間軸切りかえつまみ（TIME / DIV）**
横軸1目盛りの時間間隔の切りかえ

ⓑ**水平位置調整つまみ**
波形の水平位置の調整

ⓓ**垂直位置調整つまみ**
波形の垂直位置の調整

ⓒ**電圧軸切りかえつまみ（VOLTS / DIV）**
縦軸1目盛りの電圧値の切りかえ

※較正用端子

ⓔ**入力切りかえスイッチ**
入力信号の表示・非表示の切りかえ

ⓕ**トリガレベル調整つまみ**
トリガをかける電圧を設定する

## オシロスコープの基本的な使い方

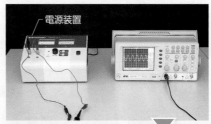

電源装置

電源スイッチを入れ，オシロスコープの入力端子 CH1 にプローブ（減衰比 1:1）をつなぐ。プローブの端子を電圧計と同様に，観察しようとする回路の部分と並列につなぐ。

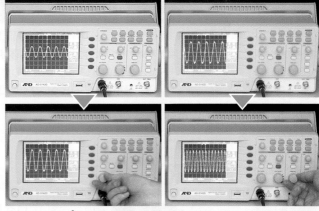

オシロスコープの画面の目盛りを読み取るとき，波形の振幅や波長を調整したほうが見やすくなる。その際は，つまみ ⓐ と ⓒ を切りかえて，波形を適切な大きさにする（左は ⓒ，右は ⓐ を調整している）。

## プローブ

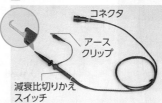

コネクタ

アースクリップ

減衰比切りかえスイッチ

プローブの入力電圧の減衰比切りかえスイッチは，通常では×1(1:1)にする。×10(1:10)の場合，オシロスコープの観測電圧の10倍が測定値になる。較正用端子（左上の図の※）にプローブをつなぐと較正用の矩形波が表示される。

### 補足　オシロスコープのトリガ機能

トリガ機能は，動いている波形を観測しやすいように，止まっているように表示できる機能。トリガをかける電圧（トリガレベル）を設定し，その電圧を通過する波形のみを表示し続けることができる。

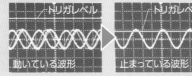

トリガレベル　動いている波形　止まっている波形

## 落下するときの**速さ**はどれくらい？

右のフリーフォールというアトラクションでは，人を乗せた搬器が約100mの高さから落下し，時速125kmの速さに達する。写真は，搬器の動きを一定時間ごとに撮影し，合成したもの。

→ p.22　速度
→ p.26　自由落下

## ロケットはどうやって**飛ぶ**？

H-IIB ロケット

提供：JAXA

水ロケット

提供：JAXA

ペットボトルの中に水を適量入れ，そこに空気を送りボトル内部を高圧にする。ペットボトルは，栓が外れると水を勢いよく噴射する。その反作用でボトル本体は前進する。これは，空気のない宇宙空間でも燃焼ガスを噴射して飛ぶことのできるロケットと同じ推進原理である。

→ p.28　作用反作用の法則

## 棒が宙に**浮いている**？

この宙に浮いているように見える棒状の部材は，両端に取りつけられている糸のような部材に引っ張られることによって，棒状の部材にはたらく力とモーメントがつりあい，絶妙なバランスを保っている。このような構造をテンセグリティ構造という。

→ p.36　剛体のつりあい

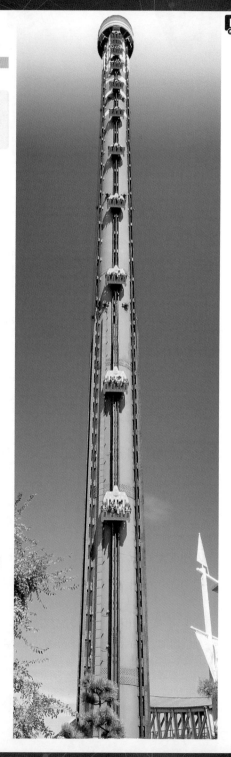

力学

# 球はいくつはね上がる？

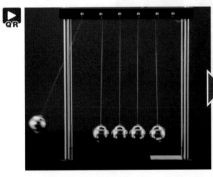
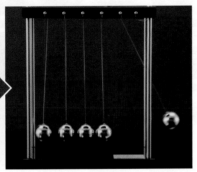

写真のように並べてつり下げられた複数の球に，1つの球を衝突させると，反対側の球が1つだけはね上がる。並べられた球の間にわずかにすき間が空いていることで，左から順々に衝突していき，球が同質量で弾性衝突するときは速度が交換されるので，右端の球だけはね上がり他の球はほぼ静止するといったことが起こる。

Jump → p.44　運動量保存則

# 宇宙の**無重量**状態を再現するには？

提供：JAXA/NASA

パラボリックフライト
急上昇　無重量状態　放物線軌道を描いて落下
パラボリックフライト　　パラボリックフライト

重力加速度で落下する乗りもの内にいる人や物体は，落下と逆向きの慣性力を受け，そこでは重力と慣性力がつりあって（打ち消しあって）重力がなくなったかのような状態（無重量状態）になる。写真は NASA（アメリカ航空宇宙局）の訓練機で無重量状態の体感訓練をする野口宇宙飛行士ら。訓練機は急上昇した後エンジンの出力を落とし，放物線軌道を描いて落下を始める（パラボリックフライト）。約 25 秒間，機内は無重量状態となる。

Jump → p.48　慣性力

無重量状態の炎

ロウソクの炎は，熱で軽くなった空気の上昇（対流）によって細長くなっている。透明な容器の中でロウソクを燃やし，容器を落下させると，対流が起こらず，丸い炎が観察される。

# ブラックホールとは？

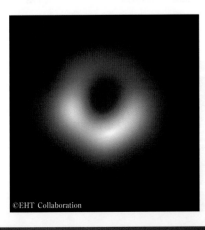

©EHT Collaboration

天体の表面にある物体が受ける万有引力は，天体の密度が大きいほど大きくなる。ブラックホールは，光さえ脱出できないほど密度が大きくなった天体である（ p.102）。写真はおとめ座の M87 銀河の中心にある巨大ブラックホールを電波干渉計で撮像したもの※。

Jump → p.53　万有引力

※この結果が確かであることを検証するために，各国の研究者たちが別々にデータを解析し，この最先端の研究課題に取り組んでいる。

# 1 速度 <sup>基</sup><sup>物</sup>

## A 等速直線運動

一直線上を一定の **速さ** で進む運動を **等速直線運動** という。等速直線運動する物体は，一直線上を一定の時間に，いつも同じ距離だけ進む。

**等速直線運動**

$$v = \frac{x}{t} \quad 速さ[m/s] = \frac{移動距離[m]}{経過時間[s]}$$

**■いろいろな速さの例**（※は典型的な速さまたは平均の速さの値を示した）

| 項目 | 速さ(m/s) |
|---|---|
| 人（徒歩）※ | 1.3 |
| 競泳 100m 自由形の世界記録※ | 2.1 |
| 100m 走の世界記録※ | 10 |
| 新幹線※ | 89 |
| ジャンボジェット機（巡航速度）※ | 250 |
| 音（空気中，常温）（ p.84） | 340 |
| 静止衛星（ p.53） | 3100 |
| 地球の公転 | 30000 |
| 光（真空中）（ p.90） | 300000000 |

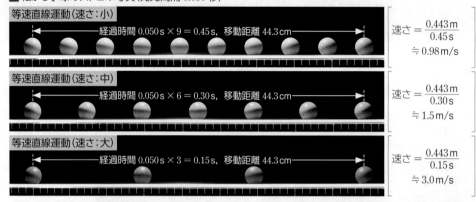

**■転がる小球のストロボ写真（発光間隔 0.050 秒）**

等速直線運動（速さ：小）
経過時間 0.050 s × 9 = 0.45 s，移動距離 44.3 cm
$$速さ = \frac{0.443\,m}{0.45\,s} ≒ 0.98\,m/s$$

等速直線運動（速さ：中）
経過時間 0.050 s × 6 = 0.30 s，移動距離 44.3 cm
$$速さ = \frac{0.443\,m}{0.30\,s} ≒ 1.5\,m/s$$

等速直線運動（速さ：大）
経過時間 0.050 s × 3 = 0.15 s，移動距離 44.3 cm
$$速さ = \frac{0.443\,m}{0.15\,s} ≒ 3.0\,m/s$$

### Column 「徒歩 10 分」は何 m？ <sup>日常</sup>

不動産の広告などに「駅から徒歩○分」という記述が見られる。この基準となる速さは，「不動産の公正競争規約」というもので定められており，「道路距離 80 メートルにつき 1 分間を要する」，すなわち，分速 80 m（= 4.8 km/h ≒ 1.3 m/s）である。ただし，これには坂道や信号の待ち時間などは考慮されていない。駅からどれくらいの時間かを知るには，現地に行き，実際に歩いてみることをお勧めする。

## B 速度の合成・分解 <sup>物</sup>

大きさと向きをもつ量を一般に **ベクトル** という。
**速度** は速さとその向きを表すベクトルである。

**■速度の合成・分解**

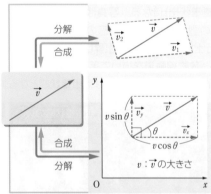

### Column 飛行機の航行時間 <sup>日常</sup>

飛行機で成田からニューヨークに向かうとき，行き（成田→ニューヨーク）のほうが帰り（ニューヨーク→成田）より 1 時間程度早く到着する。このおもな原因は，上空を西から東へ吹く偏西風である。行きでは飛行機の速度と偏西風の速度が同じ向きなので，合成速度は大きくなり，逆に帰りではこれらが逆向きなので，合成速度は小さくなる。このため，帰りは行きより多くの時間が必要となる。

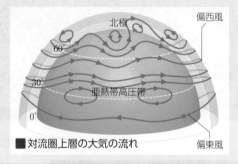

**■対流圏上層の大気の流れ**

## C 相対速度 <sup>物</sup>

動く物体 A から観測した他の物体 B の速度を，A に対する B の（A から見た B の）**相対速度** という。

**相対速度**

$$\vec{v}_{AB} = \vec{v}_B - \vec{v}_A$$

A に対する B の相対速度
＝ B の速度－A の速度

**■リレーのバトンパス** <sup>日常</sup>

走者 A から走者 B を見ると，B は速度 $\vec{v}_B - \vec{v}_A$ で走っているように見える。A に対する B の相対速度が $\vec{0}$ に近いほど，つまり，A の速度と B の速度が近いほど，走者 A からは走者 B がほぼ静止しているように見えるので，バトンの受け渡しがしやすくなる。

## ■ いろいろな場合の相対速度 （北向きを正とする）

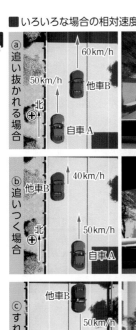

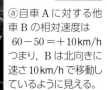

ⓐ 自車Aに対する他車Bの相対速度は
60－50＝＋10 km/h
つまり，Bは北向きに速さ10 km/hで移動しているように見える。

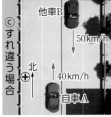

ⓑ 自車Aに対する他車Bの相対速度は
40－50＝－10 km/h
つまり，Bは南向きに速さ10 km/hで移動しているように見える。

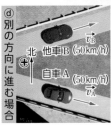

ⓒ 自車Aに対する他車Bの相対速度は
－50－40＝－90 km/h
つまり，Bは南向きに速さ90 km/hで移動しているように見える。

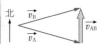

ⓓ 自車Aに対する他車Bの相対速度は
$\vec{v}_{AB}＝\vec{v}_B－\vec{v}_A$
つまり，Bは北向きに移動しているように見える。

力学

## ■ 落下する水滴の見え方を調べる実験

**静止**

**低速**

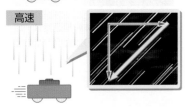

**高速**

鉛直下向きに落下する水滴を，水平に動く台車にのせたカメラから撮影（背景は合成）。台車から見ると水滴が斜めに落下しているかのように見える。

## Column 見通しのよい交差点で事故が起こるのは　日常

視界をさえぎるものが少ない交差点で，出会い頭の衝突事故が起こることがしばしばある。

図のように，自車A（速度 $\vec{v}_A$）と他車B（速度 $\vec{v}_B$）が一定の速度で交差点に近づくとき，Aに対するBの相対速度 $\vec{v}_{AB}$ も一定である。このときAから見てBは常に同じ方向にあり，Aに向かってまっすぐ近づいてくるように見える。このような場合，Aの視野の中でBはほとんど動かず，また視野の周辺部は認識能力が低いことから，接近に気づくのが遅れ，衝突事故に結びつくことがある。

航空機でも同様の状況になることがある。そのような場合，両機はコリジョン（衝突）コースにあるという。空中衝突事故を防ぐため，飛行の際，コリジョンコースを避ける注意が必要である。

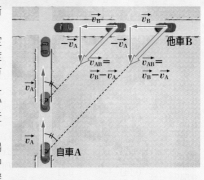

コリジョンコースのとき，接近する他車の視野中の位置が変わらないため，気づくのが遅れやすい。

# 2 加速度 基 物

## A 加速度
いろいろな物体の加速のようすを比較するには，一定の時間に速度がどれだけ変わるかを調べればよい。単位時間当たりの速度の変化を **加速度** といい，1秒間に速度が1m/sの割合で変化するときの加速度の大きさが1m/s²（メートル毎秒毎秒）である。

■ 加速するミニカーのストロボ写真（発光間隔 0.10秒）

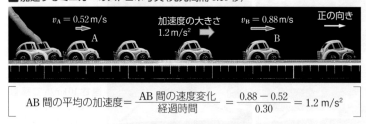

$$AB間の平均の加速度 = \frac{AB間の速度変化}{経過時間} = \frac{0.88 - 0.52}{0.30} = 1.2\,\text{m/s}^2$$

■ カーブする自動車の平均の加速度 物

速度の変化　　平均の加速度

※ $\vec{\Delta v}$ と $\vec{a}$ の向きは等しい

■ 減速する木片のストロボ写真（発光間隔 0.050秒）

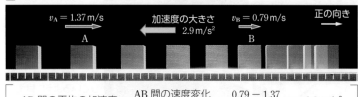

$$AB間の平均の加速度 = \frac{AB間の速度変化}{経過時間} = \frac{0.79 - 1.37}{0.20} = -2.9\,\text{m/s}^2$$

平均の加速度

$$\vec{a} = \frac{\vec{v_2} - \vec{v_1}}{t_2 - t_1} = \frac{\vec{\Delta v}}{\Delta t}$$

$\vec{a}$ [m/s²]：平均の加速度
$\vec{\Delta v}\,(= \vec{v_2} - \vec{v_1})$ [m/s]：速度の変化
$\Delta t\,(= t_2 - t_1)$ [s]：経過時間

## B 等加速度直線運動
物体が一定の加速度で一直線上を進むとき，この運動を **等加速度直線運動** という。

🔍 物体が斜面を降下するとき，物体の速度はどのように変化するだろうか？ 分析

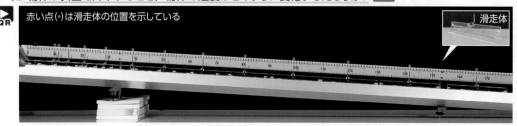

赤い点(•)は滑走体の位置を示している

滑走体

物体（滑走体）が斜面を降下するようすを撮影し，連続写真にしたものがこの写真である。この写真から物体の変位を読み取り，速度がどのように変化しているかを調べてみよう。ここでの写真は，0.20秒ごとの位置を重ねている。つまり，測定間隔は，$\Delta t = 0.20\,\text{s}$ である。

### 📈 実験結果の分析

| 基準点からの距離 $x$ [m] | 0.20秒ごとの移動距離 $\Delta x$ [m] | 平均の速さ $\overline{v} = \frac{\Delta x}{\Delta t}$ [m/s] |
|---|---|---|
| 0 | > 0.015 | 0.08 |
| 0.015 | > 0.036 | 0.18 |
| 0.051 | > 0.059 | 0.30 |
| 0.110 | > 0.079 | 0.40 |
| 0.189 | > 0.099 | 0.50 |
| 0.288 | > 0.120 | 0.60 |
| 0.408 | > 0.141 | 0.71 |
| 0.549 | > 0.159 | 0.80 |
| 0.708 | > 0.181 | 0.91 |
| 0.889 | > 0.202 | 1.01 |
| 1.091 | > 0.224 | 1.12 |
| 1.315 | > 0.246 | 1.23 |
| 1.561 | | |

① 写真から 0.20秒おきの時刻における物体の変位（基準点からの距離）$x$ [m]（単位をcmからmに直す）を読み取り，このような表の左列に記入する。
② 0.20秒ごとの移動距離 $\Delta x$ [m] を計算し，それを表の中列に記入する。
③ 各区間の平均の速さ $\overline{v}$ [m/s] を計算し，それを表の右列に記入する。

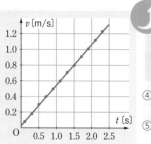

🔼 **Jump** 速さの測定 🎵 p.15

記録タイマーを用いた分析などはこちらを参照。

④ 時刻 $t$ [s] と平均の速さ $\overline{v}$ [m/s] の関係を図に点で示す。
⑤ 各点の近くを通るような直線（$v$-$t$ 図）をかき，その傾きから加速度を求める。

🔍 物体の速さが一定の割合で増していることから，物体の加速度は一定であることがわかる。このように，一直線上を一定の加速度で進む運動を等加速度直線運動という。

→ 右上のQRコードから実験に関する問題にチャレンジしてみよう！

---

等加速度直線運動

$$v = v_0 + at \qquad x = v_0 t + \frac{1}{2}at^2 \qquad v^2 - v_0^2 = 2ax$$

$x$ [m]：変位，　$v$ [m/s]：速度，　$v_0$ [m/s]：初速度
$a$ [m/s²]：加速度，　$t$ [s]：経過時間

## ■ 等速直線運動・等加速度直線運動のまとめ

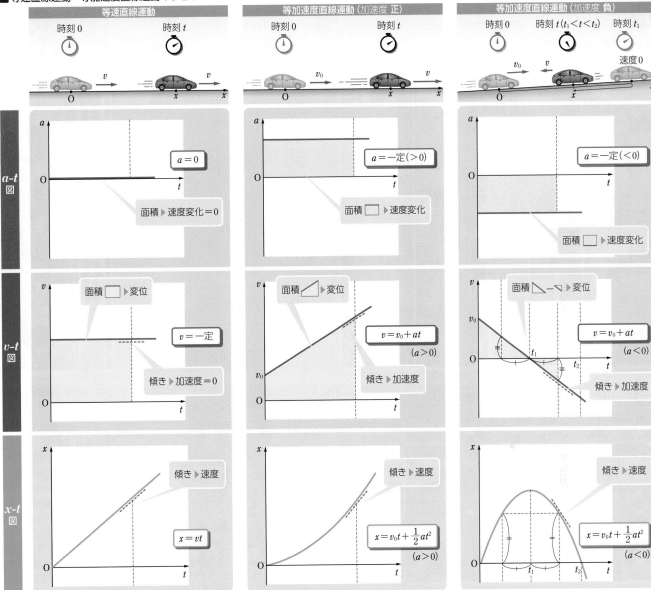

力学

---

## 加速度センサー

**技術**

ゲーム機のコントローラを振るだけで画面を操作できたり，スマートフォンの向きを変えるだけで写真や動画の向きが変わったりするのは「加速度センサー」のおかげである。

電車が加速や減速をすると力を感じる。速度の変化（＝加速度）が大きければ，より大きな力を受ける。この性質を利用して，逆に，受けた力から加速度を検出するのが加速度センサーである。加速度がわかれば，速度や位置を計算できる。つまり，水平方向や鉛直方向の加速度によって物体の動きや傾きがわかる。

加速度センサーは幅広い分野で活躍している。自動車のエアバッグは，衝突による急な減速を加速度センサーが検出することで作動する。ノートパソコンには，落下の衝撃によるハードディスクの損傷を防ぐために，

落下中であることを感知する加速度センサーが搭載されているものがある。国際宇宙ステーションにある日本の実験棟「きぼう」にも，実験装置自身の振動を測定するために加速度センサーが利用されている。

このように，日常生活で「加速度」という用語を見聞きすることは少ないが，加速度の測定がさまざまな技術を支えている。

「Nintendo Switch Sports」 ©Nintendo

# ③ 落体の運動 基 物

## Ⓐ 自由落下

物体が重力だけを受け，初速度 0 で落下するときの運動を **自由落下** という。自由落下の加速度（**重力加速度**）は，物体の質量によらず一定（大きさ $g = 9.8\,\mathrm{m/s^2}$）※である。

### ■空気が落下に及ぼす影響

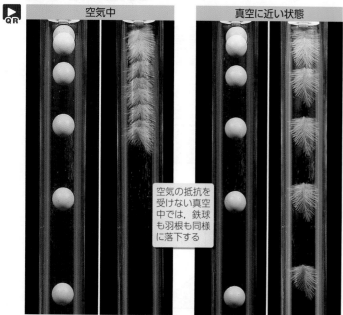

空気中　　　　真空に近い状態

空気の抵抗を受けない真空中では，鉄球も羽根も同様に落下する

### ■自由落下のストロボ写真とその分析

| 0 からの距離(m) | 40分の1秒ごとの移動距離(m) | 平均の速さ(m/s) |
|---|---|---|
| 0 | | |
| 0.004 | > 0.004 | 0.16 |
| 0.013 | > 0.009 | 0.36 |
| 0.029 | > 0.016 | 0.64 |
| 0.051 | > 0.022 | 0.88 |
| 0.078 | > 0.027 | 1.08 |
| 0.112 | > 0.034 | 1.36 |
| 0.153 | > 0.041 | 1.64 |
| 0.199 | > 0.046 | 1.84 |
| 0.251 | > 0.052 | 2.08 |
| 0.309 | > 0.058 | 2.32 |
| 0.374 | > 0.065 | 2.60 |
| 0.445 | > 0.071 | 2.84 |

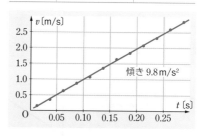

傾き $9.8\,\mathrm{m/s^2}$

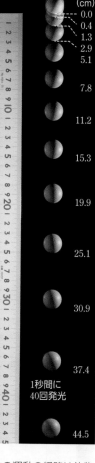

(cm)
0.0
0.4
1.3
2.9
5.1
7.8
11.2
15.3
19.9
25.1
30.9
37.4
44.5

1秒間に40回発光

## Ⓑ いろいろな放物運動 物

物体を水平方向（水平投射）や斜め上方（斜方投射）に投げると，物体の運動の経路は放物線となる。このような運動を **放物運動** という。

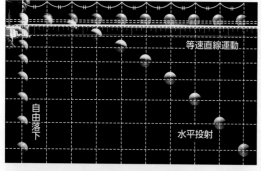

等速直線運動

自由落下

水平投射

### ■水平投射と自由落下・等速直線運動の比較

水平に投げられた小球の運動に，自由落下と水平方向の等速直線運動を合成したもの。

### ■動く発射台からの投射

発射台から見ると鉛直投射，発射台の外から見ると斜方投射が観測される。

発射台が静止しているとき

発射台が水平方向に等速直線運動しているとき

### ■斜方投射による衝突

小球A

小球B

投射器

空中に留められている小球 A に向けて投射器を設置する。投射器から小球 B を発射（斜方投射）すると同時に A を落下（自由落下）させる。すると，B の初速度の大きさにかかわらず，A と B は必ず空中で衝突する（衝突点が床面より上である場合）。

発射台に取り付けた小型カメラから見た小球。真上に上がって，落ちてくるように見える。

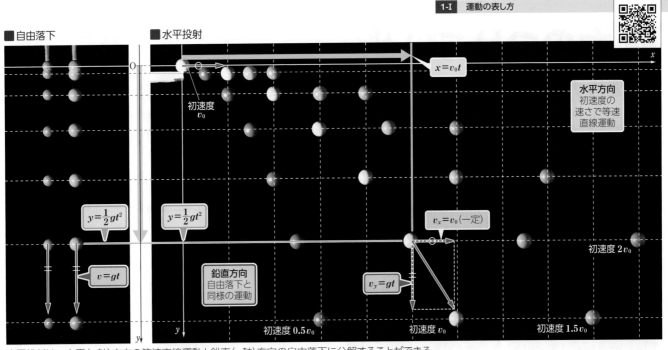

## ■自由落下 ■水平投射

初速度 $v_0$

$x = v_0 t$

水平方向
初速度の
速さで等速
直線運動

$y = \dfrac{1}{2}gt^2$

$y = \dfrac{1}{2}gt^2$

$v = gt$

$v_x = v_0$（一定）

鉛直方向
自由落下と
同様の運動

$v_y = gt$

初速度 $0.5v_0$　　初速度 $v_0$　　初速度 $1.5v_0$

初速度 $2v_0$

水平投射は，水平（$x$ 軸）方向の等速直線運動と鉛直（$y$ 軸）方向の自由落下に分解することができる。

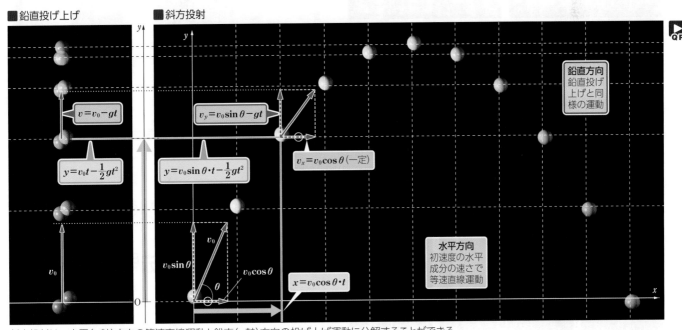

## ■鉛直投げ上げ ■斜方投射

$v = v_0 - gt$

$v_y = v_0 \sin\theta - gt$

鉛直方向
鉛直投げ
上げと同
様の運動

$y = v_0 t - \dfrac{1}{2}gt^2$

$y = v_0 \sin\theta \cdot t - \dfrac{1}{2}gt^2$

$v_x = v_0 \cos\theta$（一定）

$v_0$

$v_0 \sin\theta$

$v_0 \cos\theta$

$\theta$

$x = v_0 \cos\theta \cdot t$

水平方向
初速度の水平
成分の速さで
等速直線運動

斜方投射は，水平（$x$ 軸）方向の等速直線運動と鉛直（$y$ 軸）方向の投げ上げ運動に分解することができる。

## Zoom up　最も遠くに投げるには

日常

図は初速度の大きさが等しい
斜方投射の運動の軌跡を描
いたものである。初速度の
大きさが一定であれば，初速
度の水平面に対する角度が
$45°$ のとき，飛距離（水平到達
距離）は最大となる。

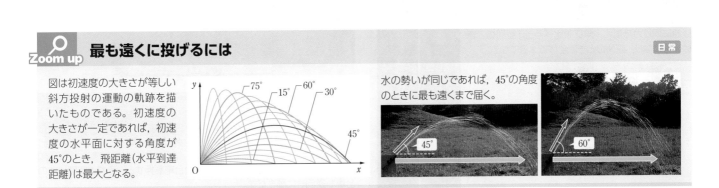

水の勢いが同じであれば，$45°$ の角度
のときに最も遠くまで届く。

※　$g$ の値は地球の場所（緯度，高度など）によって，いくらか異なる（●p.174）。

# 4 力のつりあい 基 物

## A 弾性力

つる巻きばねは，伸ばすと縮もうとし，縮めると伸びようとする。このように，力が加わって変形した物体が，もとの状態にもどろうとして他の物体に及ぼす力を，**弾性力** という。

### ■ フックの法則

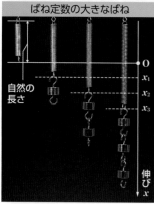

ばね定数の大きなばね　　ばね定数の小さなばね

自然の長さ
伸びx

つる巻きばねの弾性力の大きさは伸びまたは縮みの長さに比例する。

**フックの法則**

$$F = kx$$

弾性力〔N〕＝ばね定数〔N/m〕
　　　　　×ばねの伸び（縮み）〔m〕

$k$ が大きい ⇔ 伸び縮みしにくい
$k$ が小さい ⇔ 伸び縮みしやすい

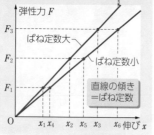

弾性力 $F$
ばね定数大
ばね定数小
直線の傾き＝ばね定数

### ■ ばねの接続（同一のばねのとき）

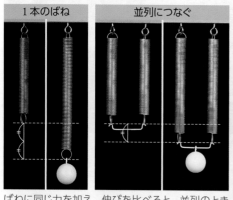

１本のばね　　並列につなぐ　　直列につなぐ

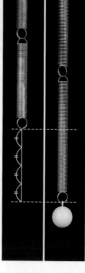

ばねに同じ力を加え，伸びを比べると，並列のときは半分になり，直列のときは全体で２倍になる。

### 🔍 Zoom up　ばねの接続

ばね定数 $k_1$，$k_2$ のばねを接続したとき

並列の場合　$k = k_1 + k_2$

直列の場合　$\dfrac{1}{k} = \dfrac{1}{k_1} + \dfrac{1}{k_2}$

（$k$：合成ばね定数）

## B 力の合成・分解

複数の力から，それと同じはたらきをする１つの力（**合力**）を求めることを **力の合成** という。また，１つの力を，それと同じはたらきをする複数の力（**分力**）に分けることを **力の分解** という。

### ■ 力の合成と分解の例

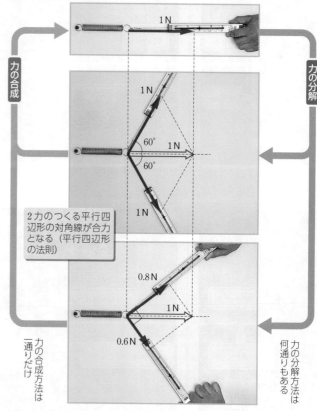

力の合成　　　　　　　　　　　　力の分解

1 N

1 N
60°
1 N
60°
1 N

２力のつくる平行四辺形の対角線が合力となる（平行四辺形の法則）

0.8 N
1 N
0.6 N

力の合成方法は一通りだけ

力の分解方法は何通りもある

## C 作用反作用の法則

力は２つの物体の間で互いに及ぼしあってはたらく。２つの力の一方を **作用**，他方を **反作用** という。物体Aから物体Bに力をはたらかせているときには，物体Bから物体Aに，同じ作用線上で，大きさが等しく，向きが反対の力がはたらいている。これを **作用反作用の法則** という。

### ■ 押しあう２台の台車

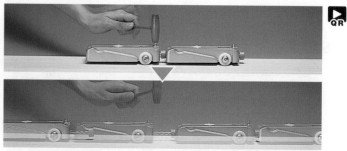

左の台車の反発ばねを作動させて右の台車を押すと，それと同時に左の台車も逆向きに動きだす。

## 宇宙での作用・反作用の実験

無重量状態では宙に浮いた状態で実験をすることができる。下の写真はスペースシャトルの中で毛利宇宙飛行士らが行った実験である。

**■綱引き** 綱を引いた毛利宇宙飛行士(左側)自身も引っ張られ、2人は互いに引き寄せられる。

**■お手つき** 互いに手をたたきあうと、2人とも反動で逆向きに回り始める。

提供：JAXA/NASA

# D 力のつりあい

1つの物体にいくつかの力が同時にはたらいても、それらの合力が0であるとき、これらの力はつりあっているという。

**力がつりあう条件**
**すべての力のベクトルの和＝$\vec{0}$**
(すべての力の $x$ 成分の和＝0　すべての力の $y$ 成分の和＝0)

**■糸が引く力のつりあいの例**

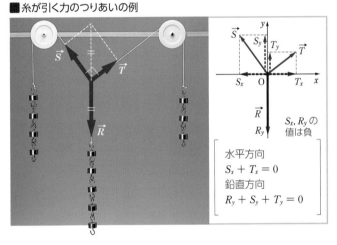

水平方向
$S_x + T_x = 0$
鉛直方向
$R_y + S_y + T_y = 0$

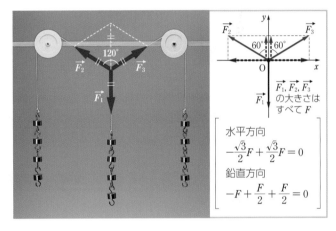

水平方向
$-\frac{\sqrt{3}}{2}F + \frac{\sqrt{3}}{2}F = 0$
鉛直方向
$-F + \frac{F}{2} + \frac{F}{2} = 0$

## つり橋と力のつりあい

右の写真のように、中央の3個のおもりを2本の糸で引っ張ってつるす。滑車の間隔が同じであれば、2本の糸のなす角が小さくなるように、高い位置から引くようにしたときのほうが、それぞれの糸の引く力は小さくてもつりあう。
下の写真は本州と淡路島を結ぶ明石海峡大橋(兵庫県)で、全長3911m、主塔間の距離1991mの世界最長のつり橋である。この橋の主塔の高さは約300mで、東京タワー(高さ333m)並である。

日常

■明石海峡大橋

# 5 運動の法則 基 物

## A 慣性の法則
外部から受ける力の和が 0 のとき，静止している物体は静止をし続け，運動している物体は等速直線運動をし続ける。

### ■ 慣性の実験（小物体と水を入れたフラスコの加速）

金属球　急に右に引く

コルク

急に右に引く

密度の大きい物質のほうが慣性は大きい。

### ■ 水風船の破裂

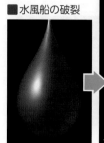

水は風船が割れた後もその場所にとどまろうとするが，重力により落下する。

## B 運動の法則
物体にいくつかの力がはたらくとき，物体にはそれらの合力の向きに加速度が生じ，その大きさは合力の大きさに比例し，物体の質量に反比例する。これを **運動の法則** という。

台車の質量を一定にして引く力の大きさを 2 倍，3 倍，4 倍にすると加速度の大きさはどうなるか？ 分析

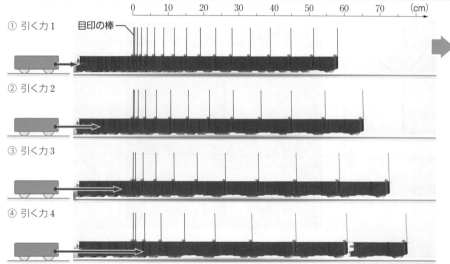

① 引く力 1　目印の棒
② 引く力 2
③ 引く力 3
④ 引く力 4

| 移動距離 $x$ [m] | 各区間の移動距離 $\Delta x$ [m] | 各区間の速さ $v$ [m/s] |
|---|---|---|
| 0 | | |
| 0.002 | > 0.002 | 0.02 |
| 0.010 | > 0.008 | 0.08 |
| 0.021 | > 0.011 | 0.11 |
| 0.039 | > 0.018 | 0.18 |
| 0.059 | > 0.020 | 0.20 |
| 0.085 | > 0.026 | 0.26 |
| 0.113 | > 0.028 | 0.28 |
| 0.147 | > 0.034 | 0.34 |
| 0.187 | > 0.040 | 0.40 |
| 0.231 | > 0.044 | 0.44 |
| 0.280 | > 0.049 | 0.49 |
| 0.331 | > 0.051 | 0.51 |
| 0.388 | > 0.057 | 0.57 |
| 0.447 | > 0.059 | 0.59 |
| 0.512 | > 0.065 | 0.65 |
| 0.581 | > 0.069 | 0.69 |

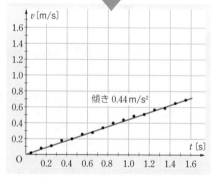
傾き 0.44 m/s²

①の測定に対して，台車の引く力の大きさを 2, 3, 4 倍にした測定が②，③，④である。この連続写真（0.10 秒ごと）より，台車を引く力が大きいほど加速度の大きさが大きくなっているようすがわかる。それぞれについて，各時刻の変位を表にまとめて $v$-$t$ 図を作成し傾きから加速度の大きさを求め，加速度の大きさがどのように変化するかを調べてみよう。右の表とグラフは①の測定に対する分析の例。

### 実験結果の分析

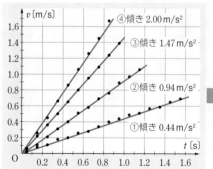
④傾き 2.00 m/s²
③傾き 1.47 m/s²
②傾き 0.94 m/s²
①傾き 0.44 m/s²

引く力の大きさを変えた測定①〜④についての $v$-$t$ 図をまとめたもの。

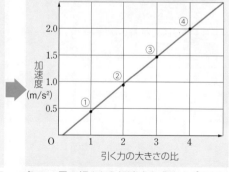
加速度 (m/s²)
引く力の大きさの比

各 $v$-$t$ 図の傾きから加速度を求め，グラフにしたもの。横軸は，引く力の大きさの①に対する相対値。

引く力の大きさを変えた測定①〜④について，それぞれ加速度の大きさを求めてグラフを作成する。グラフより，引く力の大きさを 2 倍，3 倍，4 倍にすると，加速度の大きさもほぼ 2 倍，3 倍，4 倍となる。

加速度の大きさは，台車を引く力の大きさに比例する。

→ 右上の QR コードから実験に関する問題にチャレンジしてみよう！

台車を引く力を一定にして質量を 2 倍，3 倍，4 倍にすると加速度の大きさはどうなるか？ 分析

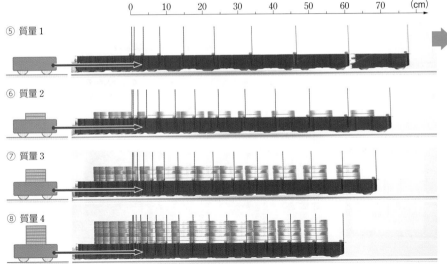

⑤ 質量1

⑥ 質量2

⑦ 質量3

⑧ 質量4

| 移動距離 $x$ 〔m〕 | 各区間の移動距離 $\Delta x$ 〔m〕 | 各区間の速さ $v$〔m/s〕 |
|---|---|---|
| 0 | | |
| 0.006 | ＞ 0.006 | 0.06 |
| 0.032 | ＞ 0.026 | 0.26 |
| 0.077 | ＞ 0.045 | 0.45 |
| 0.143 | ＞ 0.066 | 0.66 |
| 0.229 | ＞ 0.086 | 0.86 |
| 0.335 | ＞ 0.106 | 1.06 |
| 0.461 | ＞ 0.126 | 1.26 |
| 0.606 | ＞ 0.145 | 1.45 |
| 0.773 | ＞ 0.167 | 1.67 |

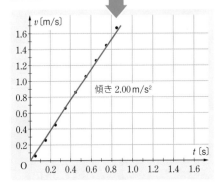

傾き 2.00 m/s²

力学

⑤の測定に対して，台車の質量を 2，3，4 倍にした測定が⑥，⑦，⑧である。この連続写真（0.10秒ごと）より，台車の質量が大きいほど加速度の大きさが小さくなっているようすがわかる。それぞれについて，各時刻の変位を表にまとめて $v$–$t$ 図を作成し傾きから加速度の大きさを求め，加速度の大きさがどのように変化するかを調べてみよう。右の表とグラフは，⑤の測定に対する分析の例。

## 実験結果の分析

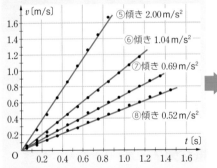

⑤傾き 2.00 m/s²
⑥傾き 1.04 m/s²
⑦傾き 0.69 m/s²
⑧傾き 0.52 m/s²

質量を変えた測定⑤〜⑧についての $v$–$t$ 図をまとめたもの。

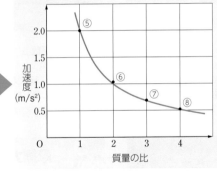

各 $v$–$t$ 図の傾きから加速度を求め，グラフにしたもの。横軸は，質量の⑤に対する相対値。

物体には合力の向きに加速度が生じる。この加速度の大きさは合力の大きさに比例し，物体の質量に反比例する。これを運動の法則という。運動の法則から運動方程式が得られ，力の単位 N（ニュートン）が定義される。質量 1 kg の物体にはたらいて 1 m/s² の大きさの加速度を生じさせる力の大きさを 1 N としている。

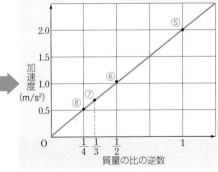

質量の逆数と加速度の大きさの関係をグラフにしたもの。質量を 2 倍，3 倍，4 倍にすると，加速度の大きさはほぼ $\frac{1}{2}$ 倍，$\frac{1}{3}$ 倍，$\frac{1}{4}$ 倍と反比例して小さくなる。

加速度の大きさは，台車の質量に反比例する。

→ 右上の QR コードから実験に関する問題にチャレンジしてみよう！ QR

### 運動方程式

$$m\,\vec{a} = \vec{F}$$

質量〔kg〕×加速度〔m/s²〕＝合力〔N〕

## C 重さと質量

質量（慣性質量）は物体の慣性の大きさを表す量で，運動方程式 $ma = F$ より，力の大きさ $F$〔N〕と加速度の大きさ $a$〔m/s²〕から求められる。重さは質量 $m$〔kg〕の物体にはたらく重力の大きさ $W$〔N〕で，$W = mg$（$g$：重力加速度の大きさ）である。

### ■ 質量と重さの違い

質量 $m$

加速度 $a$

質量 $m$

重さは 0（力は 0）

力は $F$（$F=ma$）

無重量状態では，すべての物体の重さは 0 である。しかし，質量がなくなるわけではない。人を押して加速するには，力が必要である。

### Column 宇宙での体重測定

宇宙などの無重量状態では，地球で使う通常の体重計は役に立たない。国際宇宙ステーション（ISS）では，ばねで押し返されるときの加速度 $a$ をはかり，加えた力の大きさ $F$ と運動方程式 $F = ma$ から体重（質量 $m$）を測定している。宇宙飛行士は健康管理のために，定期的に体重測定することが義務付けられている。

提供：JAXA/NASA

■ 体重測定のようす

重さ：weight　質量：mass

# 6 摩擦を受ける運動 基物

## A 摩擦力

面が物体に及ぼす力を一般に **抗力** といい，面に垂直な垂直抗力のほかに，面に平行な **摩擦力** がある。

**最大摩擦力・動摩擦力**

$$最大摩擦力 \ F_0 = \mu N \qquad 動摩擦力 \ F' = \mu' N$$

$F_0$〔N〕：最大摩擦力の大きさ，$\mu$：静止摩擦係数
$F'$〔N〕：動摩擦力の大きさ，$\mu'$：動摩擦係数
$N$〔N〕：垂直抗力の大きさ

### ■静止摩擦力

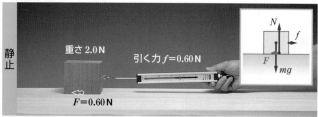

静止
重さ 2.0 N　引く力 $f$＝0.60 N
$F$＝0.60 N

動きだす直前
$f$＝1.2 N
$F$＝$F_0$＝1.2 N

$$静止摩擦係数 \ \mu = \frac{最大摩擦力の大きさ}{垂直抗力の大きさ} = \frac{F_0}{N} = \frac{1.2 \, \text{N}}{2.0 \, \text{N}} = 0.60$$

物体が静止しているときにはたらく **静止摩擦力** は，物体に加える力に応じて変わる。物体が動きだす直前の静止摩擦力を **最大摩擦力** という。

### ■動摩擦力

動く（等速）
重さ 2.0 N
$F'$＝0.90 N　$f$＝0.90 N

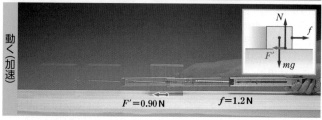

動く（加速）
$F'$＝0.90 N　$f$＝1.2 N

$$動摩擦係数 \ \mu' = \frac{動摩擦力の大きさ}{垂直抗力の大きさ} = \frac{F'}{N} = \frac{0.90 \, \text{N}}{2.0 \, \text{N}} = 0.45$$

物体が動いているときにはたらく **動摩擦力** は，一般に最大摩擦力よりも小さい。また，物体のすべる速さが変わってもほとんど変化しない。

### ■模型の象による綱引き

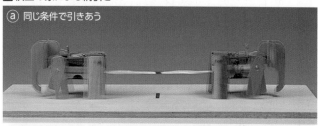

ⓐ 同じ条件で引きあう

ⓑ 左の面に紙やすりをしく

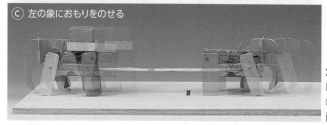

ⓒ 左の象におもりをのせる

### Zoom up　摩擦力は抵抗力？ 日常

運動している物体に摩擦力がはたらくとき，摩擦力は抵抗する力としてはたらき，速さが減少していくイメージがある。しかし，場合によって摩擦力は物体を加速させる力としてはたらく。例として，自転車などがあげられる。自転車を漕ぎだすと，後輪は写真の時計回りの方向に回転する。このとき，後輪には地面からの摩擦力が回転運動を妨げる方向，つまり，進行方向にはたらく。そのため自転車は加速する。しかし，前輪はペダルを漕いでも回転させられないため，進行方向とは逆向きに摩擦力を受け，時計回りに回転する。

2つの象は同じパワーのモーターを積んでいる。同じ状態の面上では引き分けになるが（ⓐ），ⓑのように左側の面に紙やすりをしくと左の象が勝つ。またⓒのように象の背中におもりをのせても，左の象が勝つ。どちらも象の足と面との間の摩擦力が大きくなるからである。

垂直抗力：normal force　　摩擦力：frictional force　　静止摩擦力：static frictional force　　最大摩擦力：maximum frictional force

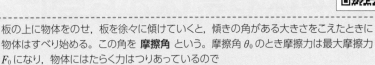

# Point　摩擦角

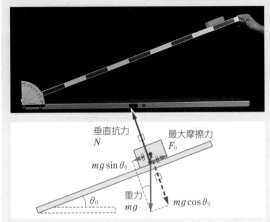

板の上に物体をのせ，板を徐々に傾けていくと，傾きの角がある大きさをこえたときに物体はすべり始める。この角を **摩擦角** という。摩擦角 $\theta_0$ のとき摩擦力は最大摩擦力 $F_0$ になり，物体にはたらく力はつりあっているので

$$mg \sin\theta_0 - F_0 = 0 \qquad N - mg\cos\theta_0 = 0$$

$F_0 = \mu N$ より　$\mu = \dfrac{F_0}{N} = \dfrac{mg\sin\theta_0}{mg\cos\theta_0} = \tan\theta_0$　となるので，摩擦角 $\theta_0$ は物体の質量によらない。また，摩擦角を調べれば静止摩擦係数を求めることができる。

斜面の傾きが摩擦角をこえると，物体は自然にすべり落ちてしまう。これと同様な原理で，ねじに刻まれた溝やねじ山の傾きが大きいと，ねじは力を加えなくても自然にゆるみ始めてしまう。したがって，ねじ山の傾きの角は摩擦角より小さくなるように設計されている。

左図の物体と板を土の塊（地盤）と考えれば，地すべりの解析にも応用できる。つまり，物体が動くことが地すべりの発生に相当する。この場合，摩擦角は土の性質や内部の状態によって決まり，内部摩擦角という。地すべりの危険性を把握する際に，内部摩擦角の推定が行われている。

（左図内ラベル）垂直抗力 $N$　最大摩擦力 $F_0$　$mg\sin\theta_0$　重力 $mg$　$mg\cos\theta_0$　$\theta_0$

力学

# Column　自動車と摩擦力　　日常

## 雨の日は要注意－ハイドロプレーニング現象

物体間に潤滑油のような液体があると，摩擦係数が小さくなりすべりやすくなる。雨の日のぬれた路面も同様で，すべりやすくなっている。タイヤの表面には溝があり，水たまりの上を走っても，通常は水が接地面の外へと排出される。しかし，自動車が高速で水たまりに入ると，この排水が追いつかず，水の膜の上にタイヤが浮いたような状態になる（写真右）。このような現象をハイドロプレーニングといい，この現象が起こるとハンドル操作やブレーキがきかなくなり，危険である。このため，摩耗して溝が浅くなったタイヤは取りかえ，雨の日はスピードをいつもよりおさえることが大事である。

### ■タイヤの排水性の実験

60 km/h　　進む向き

100 km/h 以上

## 下り坂のブレーキの酷使に要注意

乗用車によく見られるディスクブレーキは，車輪に付いた金属円板（ローター）に，車体に付いた板（パッド）を押し当て，摩擦力で止める方式である。これらの間の摩擦係数は，通常，温度が高くなると小さくなる。山道の下りなどでブレーキを酷使すると，摩擦で高温になり，ブレーキのききが悪くなることがある（フェード現象という）。ローターの内部に空気が通るようにして放熱性を高めたもの（ベンチレーテッドディスクブレーキ）もある。

### ■ベンチレーテッドディスクブレーキのローターの構造

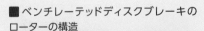

## レーシングカーのウィング－垂直抗力を大きくするための工夫

レースで少しでも速くカーブを曲がるためには，タイヤと路面の間の最大摩擦力 $\mu N$ を大きくする必要がある。レーシングカーには大きなウィングがあり，走行時に空気から下向きの力（ダウンフォース）を得ている。垂直抗力 $N$ は，車体の重量にダウンフォースを加えたものに等しくなる。このように，ウィングによって車体の重量を増やすことなく大きな $N$ が得られ，旋回速度が向上する。

## タイヤのスリップ－静止摩擦係数＞動摩擦係数

自動車がふつうに走っているときは，タイヤは路面を転がり，すべりはあまり起こっていないので，静止摩擦力がはたらいていると考えてよい。急ブレーキをかけてタイヤの回転が止まる（ロック）と，路面上をすべり（スリップ），摩擦力は動摩擦力となるので，ロック直前の最大摩擦力よりも低下する。このため，そのような急ブレーキでは，かえって制動距離（停止までに要する距離）が長くなり，その間のハンドル操作がきかなくなってしまう。自動車レースでは，レーサーはブレーキのロックを防ぐため，ロックしそうになると少しブレーキをゆるめ，またブレーキを踏みこむ，という操作を小刻みにすばやく行う。これと同じことを行う装置は ABS（アンチロックブレーキシステム）とよばれ，近年，自動車，航空機，鉄道などに広く用いられている。

また，自動車は，路面からの摩擦力を受けて運動するが，この摩擦力の大きさには，図の摩擦円とよばれる円（半径が最大摩擦力）で示される限界がある。急ブレーキ中にハンドルを切ると，進行方向の制動力と横方向の力との合力（必要とする摩擦力）が摩擦円をこえてしまい，スリップが始まる。こうなると，ハンドル操作がきかなくなってコースアウトしてしまうため，カーブの手前では十分に減速して，カーブ中の急ブレーキを避けるようにしなければならない。

### ■摩擦円

進む向き

それぞれの力が $\mu N$ より小さくても，合力＞$\mu N$ となるとスリップする。

$\mu N$　横方向の力　合力　制動力　摩擦円

# 7 液体や気体から受ける力 基 物

## A 圧力

単位面積当たりにはたらく力を **圧力** といい，単位 Pa（パスカル）で表す。

### 圧力

$$p = \frac{F}{S}$$

$$圧力 [Pa] = \frac{力の大きさ [N]}{面積 [m^2]}$$

### 水 圧 $p = \rho h g$

水中での圧力 $p' = p_0 + \rho h g$

$\rho [kg/m^3]$：水の密度，$h [m]$：水深
$g [m/s^2]$：重力加速度の大きさ，$p_0 [Pa]$：大気圧

### ■ 面積による圧力の違い 日常

新雪の上では，スキー板をはいていると圧力は小さく沈まないが，スキー板をはいていないと圧力は大きく沈んでしまう。

### ■ 圧力によって縮んだ容器

水深 11600 m に相当する圧力を加えて縮んだ発泡ポリスチレンの容器（右側）。

### ■ 大気圧によって押しつぶされる缶 QR

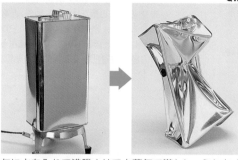

缶に水を入れて沸騰させて水蒸気で満たし，ふたをする。缶に空気はほとんど残っていない。冷えると水蒸気は水になるため，缶は大気圧によって押しつぶされる。

### ■ マグデブルクの半球の実験 歴史 QR

ドイツのゲーリケ（当時のマグデブルク市長）が 17 世紀半ばに行った大気圧の大きさを示す実験。2 つの金属製半球容器を合わせて中の空気を抜くと，ぴったりくっついて外れなくなった。図には，馬 8 頭ずつで双方から引っ張ってもなかなか外れないようすが描かれている。

### ■ 大気圧と水圧 日常

エベレスト山（チョモランマ）（標高 8848 m）
$3.1 \times 10^4$ Pa

地表（海抜 0 m）
$1.0 \times 10^5$ Pa

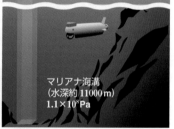

水中（水深 10 m）
$2.0 \times 10^5$ Pa
（＝大気圧 $1.0 \times 10^5$ Pa
＋水圧 $1.0 \times 10^5$ Pa）

マリアナ海溝（水深約 11000 m）
$1.1 \times 10^8$ Pa

地表 $1 m^2$ の上方には $1.0 \times 10^4$ kg の大気がある。地表に加わる圧力は

$$\frac{(1.0 \times 10^4 \, kg) \times 9.8 \, m/s^2}{1 \, m^2} \fallingdotseq 1.0 \times 10^5 \, Pa$$

1 気圧（atm）はほぼこの圧力で，正確には 1 atm = 101325 Pa である。水中では，水深が 10 m 増すごとに水圧が $1.0 \times 10^5$ Pa（約 1 atm）ずつ増える。

## B 浮力

流体（気体や液体）中にある物体は，流体から押し上げられるような力を受ける。このような力を **浮力** という。

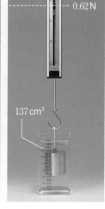

0.36 N
0.98 N
0.62 N
100 cm³
137 cm³
0.10 kg

### ■ 浮力の測定

浮力の大きさを計算で求めると

$F = \rho V g$
$= 1.0 \times 10^{-3} \, kg/cm^3$
$\quad \times 37 \, cm^3 \times 9.8 \, m/s^2$
$\fallingdotseq 0.36 \, N$

となり，ばねはかりで求めた値と一致する。

### 浮力の大きさ（アルキメデスの原理）

**液体（気体）中の物体は，それが排除している液体（気体）の重さに等しい大きさの浮力を受ける。**

$$F = \rho V g$$

$\rho [kg/m^3]$：液体（気体）の密度，$g [m/s^2]$：重力加速度の大きさ
$V [m^3]$：物体が排除した液体（気体）の体積

### Column オウムガイの浮力調整 日常

気室
隔壁

オウムガイの殻の中は，隔壁によっていくつかの気室に仕切られている。この気室の中には，ガスとカメラル液という液体が入っており，カメラル液を出し入れし全体の密度を変化させることによって，浮力を調整している。

## ■ 水に浮かぶ氷—氷山の一角 日常

氷の密度は，水の密度 $\rho$ の約 92%（0℃）。断面積 $S$，高さ $h$ の氷柱のうち，長さ $d$ が水面下にあるとき

浮力＝氷の重さ

$\rho dSg = 0.92\rho hSg$

よって $\dfrac{d}{h} = 0.92$

したがって，氷の 8% しか水面上に現れていない。

## ■ 水銀に浮かぶ鉄球

鉄（密度 7.9 g/cm³）

水銀（密度 13.5 g/cm³）

密度の大きな液体に密度の小さな固体または液体を入れると，浮力により液面に浮かぶ。

力学

## Ⓒ 空気の抵抗

空気から受ける抵抗力は物体の速さが増すほど大きくなる。空気中を落下する物体は，最終的には重力と抵抗力がつりあい，落下の速度が一定となる。この速度を **終端速度** という。

### ■ スペースシャトルの着陸

宇宙から帰還して着陸するスペースシャトルエンデバー号。着陸時にパラシュート（ドラッグシュート）を開いて減速している。

### Column スカイダイビング 日常

スカイダイビングをする人は，空気の抵抗を受け，200 km/h 程度の終端速度で落下していく。写真のように，2 人が一体となって落下するタンデムでは，単独の場合に比べ，空気抵抗はさほど変わらないが，重力が大きいので，終端速度が 300 km/h をこえることがある。このため，通常はドローグとよばれる小さなパラシュートを先に開き，メインのパラシュートが開いたときの衝撃を緩和したり，他の人と同じスピードで落下できるようにしている。

タンデム（右上）　　ドローグ

### ■ 空気の抵抗を受けて落下するアルミ皿（🔵 p.55）

写真は，数枚重ねたアルミ皿が空気抵抗を受けて落下するようすを 0.05 秒ごとに示したものである。左から，アルミ皿 2 枚を重ねたもの，4 枚を重ねたもの，2 枚を丸めたものとなっている。

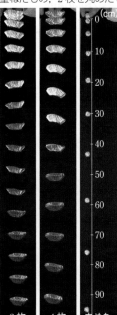

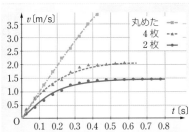

2 枚　　4 枚　　丸めた

アルミ皿を重ねた場合，初めのうちは大きな加速度で落下するが，やがて速度の増加はゆるやかになり，一定の速度（終端速度）に近づく。

アルミ皿を 2 枚重ねた場合と，アルミ皿を 4 枚重ねた場合を比較すると，アルミ皿が 4 枚の場合のほうが最終的な速度が大きい。つまり，質量が大きいほうが空気の抵抗の影響を受けづらく，終端速度は大きくなる。また，丸めた場合は，空気の抵抗の影響が小さく，ほぼ自由落下と同様の運動となる。

### 空気の抵抗

運動方程式 $ma = mg - kv$　　終端速度 $v_{\mathrm{f}} = \dfrac{mg}{k}$

$m$〔kg〕：質量，$a$〔m/s²〕：加速度，$g$〔m/s²〕：重力加速度

$k$〔kg/s〕：比例定数，$v_{\mathrm{f}}$〔m/s〕：終端速度

小さな球が空気中を落下する場合，球の速さが大きくない範囲では，抵抗力の大きさは速さに比例し，この式が成りたつことが知られている。

### Zoom up 速さに比例？ 速さの 2 乗に比例？

小さな球が空気中を落下する場合，球の速さが大きくない範囲では，抵抗力の大きさは速さに比例する，とあるが，球の速さが大きかったり，球が大きいものだったりする場合，抵抗力の大きさは速さの 2 乗に比例することが知られている。一般に，空気抵抗は速さに比例する「粘性抵抗」と，速さの 2 乗に比例する「慣性抵抗」に分けられる。慣性抵抗がはたらく場合の終端速度 $v_{\mathrm{f}}'$ は $v_{\mathrm{f}}' = \sqrt{\dfrac{mg}{k}}$ と表すことができる。

例えば，ピンポン球を落下させる場合，はじめのごくわずかな時間以外は慣性抵抗が優位にはたらく。左のアルミ皿の場合も慣性抵抗がはたらいている（🔵 p.55）。

# 8 剛体にはたらく力 基物

## A 剛体にはたらく力

力を加えても変形しない理想的な物体を **剛体** という。剛体にはたらく力の効果は，大きさ・向き・作用線によって決まる。また，剛体にはたらく力を作用線上で移動させても，その効果は変わらない。

並進運動

並進運動＋回転運動

### ■作用線の違いによる力の効果の違い
剛体に加える力の大きさや向きが同じでも，作用線が異なると，力の効果も変わる。一般に，剛体に力を加えると，並進運動と回転運動が起こる。写真はミニカーのタイヤを固定して糸で引いたもの。

## B 力のモーメント

剛体にはたらく力の大きさと，ある点 O からこの力の作用線までの距離（うでの長さ）との積は，剛体を点 O のまわりに回転させようとする能力の大きさを表す。これを点 O のまわりの **力のモーメント** という。

力のモーメント
$$M = Fl$$
力のモーメント〔N·m〕
　＝力の大きさ〔N〕×作用線までの距離〔m〕

力のモーメントの符号は，回転の向きが反時計回り（左回り）のときを正とすると，時計回り（右回り）のときは負になる。

おもりの重さ×$\dfrac{\text{外側の輪軸の半径}}{\text{内側の輪軸の半径}}$
の大きさの力で，架線を張っている。

### ■架線の張力調整装置（テンションバランサー）

輪軸

おもり

## C 剛体のつりあい

剛体にはたらく力がつりあうためには，「力のベクトルの和が $\vec{0}$」（並進運動をし始めない）に加え，「力のモーメントの和が 0」（回転運動をし始めない）という条件が必要である。

### ■剛体のつりあいの例（点 O のまわりの力のモーメントの和 M が 0）

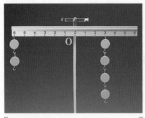

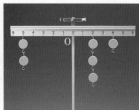

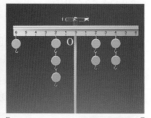

$$\begin{aligned}M &= 2W\cdot6l - 4W\cdot3l \\ &= 0\end{aligned}$$

$$\begin{aligned}M &= 2W\cdot5l - 3W\cdot2l - W\cdot4l \\ &= 0\end{aligned}$$

$$\begin{aligned}M &= W\cdot6l + 3W\cdot2l - 2W\cdot2l - 2W\cdot4l \\ &= 0\end{aligned}$$

**剛体にはたらく力がつりあう条件**
すべての力のベクトルの和が $\vec{0}$
$$\vec{F_1} + \vec{F_2} + \vec{F_3} + \cdots = \vec{0}$$
任意の点のまわりの力のモーメントの和が 0
$$M_1 + M_2 + M_3 + \cdots = 0$$

W：おもり1個の重さ（重力の大きさ）
l：棒の1目盛りの長さ

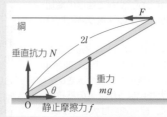

## ■支点・力点・作用点(てこの原理)の例 日常

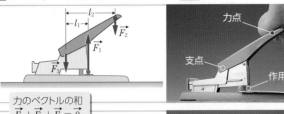

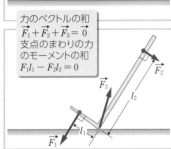

力点
支点
作用点

力のベクトルの和
$\vec{F_1} + \vec{F_2} + \vec{F_3} = \vec{0}$
支点のまわりの力
のモーメントの和
$F_1 l_1 - F_2 l_2 = 0$

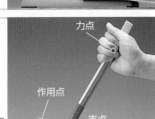

力点
作用点
支点

## ■自動車のハンドル—偶力の例 日常

偶力のモーメント
$$M = Fl$$
$F$〔N〕：力の大きさ
$l$〔m〕：作用線間の距離

平行で逆向きの同じ大きさの2力
$\vec{F}$, $-\vec{F}$ が剛体に加わっている場合，
この2力を1対のものと考え，**偶力**
という。偶力は剛体を回転させる
はたらきをもつが，剛体を移動(並
進運動)させるはたらきはもたない。

力学

# D 重心

剛体にはたらく重力は，剛体を非常に小さな部分に分割したときに各部分
にはたらく重力の合力と考えられる。この合力の作用点を **重心** という。

## 2物体の重心の位置

$$x_G = \frac{m_1 x_1 + m_2 x_2}{m_1 + m_2}$$

$m_1$, $m_2$〔kg〕：物体1,2の質量
$x_1$, $x_2$〔m〕：物体1,2の位置

## ■くりぬかれた板の重心

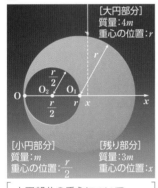

[大円部分]
質量：$4m$
重心の位置：$r$

[小円部分]
質量：$m$
重心の位置：$\frac{r}{2}$

[残り部分]
質量：$3m$
重心の位置：$x$

大円部分の重心について
$$r = \frac{m \cdot \frac{r}{2} + 3m \cdot x}{m + 3m} \rightarrow x = \frac{7r}{6}$$

## ■重心の求め方

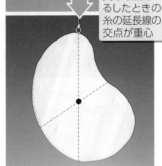

異なる点でつ
るしたときの
糸の延長線の
交点が重心

剛体を糸でつるすと，重心は糸の
延長線上にある。

## ■重心の放物運動

木づちは，重心(赤
印)の放物運動と，
そのまわりの回転
を組み合わせた運
動をしている。

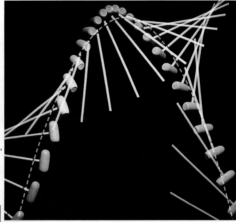

木づちの重心の真下では，1点でバラン
スをとり，支えることができる。

## ■重心の位置と転倒のしやすさ 日常

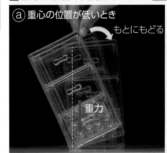

ⓐ 重心の位置が低いとき
もとにもどる
重力

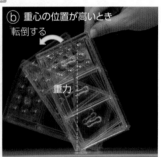

ⓑ 重心の位置が高いとき
転倒する
重力

QR

おもりを入れた引き出しを傾けてから静かにはなす場合，重心の位置が
低いとき(ⓐ)より高いとき(ⓑ)のほうが転倒しやすい。

## Column 本をずらして積み上げていくと… 日常

机の端に物体を置くとき，物体の重心が机上よりはみ出さなければ，物体は机から落ちずに静止する。
幅 $l$ の本をできるだけ大きくずらしながら積み上げるには，上から数えて1冊目の重心が，2冊目の
端にくるように積まれ($\frac{l}{2}$ずれる)，2冊目は，1冊目と2冊目をあわせた重心が3冊目の端にくるよ
うに積まれ($\frac{l}{4}$ずれる)…，がくり返されていればよい。このような規則で積み上げられたとき，上から
$n$ 冊目は，$n-1$ 冊目の端より $\frac{l}{2(n-1)}$ だけずれてい
る。$n$ 冊積んだときの全体のずれ $L$ は

$$L = \frac{l}{2}(1 + \frac{1}{2} + \frac{1}{3} + \frac{1}{4} + \cdots + \frac{1}{n-1})$$

となる。この和は $n = 5$ のとき $l$ をこえ，$n = 32$ の
とき $2l$ をこえ，$n = 228$ のとき $3l$ をこえるようになる。

板を32枚積む

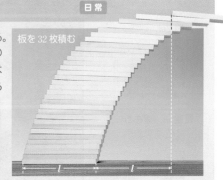

本を5冊積む

$l$　$\frac{l}{4}$　$\frac{l}{2}$

# ⑨ 仕事と運動エネルギー 基 物

## Ａ 仕事・仕事率

物体に一定の力をはたらかせて力の向きに動かしたとき，力の大きさと移動距離の積を，その力が物体にした **仕事** という。物体に1Nの力をはたらかせ，その向きに1m動かすときの仕事が1J（ジュール）である。

**仕事**

$$W = Fx\cos\theta$$

$W$〔J〕：仕事，$x$〔m〕：移動距離
$F$〔N〕：力の大きさ
$\theta$：力と移動の向きのなす角

**仕事率**

$$P = \frac{W}{t}$$

$$仕事率〔W〕= \frac{仕事〔J〕}{時間〔s〕}$$

### ■仕事率の単位 日常

**■主要諸元**
●エンジン直列3気筒 SOHC ●総排気量656㎤ ●最高出力（ネット値）38kW〔52PS〕／7,200rpm ●大トルク（ネット値）61N・m〔6.2㎏・m〕／4,500rpm ●'15モード走行燃料消費率18.0km/ℓ（国交通省審査値）●全長3,395m 全幅1,475m 全高1,695m ●車両重量1t

1秒間に1Jの仕事をするときの仕事率が1W（ワット）である。エンジンなどの性能を表すPS（馬力）も仕事率の単位で，1PS≒736Wである。

### ■仕事の原理

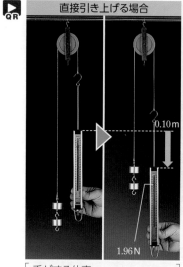

**直接引き上げる場合**

0.10m

1.96N

**動滑車を使う場合**

0.20m

0.98N

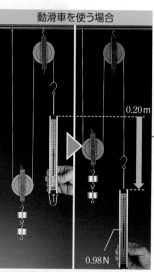

```
手がする仕事＝
  1.96N × 0.10m ≒ 0.20J
```

```
手がする仕事＝
  0.98N × 0.20m ≒ 0.20J
```

道具を用いることで物体を動かす力を小さくすることはできるが，動かす距離が長くなるので仕事の量は変わらない。これを **仕事の原理** という。

### ■クレーン車のフック

$F$ 固定

$F$ $F$

動滑車

$4F$

クレーン車のフックには複数の動滑車が組み合わされている。写真のフックは2個の動滑車を介して4本のロープでつり下げられているので，荷重の約$\frac{1}{4}$の力で引き上げることができる。

急斜面にジグザグの坂道を設けることによって，道のりは長くなるが，小さな力でも斜面を登ることができるようになる。

### ■坂道ー日光いろは坂 日常

## Ｂ 運動エネルギー

物体が仕事をする能力をもつとき，**エネルギー** をもっているといい，運動する物体のもつエネルギーを **運動エネルギー** という。エネルギーの単位には仕事と同じ単位Jが用いられる。

**運動エネルギー**

$$K = \frac{1}{2}mv^2$$

$m$〔kg〕：質量，$v$〔m/s〕：速さ

### ■物体の質量，速さによる運動エネルギーの違い

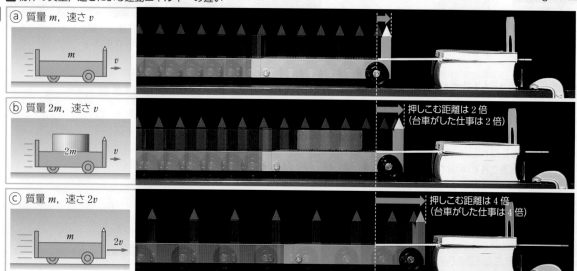

ⓐ 質量 $m$，速さ $v$

$m$ $v$

ⓑ 質量 $2m$，速さ $v$

$2m$ $v$

押しこむ距離は2倍
（台車がした仕事は2倍）

ⓒ 質量 $m$，速さ $2v$

$m$ $2v$

押しこむ距離は4倍
（台車がした仕事は4倍）

力学台車の運動エネルギーは，本にはさまれた定規を押しこむ仕事をするときの動かした距離で比べられる。

運動エネルギーは，質量が2倍になると2倍，速さが2倍になると4倍になる。

## ■ 自動車の衝突試験

QR

時速 55 km

自動車の運動エネルギーが車体を変形させる（破壊する）仕事に使われる。

## ■ バリンジャー隕石孔（アメリカ）

質量数十万t，直径約50mの隕石が約16km/sの速さで衝突したとする説がある。クレーター（直径約1.2km）に比べると小さな隕石だが，莫大な運動エネルギーで地表に激突したことがうかがえる。

## Column　地球を回るスペースデブリ（宇宙ごみ）　環境

地球のまわりには，多くの人工衛星が回っているが，これらよりずっと多数の，人工衛星やロケットなどの残骸や破片も回っており，これらはスペースデブリ（宇宙ごみ）とよばれる。これらの速さは，弾丸よりも速い時速数万 km で，小さくても大きな運動エネルギーをもっている。例えば，下の写真の実験に使われたアルミニウム球は，質量 1 t，時速 32 km で走る乗用車とほぼ同じ運動エネルギーをもつ。このため，数ミリ程度の破片であっても，衝突すると人工衛星や宇宙船に大きなダメージを与える危険性があり，宇宙活動上の脅威となっている。このようなことから，衛星やロケットの設計には，スペースデブリの放出を抑える工夫が求められている。

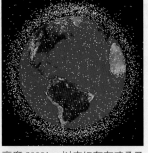

高度 2000 km 以内に存在するスペースデブリの分布

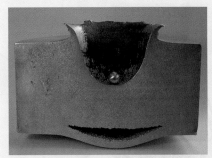

質量 1.7 g のアルミニウム球を 6.8 km/s（≒時速 24000 km）の速さで厚さ 18 cm のアルミニウム製ブロックに衝突させた実験の結果。

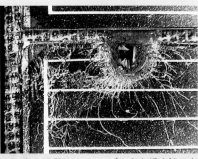

2002 年に回収されたハッブル宇宙望遠鏡の太陽電池パネル。宇宙ごみの衝突によって損傷を受けている。

力学

### 運動エネルギーと仕事の関係

**物体の運動エネルギーの変化は，物体がされた仕事に等しい。**

$$\frac{1}{2}mv^2 - \frac{1}{2}mv_0^2 = W$$

変化後の運動エネルギー － 変化前の運動エネルギー ＝ された仕事

運動エネルギー $\frac{1}{2}mv_0^2$　運動エネルギー $\frac{1}{2}mv^2$

物体がされた仕事 $W$

（変化前）　（変化後）

## Column　運動エネルギーを大きくする工夫　日常

物体に大きな運動エネルギーをもたせるには，運動エネルギーと仕事の関係から，外力が物体に行う仕事を大きくすればよい。下の図は，江戸時代の吹き矢の稽古のようすで，長い吹き矢を用いることによて矢が力を受ける距離も長くなり，大きな運動エネルギーで発射される。また，ピッチャーの投球も，できるだけ長い距離にわたってボールに力を加えるようになっている。このように，人が仕事をする場合，出すことのできる力の大きさには限界があるので，力を加える距離を長くとることにより，加速する物体の運動エネルギーを大きくしている。

吹き矢を吹く武士（江戸時代）　シーボルト著『日本』図録第 2 巻より

ピッチャーの投球

# 10 位置エネルギーと力学的エネルギー保存則 <sup>基</sup> <sup>物</sup>

## A 位置エネルギー

高い所にある物体や，伸びた（縮んだ）ばねにつながれた物体は，仕事をする能力をもつ。つまり，物体がその位置に応じたエネルギーをもっていると考えてよい。このようなエネルギーを 位置エネルギー という。

### ■ 重力による位置エネルギー

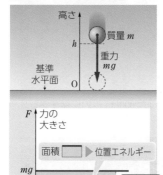

**重力による位置エネルギー**

$$U = mgh$$

$m$〔kg〕：質量
$g$〔m/s²〕：重力加速度の大きさ
$h$〔m〕：基準水平面からの高さ

面積 ▭ ▶ 位置エネルギー

$F = mg$

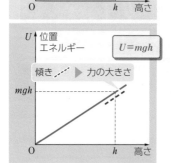

傾き --- ▶ 力の大きさ

$U = mgh$

### ■ 弾性力による位置エネルギー <sup>QR</sup>

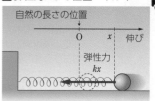

**弾性力による位置エネルギー**

$$U = \frac{1}{2}kx^2$$

$k$〔N/m〕：ばね定数
$x$〔m〕：自然の長さから
　　　のばねの伸び（縮み）

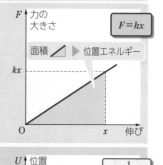

面積 ◨ ▶ 位置エネルギー

$F = kx$

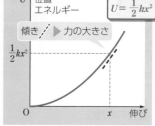

傾き --- ▶ 力の大きさ

$U = \frac{1}{2}kx^2$

### ■ 杭打ち機

高く引き上げたおもりの位置エネルギーによって，杭を打ちこむ仕事をする。

### ■ 逆バンジー

引き伸ばしたゴムの弾性エネルギーによって，人を引き上げる仕事をする。

---

補足 **保存力**

物体を動かすとき，物体にはたらく力のする仕事が途中の経路に関係なく始点と終点の位置だけで決まる場合，その力を **保存力** という。例えば，重力のする仕事は，物体が自由落下する場合も，

なめらかな斜面を下降する場合も，始点と終点の高さだけで決まるので，重力は保存力である。一方，物体を引きずって動かすときに動摩擦力がする仕事は，始点と終点だけでは決まらず，遠まわりするほど大きくなるので，動摩擦力は保存力ではない。

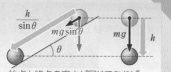

始点と終点の高さが同じであれば重力がする仕事はどちらも $W = mgh$

---

## B 力学的エネルギー保存則

運動エネルギーと位置エネルギーの和を **力学的エネルギー** という。

**力学的エネルギー保存則**

**物体に保存力だけがはたらくとき，または保存力以外の力がはたらいても仕事をしないとき，力学的エネルギーは一定に保たれる。**

### ■ なめらかな斜面をすべる運動

<sup>QR</sup>

エネルギー

力学的エネルギー一定

$\frac{1}{2}mv^2$

$mgh$

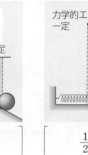

$$\frac{1}{2}mv^2 + mgh = 一定$$

### ■ ばね振り子の運動

力学的エネルギー 一定

エネルギー

$\frac{1}{2}mv^2$

$\frac{1}{2}kx^2$

$$\frac{1}{2}mv^2 + \frac{1}{2}kx^2 = 一定$$

### ■ 糸につながれた小球

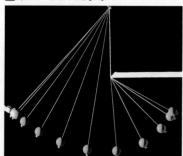

糸がおもりを引く力は，おもりの運動の向きと常に直角をなすので仕事をしない。仕事をするのは重力のみなので，力学的エネルギー保存則が成りたつ。

なめらかな斜面や水平面から受ける力は垂直抗力のみで，垂直抗力は運動の向きと直角をなすので仕事をしない。

## ■レールを転がる球

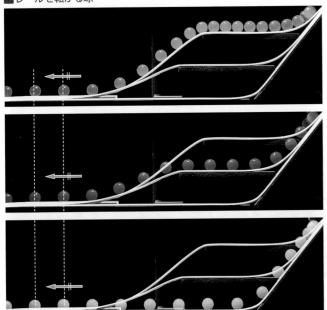

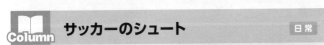

最下部での速さは最初の高さだけで決まり，途中の経路によらない。

## ■ジェットコースター 日常

頂上まで引き上げられたコースターは，その後，動力なしで走り続ける。降下中は，重力による位置エネルギーが運動エネルギーに変化している。
写真は一定時間ごとにコースターを撮影し，合成したもの。

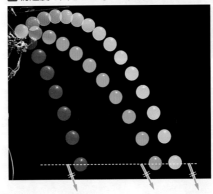

## Column　サッカーのシュート 日常

サッカーで強くボールを蹴り出そうとするときには，軸足をボールのほぼ真横におくことが多い。これは蹴り足が最下点のとき，蹴り足の位置エネルギーがすべて運動エネルギーに変換されて，運動エネルギーが最大になるので，最下点でボールを蹴ると強く蹴り出せるからである。

## ■初速度の大きさの等しい放物運動

落差が同じ場合，物体の速さは，初速度の大きさだけで決まり，初速度の向きによらない。

## ■曲面を転がる球

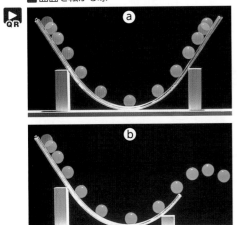

ⓐでは，球はもとの高さまで上がる。
ⓑでは，球は曲面を離れた後，放物運動し，その最高点では水平方向に動いている。球は最高点で運動エネルギーをもつので，最高点の高さは，出発点の高さよりも低くなる。

## ■斜面を転がる球の運動

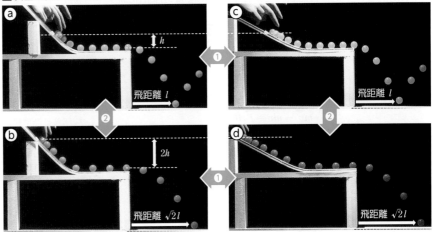

ⓐ 飛距離 *l*
ⓑ 飛距離 $\sqrt{2}l$
ⓒ 飛距離 *l*
ⓓ 飛距離 $\sqrt{2}l$

水平に投げ出した球の飛距離は，投げ出すときの速さに比例する（ p.26，水平投射）。
①斜面の傾きを変えても，最初の位置エネルギー（高さ）が等しければ，斜面を下ったときの運動エネルギー（速さ）も等しく，飛距離は同じになる。
②最初の位置エネルギー（高さ）を2倍にすると，斜面を下ったときの運動エネルギーも2倍になる。運動エネルギーは速さの2乗に比例するので，このときの速さは$\sqrt{2}$倍になり，飛距離も$\sqrt{2}$倍になる。

# 11 運動量と力積 [基][物]

## A 運動量・力積
物体の運動の勢い（激しさ）を表す量として質量と速度の積を考え、これを **運動量** という。また、物体に一定の力をはたらかせたとき、力と作用時間の積を **力積** という。どちらも大きさと向きをもつベクトルである。

**運動量**
$$\vec{p} = m\vec{v}$$
$\vec{p}$〔kg·m/s〕：運動量，$m$〔kg〕：質量，$\vec{v}$〔m/s〕：速度

**力積**
$$\vec{I} = \vec{F}\Delta t$$
$\vec{I}$〔N·s〕：力積，$\vec{F}$〔N〕：力，$\Delta t$〔s〕：作用時間

■台車の運動量を比べる（一定時間ごとに撮影した連続写真）　台車の先頭に粘着テープを付け、衝突後一体になるようにしている。

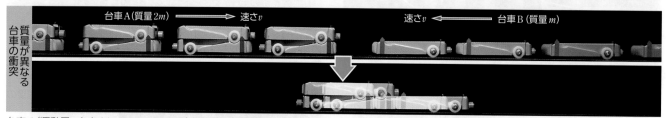

質量・速さが等しい台車の衝突

台車A（質量$m$）→ 速さ$v$　　速さ$v$ ← 台車B（質量$m$）

静止

台車A（運動量：右向きに $m \times v = mv$）と台車B（運動量：左向きに $m \times v = mv$）が正面衝突して一体になると、衝突した場所で静止する。

質量が異なる台車の衝突

台車A（質量$2m$）→ 速さ$v$　　速さ$v$ ← 台車B（質量$m$）

台車A（運動量：右向きに $2m \times v = 2mv$）と台車B（運動量：左向きに $m \times v = mv$）が正面衝突して一体になると、右向きに動く。

速さが異なる台車の衝突

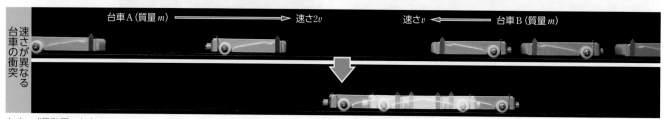

台車A（質量$m$）→ 速さ$2v$　　速さ$v$ ← 台車B（質量$m$）

台車A（運動量：右向きに $m \times 2v = 2mv$）と台車B（運動量：左向きに $m \times v = mv$）が正面衝突して一体になると、右向きに動く。

## B 運動量と力積の関係
物体どうしが衝突するとき、はたらく力は短時間に複雑に変化する。このような、力を求めることが難しい場合でも、運動量と力積の関係から物体の運動を調べることができる。

**運動量と力積の関係**
**物体の運動量の変化は、物体に与えられた力積に等しい。**
$$m\vec{v'} - m\vec{v} = \vec{F}\Delta t$$
変化後の運動量−変化前の運動量＝与えられた力積

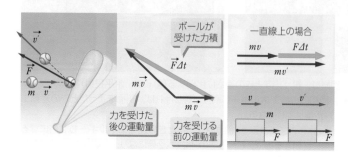

$\vec{v'}$
$\vec{F}$
$m$ $\vec{v}$

ボールが受けた力積 $\vec{F}\Delta t$

一直線上の場合
$mv$　$F\Delta t$
$mv'$

力を受けた後の運動量 $m\vec{v'}$

力を受ける前の運動量 $m\vec{v}$

$v$　$v'$
$m$
$F$　$F$

### [Column] スキージャンプの着地 [日常]

スキージャンプはおよそ100mほどの高さから飛び出しているのに、なぜ着地時に怪我をしないのだろうか。着地点は斜面となっており、着地すると、ジャンパーの斜面に垂直な方向の速さは0になるため、着地直前の斜面に垂直な方向の運動量はジャンパーが受ける力積となる。この斜面の角度はジャンパーが滑空する角度と同じような角度となっているから、斜面に垂直な方向の運動量は小さくなり、ジャンパーが受ける力積も小さくなるため怪我をしないですむ。

ただし、飛行距離が伸びると斜面の角度が水平に近くなっていくので危険を伴う。スキージャンプ台によって、安全に着地できる目安になる地点までの距離（ヒルサイズ）が設定されている。

ジャンパーの運動量

斜面に垂直な方向の運動量

力学

## ■ ファン（送風機）を付けた台車の運動

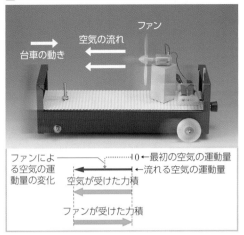

台車の動き
空気の流れ
ファン

台車に付けたついたて
空気の流れ
台車の動き

ファンによる空気の運動量の変化
流れる空気の運動量
空気が受けた力積
ファンが受けた力積
最初の空気の運動量 0

空気が受けた力積
ついたてによる空気の運動量の変化
空気が受けた力積
ついたてが受けた力積
ファンが受けた力積
0

ファンは空気に左向きの力を加え，その反作用を右向きに受ける。その結果，台車は右に動く。

ファンが受ける右向きの力よりも，ついたてが受ける左向きの力のほうが大きく，台車は左に動く。

## ■ スプリンクラー 日常

水流が受ける力積
水流の運動量
スプリンクラーが受ける力積

水流を曲げる力の反作用によって，スプリンクラーが回転する。

## ■ 飛行機の逆噴射（逆推力装置）のしくみ 日常

逆推力装置作動中の飛行機
JAPAN AIRLINES
前方からの空気を側面に排出する

遮蔽板がせり立ち，後方への空気を遮断する

通常時のエンジン

飛行機が着陸時に行う逆噴射は，エンジンを反対に回して排気の向きを変えているのではない。後方への排気を逆推力装置で側面から前方に流すことによって，反対向きの力を得ている。

## C 衝突

物体どうしの衝突では，瞬間的にきわめて大きな力（**撃力** という）がはたらく。

### ■ ゴルフボールの打撃の瞬間
撃力を受けて大きく変形した後，飛んでいく。

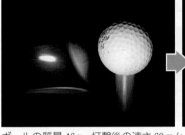

ボールの質量 46 g，打撃後の速さ 60 m/s，打撃時間 $\Delta t = 1$ 万分の 5 秒とすると，平均の力 $\overline{F}$ は $5.5 \times 10^3$ N にもなる。

### ■ F-t 図と力積の関係

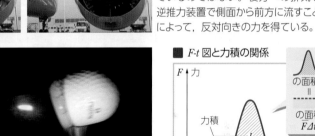

の面積 $I$
＝
の面積 $F\Delta t$

力積 $I$
$\overline{F}$
$\Delta t$
力
時間

## 自動車の安全性（乗員の保護） 日常

QR Column

硬い床にガラスのコップを落とすと割れるが，同じ高さから厚い布団に落としても割れない。どちらも，ぶつかった後にはずまないと考えれば，そのときに受ける力積は等しい。しかし，力積の式 $I = F\Delta t$ で考えれば，布団のほうが長い時間力を受けるため（$\Delta t$ が大きいため），その分，受ける力 $F$ が小さくなることがわかる。自動車も，衝突事故の際に乗員を保護するため，$\Delta t$ を大きくする構造や装置を備えている。

### ■ 自動車の衝突試験

時速 64 km

自動車の前部は適度な堅牢さをもち，衝突の際に変形することによって衝撃を吸収し，キャビンの変形を最小限にとどめるように設計されている。

### ■ エアバッグ

シートベルトなし

自動車の先端部にあるセンサーが衝撃を感知すると，エアバッグがすばやく開き，乗員の体を受け止める。ただし，シートベルト非着用の場合，エアバッグだけでは受け止めきれず，フロントガラスに激突する可能性が高く危険である。

## A 運動量保存則

いくつかの物体が内力を及ぼしあうだけで外力を受けていないとき，全体の運動量は変化しない。これを **運動量保存則** という。

### ■一直線上の衝突・合体・分裂　青い滑走体の質量：72g，黄色の滑走体の質量：36g

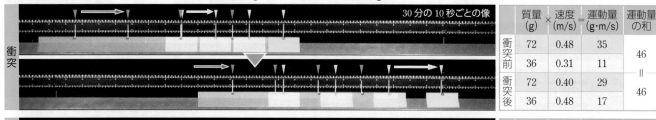

|  |  | 質量 (g) | × 速度 (m/s) | = 運動量 (g·m/s) | 運動量の和 |
|---|---|---|---|---|---|
| 衝突 | 衝突前 | 72 | 0.48 | 35 | 46 |
|  |  | 36 | 0.31 | 11 |  |
|  | 衝突後 | 72 | 0.40 | 29 | = 46 |
|  |  | 36 | 0.48 | 17 |  |

30分の10秒ごとの像

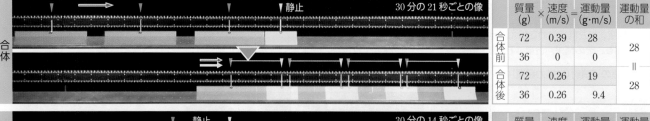

|  |  | 質量 (g) | × 速度 (m/s) | = 運動量 (g·m/s) | 運動量の和 |
|---|---|---|---|---|---|
| 合体 | 合体前 | 72 | 0.39 | 28 | 28 |
|  |  | 36 | 0 | 0 |  |
|  | 合体後 | 72 | 0.26 | 19 | = 28 |
|  |  | 36 | 0.26 | 9.4 |  |

30分の21秒ごとの像　静止

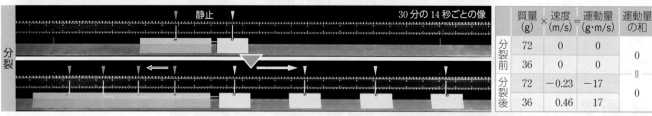

|  |  | 質量 (g) | × 速度 (m/s) | = 運動量 (g·m/s) | 運動量の和 |
|---|---|---|---|---|---|
| 分裂 | 分裂前 | 72 | 0 | 0 | 0 |
|  |  | 36 | 0 | 0 |  |
|  | 分裂後 | 72 | −0.23 | −17 | = 0 |
|  |  | 36 | 0.46 | 17 |  |

30分の14秒ごとの像　静止

### ■平面上の衝突（平面滑走台での衝突実験）

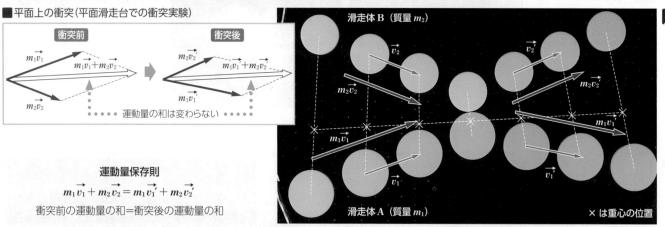

滑走体 B（質量 $m_2$）

滑走体 A（質量 $m_1$）

× は重心の位置

衝突前 → 衝突後

$m_1\vec{v_1}$　$m_1\vec{v_1}+m_2\vec{v_2}$　$m_2\vec{v_2}'$　$m_1\vec{v_1}'+m_2\vec{v_2}'$

$m_2\vec{v_2}$　$m_1\vec{v_1}'$

・・・・・ 運動量の和は変わらない ・・・・・

**運動量保存則**

$$m_1\vec{v_1} + m_2\vec{v_2} = m_1\vec{v_1'} + m_2\vec{v_2'}$$

衝突前の運動量の和＝衝突後の運動量の和

### ■衝突による力学的エネルギーの変化（同じ質量どうしの衝突）

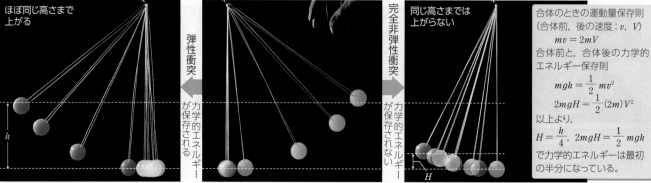

ほぼ同じ高さまで上がる

弾性衝突　← 力学的エネルギーが保存される

完全非弾性衝突　→ 力学的エネルギーが保存されない

同じ高さまでは上がらない

$h$

$H$

**合体のときの運動量保存則**
（合体前，後の速度：$v$, $V$）

$$mv = 2mV$$

合体前と，合体後の力学的エネルギー保存則

$$mgh = \frac{1}{2}mv^2$$

$$2mgH = \frac{1}{2}(2m)V^2$$

以上より，

$$H = \frac{h}{4}, \quad 2mgH = \frac{1}{2}mgh$$

で力学的エネルギーは最初の半分になっている。

# B 反発係数

2物体が一直線上で衝突するとき，衝突後に互いに遠ざかる速さと，衝突前に互いに近づく速さの比 $e$ を **反発係数**(は **ねかえり係数**)という。$e = 1$ のときを **弾性衝突**，$0 \le e < 1$ のときを **非弾性衝突**($e = 0$ のとき **完全非弾性衝突**)という。

## ■ 反発係数の式

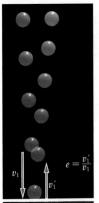

$$e = \frac{v_1'}{v_1}$$

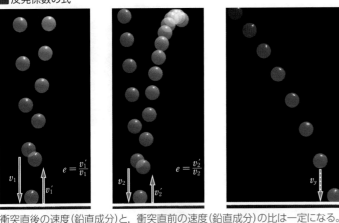

$$e = \frac{v_2'}{v_2}$$

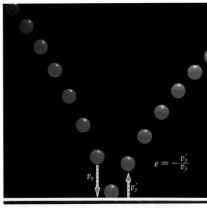

$$e = -\frac{v_y'}{v_y}$$

### 反発係数の式

平面への垂直な衝突

$$e = \frac{v'}{v} \begin{array}{l} \cdots 衝突直後の速さ \\ \cdots 衝突直前の速さ \end{array}$$

平面への斜めの衝突

$$e = -\frac{v_y'}{v_y} \begin{array}{l} \cdots 衝突直後の速度の垂直成分 \\ \cdots 衝突直前の速度の垂直成分 \end{array}$$

一直線上の2物体の衝突

$$e = -\frac{v_1' - v_2'}{v_1 - v_2} \begin{array}{l} \cdots 衝突直後の相対速度 \\ \cdots 衝突直前の相対速度 \end{array}$$

衝突直後の速度(鉛直成分)と，衝突直前の速度(鉛直成分)の比は一定になる。

## ■ ゴムボールのバウンド

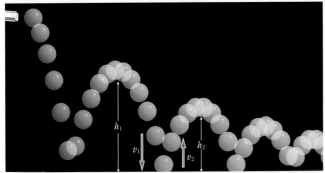

ボールは衝突の前後で面に垂直な速度成分の大きさ $v$ が $e$ 倍になる。はね上がる高さは $v^2$ に比例するので $e = \dfrac{v_2}{v_1} = \sqrt{\dfrac{h_2}{h_1}}$ となり，$h_1$, $h_2$ から反発係数が求められる。

## ■ いろいろな反発係数

$$\left[ \begin{array}{c} ゴムボール \\ e = \sqrt{\dfrac{h_2}{h_1}} \fallingdotseq 0.9 \end{array} \right]$$

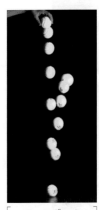

$$\left[ \begin{array}{c} テニスボール \\ e = \sqrt{\dfrac{h_2}{h_1}} \fallingdotseq 0.8 \end{array} \right]$$

$$\left[ \begin{array}{c} 粘土球 \\ e = \sqrt{\dfrac{h_2}{h_1}} = 0 \end{array} \right]$$

## Column イオンエンジン

技術

飛行機のエンジンは，燃料を外部から取り込んだ空気と反応させて燃焼し，生成されるガスを機体後方へ噴出する。後方に質量のある物体(ガス)を押し出すことで，運動量保存則により飛行機は前向きの速度を得る。これが飛行機の推進の原理である。

宇宙を航行する探査機などの場合，宇宙空間には空気がないため，飛行機と同じ方法で推進力を得ることはできない。また，長い距離を航行するためには，長時間にわたって作動するエンジンが必要になる。

そこで，はやぶさなどの探査機にはイオンエンジンが搭載されている。推進の原理は飛行機と同じだが，イオンエンジンではマイクロ波でイオン化した貴ガス(キセノンやアルゴン)に電圧を加えて加速し，機体後方に噴出することで推進力を得ている。はやぶさに使われたキセノンの推進力は，地球上では1円玉を2枚動かす程度だが，1年間作動しつづけることで，4500km/hまで加速することができる。

### ■ イオンエンジンの原理

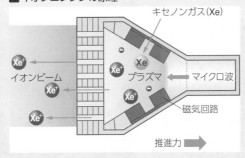

キセノンガス(Xe)
イオンビーム
$Xe^+$
プラズマ
マイクロ波
磁気回路
推進力

## ■ 高くはね上がるボール

直線上に連なったボールが床にぶつかると，衝撃が，質量の大きな下のボールから，質量の小さな上のボールへ次々と伝わっていく。その結果，最上段のボールは勢いよく飛び出す。

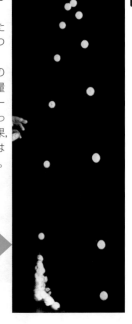

# ⑬ 円運動 基 物

## A 等速円運動

物体が円周上を一定の速さで回る運動を 等速円運動 という。
円運動の速度の方向は円の接線方向である。

等速円運動の速さ $v = r\omega$

等速円運動の周期 $T = \dfrac{2\pi}{\omega}$

向心加速度 $a = r\omega^2 = \dfrac{v^2}{r}$

向心力 $F = mr\omega^2 = m\dfrac{v^2}{r}$

$r$〔m〕：円運動の半径，$\omega$〔rad/s〕：角速度

$m$〔kg〕：質量

角速度は物体の1秒当たりの回転角を表す量である。角度の単位は rad（ラジアン ◗ p.168）を用いる。

■ 火打石をグラインダ（研削機）に当てる

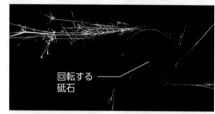

回転する
砥石

削りかすは円の接線方向に飛び散る。

### ■ いろいろな円運動 日常

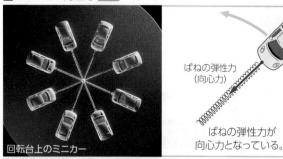

回転台上のミニカー

ばねの弾性力
（向心力）

ばねの弾性力が
向心力となっている。

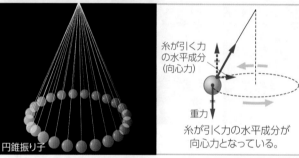

円錐振り子

糸が引く力
の水平成分
（向心力）

重力

糸が引く力の水平成分が
向心力となっている。

ボブスレー

抗力の水平成分
（向心力）

路面から受ける抗力の水平成分
が向心力となっている。

ハンマー投げ

ハンマー

ワイヤーがハンマー
を引く力（向心力）

ワイヤーがハンマーを引く力が
向心力となっている。

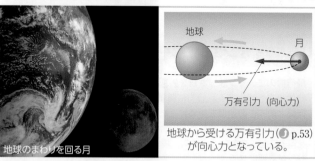

バイクのコーナリング

摩擦力（向心力）
路面から受ける摩擦力が
向心力となっている。

地球のまわりを回る月

地球

月

万有引力（向心力）

地球から受ける万有引力（◗ p.53）
が向心力となっている。

### ■ 円錐振り子の糸の傾き

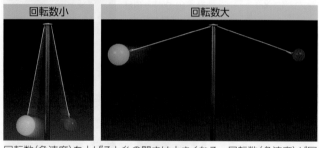

回転数小

回転数大

回転数（角速度）を上げると糸の開きは大きくなる。回転数（角速度）が同
じであれば，傾きはおもりの質量によらない。

### ■ 回転ブランコ 日常

大人も子どもも空席も，回転半径が同じであれば，ロープの傾きは等しい。

# B 鉛直面内の円運動

物体が鉛直面内の円軌道を動くとき，この運動は一般には等速円運動とならないが，円軌道の半径方向についての運動方程式は，等速円運動と同様の加速度の式を用いて表せる。

## ■ 円筒面内の円運動

### 最初の高さ $h \geqq 2.5r$ の場合

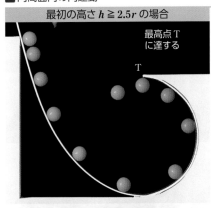

最高点 T に達する

小球が円筒面から離れないためには，その点において垂直抗力を受けている必要がある。よって，最高点 T を通過するために，点 T における垂直抗力 $N$ が満たすべき条件式は $N \geqq 0$ となる。垂直抗力 $N$ は点 T での運動方程式

$$m\frac{v^2}{r} = mg + N \quad \cdots ①$$

から求められる。①式の $v$ は力学的エネルギー保存則

$$mgh = mg \cdot 2r + \frac{1}{2}mv^2 \quad \cdots ②$$

から求められる。①式と②式から求めた $N$ を条件式に代入し計算すると，$h \geqq 2.5r$ となる。つまり，この条件を満たす高さから小球をはなせば，小球は最高点 T に達することができる。

### 最初の高さ $h = 2r$（直径）の場合

途中で面から離れる

円筒面の直径と同じ高さから小球をはなすと，途中で円筒面から離れ，放物運動をする。

## ■ 振り子の円運動

### 最初の高さ $h \geqq 2.5r$ の場合

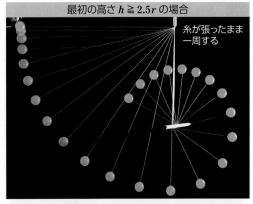

糸が張ったまま一周する

### 最初の高さ $h = 2r$（直径）の場合

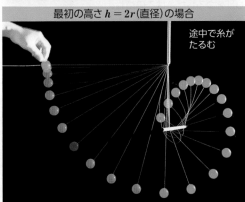

途中で糸がたるむ

小球が円筒面から受ける垂直抗力 $N$ を，糸が引く力 $T$ に置きかえれば，円筒面の場合と同様の結論が得られる。

---

**サイクロン掃除機** 日常

サイクロン掃除機は，吸いこんだゴミと空気を円錐形のコーン内で高速で円運動させることで，遠心力（ p.48）と重力を利用して，空気の流れからゴミを分離している。ゴミを分離してフィルターに到達するゴミが減少するようにすることで，フィルターが目詰まりしにくくなるようにしている。

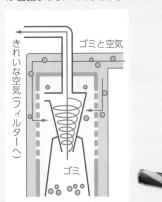

きれいな空気（フィルターへ）
ゴミと空気
ゴミ

■ サイクロン掃除機のしくみ

---

**ジャイロセンサー** 技術

昨今，いろいろな機器に，動きを測定したり，制御したりするためのセンサーが搭載されている。その代表的なセンサーが加速度センサー（ p.25）とジャイロセンサーである。加速度センサーは並進運動の加速度を測定するセンサーであるのに対し，ジャイロセンサーは回転運動の角速度を測定するセンサーである。一般には，回転運動による慣性力（コリオリの力  p.49）を検知することで，角速度を計算して求めていることが多い。

ジャイロセンサーはおもに，スマートフォンやゲーム機器，デジタルカメラ（手ぶれ補正のための手ぶれの検知），カーナビ（車が曲がったことを検知），ドローン（飛行時の姿勢制御）などで利用されている。人間の手の動きは関節により円運動を多く含むため，手で持ったときの動きを検知するときなどにはジャイロセンサーが適している。ドローンやスマートフォンには，ジャイロセンサーに加えて，加速度センサーも搭載しているものがあり，3軸方向の加速度と3軸まわりの角速度を検知することで，さまざまな動作制御や機能を実現している。

■ 飛行しているドローン

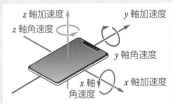

■ ジャイロセンサーと加速度センサー

# 14 慣性力 基 物

## A 慣性力

加速度運動をする観測者が物体の運動を観測する場合，運動の法則は成りたたない。このような場合でも，実際にはたらく力のほかに **慣性力** とよばれるみかけの力をあわせて考えると，運動の法則が成りたつ。

$$\vec{F} = -m\vec{a}$$

$m$〔kg〕：質量
$\vec{a}$〔m/s²〕：観測者の加速度

台車とともに運動する人から見ると，台車の加速度（右向き）と逆向きに慣性力（左向き）を受ける。おもりをつるした糸はこの慣性力と重力の合力の向きに傾き，水面はそれと垂直に傾く。

■ 等加速度直線運動をする水槽

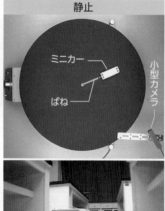

加速

水面の傾きと糸の傾きは互いに垂直

■ 急激な加速・減速の実験 歴史

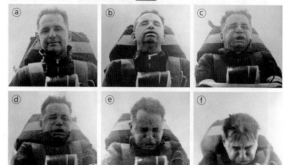

ⓐ ⓑ ⓒ ⓓ ⓔ ⓕ

急激な加減速が人体に及ぼす影響を調べるため，アメリカの軍医ジョン・スタップは，特殊なレール上を走るそりに自ら乗りこみ，1954年，約1000km/h から 1.4 秒で停止する実験を行い生還した。

## B 遠心力

回転運動する観測者は，**遠心力** とよばれる慣性力を考えると運動方程式や力のつりあいの式を立てることができる。

遠心力
$$F = mr\omega^2 = m\frac{v^2}{r}$$

$m$〔kg〕：質量，$r$〔m〕：半径
$\omega$〔rad/s〕：角速度
$v$〔m/s〕：速さ

■ ばねにつないだミニカーの回転
静止した観測者から見ると，ミニカーは，ばねからの力 $f$（向心力）を受けて加速度 $r\omega^2$ で回転している。
　運動方程式 $mr\omega^2 = f$
回転台とともに回る観測者から見ると，ばねからの力 $f$ と遠心力 $mr\omega^2$ がつりあって止まっている。
　つりあいの式 $mr\omega^2 - f = 0$

静止

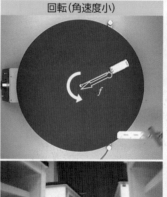
ミニカー
ばね
小型カメラ

回転（角速度小）

$f$

$f$　$mr\omega^2$

回転（角速度大）

■ 回転する水槽

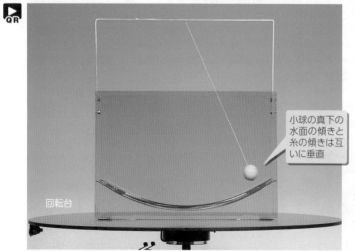

回転台

小球の真下の水面の傾きと糸の傾きは互いに垂直

回転台の周辺部ほど遠心力が大きくなり，水面の傾きも急になる。

### Column 無重量状態でピーナツを食べるには

無重量状態でピーナツの袋を開けると，ピーナツが飛び散って上手く食べることができない。これを防ぐためには，ピーナツの袋の底を外側に向けて（ⓐ），体を回転軸として回りながら取り出す（ⓑ）とよい。袋全体に遠心力が加わり，中のピーナツは回転の中心方向の外側に向かう力を受ける。袋の閉じたほうにピーナツが寄せられるので，開け口から自然に出てくることなく，容易に取り出して食べることができる。

ⓐ

ⓑ

提供：JAXA/NASA

■ 遠心分離機

混ざりあった物質の密度の違いを利用し，遠心力で分離する。高速回転による強力な遠心力で，密度の違いがわずかであっても，混合物を分離できる。

■ 加速度訓練機（航空自衛隊）

ジェット戦闘機などが旋回するときにかかる大きな遠心力を体験（訓練）する装置。半径8mのアームの先のゴンドラに人をのせて，回転する。

## Column ガリレイの相対性原理

加速度運動する観測者が物体の運動を観測する場合，慣性力を加えないと運動方程式が成りたたない。しかし，等速直線運動している観測者が観測する場合は，慣性力を加えずとも運動方程式が成りたつ。一般に，どのような慣性系においても同じ物理法則が成りたつ（同じ運動方程式が立てられる）。これをガリレイの相対性原理という。

しかし，光の速さに近い速さの運動が関わる場合は，このガリレイの相対性原理が成りたたない（⤵ p.102）。

■ ガリレイ（⤵ p.4）

## Point 「慣性系」と「非慣性系」

物理学では，物体の運動をどの立場で観測するかということが重要になる。この物体の見方は「系」という言葉で表される。「慣性系」は，加速度運動していない立場から物体を観測していることを示し，「非慣性系」は，加速度運動する立場から物体を観測していることを示している。慣性力は，「非慣性系」の場合に現れる見かけの力である。

また他にも，2物体を1つの物体として考えるときに，「1つの系として」と表現したり，物体の重心とともに運動する立場から見ることを「重心系」と呼んだりと，「〜系」が用いられる。

力学

## QR Zoom up コリオリの力

■ 回転台の中心から外に立てたポールに向けて小球を転がす

真上から見る | 回転台上（小型カメラ）から見る

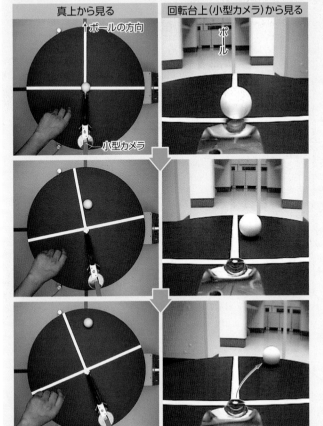

球はポールへとまっすぐ進む。

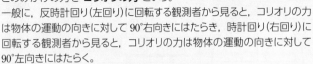

球は右に曲がるように見える。

回転運動する座標系に現れる慣性力には，遠心力のほかに，コリオリの力（転向力）とよばれるものがある。

左の写真のように，反時計回りに回転する回転台の中心から小球を転がす。回転台はなめらかなので，真上から見る（左側の写真）と，小球は中心から外側へとまっすぐ転がっていく。この運動を回転台とともに回るカメラから見る（右側の写真）と，小球は右に曲がっていき，右向きの力がはたらいているように見える。このみかけの力を **コリオリの力** という。

気象衛星ひまわりの画像
（提供：気象庁）

一般に，反時計回り（左回り）に回転する観測者から見ると，コリオリの力は物体の運動の向きに対して90°右向きにはたらき，時計回り（右回り）に回転する観測者から見ると，コリオリの力は物体の運動の向きに対して90°左向きにはたらく。

地球は上の写真の赤矢印の向きに自転をしているので，北極にいる観測者は，上空から見て鉛直軸のまわりを反時計回りに回転している。したがって，この観測者が観測する物体には，その速度の向きから90°右向きにコリオリの力がはたらく。反対に，南極にいる観測者が物体の運動を観測する場合は，その速度の向きから90°左向きにコリオリの力がはたらく。赤道上では鉛直軸のまわりに回転していないのでコリオリの力は0となり，緯度が高くなるにつれてコリオリの力が大きくなる。

低気圧では，中心付近に向かって周囲から空気が流れこんでいる。北半球の場合，低気圧の中心付近へと流れる空気は，右向きにコリオリの力を受けるため，まっすぐ吹きこむのではなく，写真（A）のように渦を巻いて吹きこむ。南半球では，コリオリの力の向きが逆であるため，低気圧の渦の巻き方も逆となる（B）。

# 15 単振動 基 物

## A ばね振り子

ばね振り子には **復元力**(大きさが変位に比例し，向きが変位と逆向きの力)がはたらくため，**単振動** をする。単振動は等速円運動の正射影と一致し，変位の時間変化は正弦曲線で表すことができる。

### ■ 等速円運動と単振動の関係

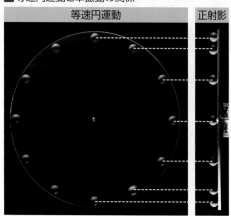
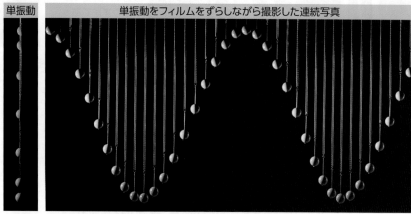

| 等速円運動 | 正射影 | 単振動 | 単振動をフィルムをずらしながら撮影した連続写真 |

真上と真横(正射影)から見た等速円運動のようす。　　単振動するばね振り子の運動のようす。等速円運動の正射影と同様の運動であることがわかる。

### ■ 単振動の変位・速度・加速度

単振動は，図のように等速円運動をしている物体を $x$ 軸へ射影した運動と考えることができる。単振動の変位の時間変化は正弦曲線で表すことができる。速度と加速度も同様に，等速円運動の速度・加速度を $x$ 軸上に射影することで与えられ，その時間変化は正弦曲線で表すことができる。

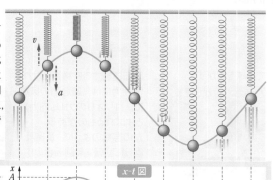

**単振動**

変　位　$x = A\sin\omega t$

速　度　$v = A\omega\cos\omega t$

加速度　$a = -A\omega^2\sin\omega t = -\omega^2 x$

$A$〔m〕：振幅，$\omega$〔rad/s〕：角振動数
$t$〔s〕：時間

**単振動の周期**

運動方程式 $ma = -Kx$ のとき

周期 $T = 2\pi\sqrt{\dfrac{m}{K}}$

$m$〔kg〕：質量，$K$〔N/m〕：ばね定数など

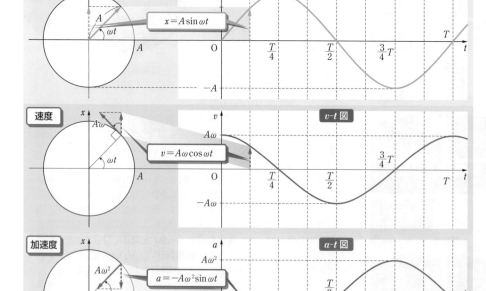

| 変位 |
| --- |

$x = A\sin\omega t$

x–t 図

| 速度 |
| --- |

$v = A\omega\cos\omega t$

v–t 図

| 加速度 |
| --- |

$a = -A\omega^2\sin\omega t$

a–t 図

### Zoom up　微分法を用いた式の導出

微分法(◗ p.170)を用いると，単振動の変位の式から速度，加速度の式を導出でき，それぞれの式の関係がわかりやすくなる。

$$v = \frac{dx}{dt} = \frac{d}{dt}(A\sin\omega t)$$
$$= A\omega\cos\omega t$$

$$a = \frac{dv}{dt} = \frac{d}{dt}(A\omega\cos\omega t)$$
$$= -A\omega^2\sin\omega t$$

# B 単振り子

軽い糸に小球をつるして鉛直面内で振動させたものを、**単振り子** という。振れが小さいときには、小球の運動は単振動とみなすことができる。

## ■単振り子の運動

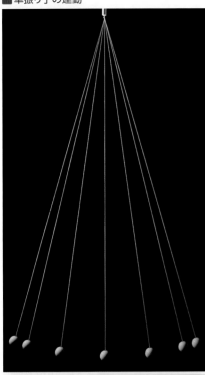

単振り子の運動は、等速円運動を真横から見た運動と近似することができる。

### 単振り子の周期

$$T = 2\pi\sqrt{\dfrac{l}{g}}$$

$l$〔m〕：糸の長さ
$g$〔m/s²〕：重力加速度の大きさ

糸の長さや小球の質量、振幅を変えたとき、単振り子の周期はどのように変化するだろうか？ **分析**

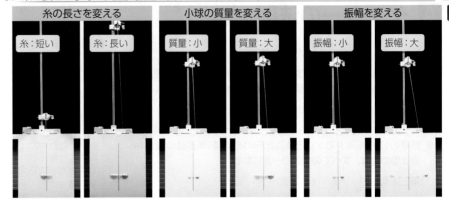

単振り子の周期を、糸の長さや、小球の質量、振幅を変えて測定する。周期 $T$ は単振り子が 100 往復する時間を測定し、その時間を 100 でわることにより求める。周期は小球が最下点にきたときを基準として測定する（写真の赤い直線に重なったとき）。また、糸の長さは、実際の糸の長さに小球の半径を加えたものとする。

### 実験結果の分析

| 測定項目 | 糸の長さを変える場合 | | | | 質量を変える場合 | | 振幅を変える場合 | |
|---|---|---|---|---|---|---|---|---|
| 糸の長さ(cm) | 30 | 40 | 60 | 80 | 60 | 60 | 60 | 60 |
| 質量(g) | 172 | 172 | 172 | 172 | 28 | 172 | 28 | 28 |
| 振幅 | — | — | — | — | — | — | 小 | 大 |
| 100 往復の時間(s) | 110.05 | 127.02 | 155.53 | 179.55 | 154.98 | 155.53 | 154.98 | 155.20 |
| 周期(s) | 1.10 | 1.27 | 1.56 | 1.80 | 1.55 | 1.56 | 1.55 | 1.55 |

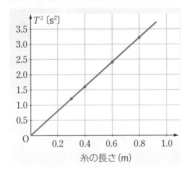

表より、糸の長さが長くなるほど周期は長くなり、小球の質量、振幅を変えても周期はほぼ変化しないことがわかる。また、横軸に糸の長さ、縦軸に周期 $T$ の 2 乗をとってグラフにしたものが左の図である。このグラフより、糸の長さと周期の 2 乗が比例することがわかる。

単振り子の周期は、糸の長さが長くなるほど長くなり、小球の質量や振幅を変えても変化しない。
振れが小さいとき、周期は振幅によらず、糸の長さと重力加速度の大きさだけで決まる。このことを振り子の等時性という。

→ 右上の QR コードから実験に関する問題にチャレンジしてみよう！

## Zoom up　いろいろな単振動

### ■浮力による単振動

水に浮かんだ円柱状の物体（断面積 $S$）の鉛直方向の運動を考える。物体の浮き沈みによる水位の変化は無視できるものとする。物体が静止するとき（図左）、物体にはたらく重力と浮力はつりあっているので

$$mg - \rho S l g = 0 \quad \cdots ①$$

このときの物体の位置を原点 O とし、下向きを変位の正の向きとする。次に、変位 $x$ の位置（図右）で物体にはたらく合力 $F$ を求めると

$$F = mg - \rho S(l+x)g = -\rho S g x \quad （①式を用いた）$$

したがってこの力は復元力であり、物体は単振動をする。その周期は

$$T = 2\pi\sqrt{\dfrac{m}{\rho S g}}$$

で、振動の中心は $x = 0$（つりあいの位置）となる。

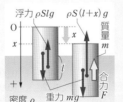

### ■地球を貫通するトンネル中の単振動

地球の中心を通る直線状のなめらかな細いトンネルを考える。トンネル中の物体が受ける力は、図の球面 S の内側の部分からの万有引力のみとなる（ p.53）。球面 S の内部の質量 $M'$ は次のように表される。

$$M' = M\left(\dfrac{r}{R}\right)^3 \quad \cdots ②$$

よって、物体が受ける万有引力 $F$ は

$$F = -G\dfrac{M'm}{r^2} = -\dfrac{GMm}{R^3}r \quad （②式を用いた）$$

したがってこの力は復元力であり、物体は単振動をする。その周期は

$$T = 2\pi R\sqrt{\dfrac{R}{GM}}$$

で（約 84 分）、振動の中心は $r = 0$（地球の中心）となる。

# 16 万有引力 基 物

## A ケプラーの法則
ドイツの天文学者ケプラーは，ティコ・ブラーエの残した膨大な観測資料をもとにして，惑星の運動のデータを解析し，3つの法則にまとめた。

### ケプラーの法則

I 惑星は太陽を1つの焦点とするだ円上を運動する。（第一法則）

II 惑星と太陽を結ぶ線分が一定時間に通過する面積は一定である。

（第二法則：面積速度一定の法則）$\dfrac{1}{2}rv\sin\theta =$ 一定

$r$〔m〕：線分の長さ，$v$〔m/s〕：速さ，$\theta$：線分と速度のなす角

III 惑星の公転周期 $T$ の2乗と軌道だ円の長半径（半長軸の長さ）$a$ の3乗の比は，すべての惑星で一定になる。

（第三法則）$\dfrac{T^2}{a^3} = k$ （$k$ は定数）

一定時間ごとの惑星の位置。太陽の近くでは速く，遠くでは遅くなる。

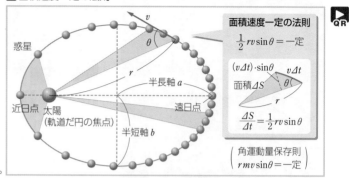

■ 面積速度一定の法則

惑星　$v$　$\theta$

近日点　$r$　半長軸 $a$　遠日点

太陽（軌道だ円の焦点）　半短軸 $b$

面積速度一定の法則

$\dfrac{1}{2}rv\sin\theta =$ 一定

$(v\varDelta t)\cdot\sin\theta$　$v\varDelta t$

面積 $\varDelta S$　$\theta$　$r$

$\dfrac{\varDelta S}{\varDelta t} = \dfrac{1}{2}rv\sin\theta$

（角運動量保存則　$rmv\sin\theta =$ 一定）

### ■ 面積速度一定の法則の例

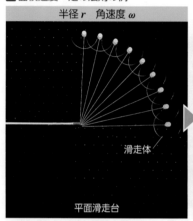

半径 $r$　角速度 $\omega$

滑走体

平面滑走台

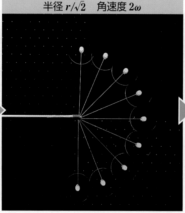

半径 $r/\sqrt{2}$　角速度 $2\omega$

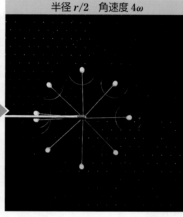

半径 $r/2$　角速度 $4\omega$

摩擦の無視できる滑走台の上で滑走体に糸を付けて回転させ，糸を縮めていったときのストロボ写真。いずれも，ストロボの発光間隔 0.078 秒 ×8＝約 0.62 秒間の運動をとらえている。滑走体は，常に中心に向かう力を糸から受けるので，面積速度 $\dfrac{1}{2}rv = \dfrac{1}{2}r^2\omega$ が一定に保たれる。

### ■ フィギュアスケートのスピン 日常

回転中に腕を体の中心に引き寄せると角速度が増す。このときも，面積速度一定の法則が成りたっている。

### 補足　ケプラーの第三法則

ケプラーの第三法則の $\dfrac{T^2}{a^3} = k$ は，惑星どうしの間で共通の値であり，この値は，中心となる天体（太陽）の質量によって決まる。地球の周囲を回る月や人工衛星の場合の $k$ は，惑星の場合とは異なる別の値になるが，これらの物体の間で共通の値になり，ケプラーの第三法則が成りたっていることがわかる。

■ 太陽の周囲を回る惑星

| 惑星 | $T$(年) | $a$(天文単位) | $T^2/a^3$ |
|---|---|---|---|
| 水星 | 0.241 | 0.387 | 1.00 |
| 金星 | 0.615 | 0.723 | 1.00 |
| 地球 | 1 | 1 | 1 |
| 火星 | 1.88 | 1.52 | 1.01 |
| 木星 | 11.9 | 5.20 | 1.01 |
| 土星 | 29.5 | 9.55 | 0.999 |
| 天王星 | 84.0 | 19.2 | 0.997 |
| 海王星 | 165 | 30.1 | 0.998 |

■ 地球の周囲を回る衛星など

| 衛星など | $T$(分) | $a$ (×$10^3$km) | $T^2/a^3$ |
|---|---|---|---|
| 月 | 39343 | 384.40 | 27 |
| ひまわり8号 | 1436 | 42.20 | 27 |
| すざく | 96 | 6.95 | 27 |
| 国際宇宙ステーション | 92 | 6.77 | 27 |

0.4　0.7　1　1.5　　　　5.2　　　　9.6

太陽　水星　金星　地球　火星　　木星　　土星

# B 万有引力

ニュートンは，ケプラーの法則をもとにして，2つの物体は常に引力を及ぼしあっていることを示した。この引力はすべての物体の間にはたらくので，**万有引力** といわれる。

## 万有引力

**万有引力の大きさ** $F = G\dfrac{Mm}{r^2}$

**万有引力の位置エネルギー** $U = -G\dfrac{Mm}{r}$

$G\,[\mathrm{N\cdot m^2/kg^2}]$：万有引力定数（◯ p.189）
$M,\ m\,[\mathrm{kg}]$：2物体の質量
$r\,[\mathrm{m}]$：2物体間の距離

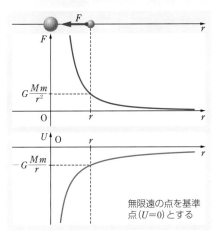

無限遠の点を基準点（$U=0$）とする

### 地球の周囲を円運動する物体の高度と速さ

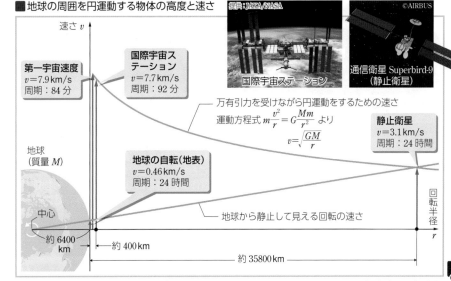

提供：JAXA/NASA
国際宇宙ステーション

©AIRBUS
通信衛星 Superbird-9（静止衛星）

第一宇宙速度
$v=7.9\,\mathrm{km/s}$
周期：84分

国際宇宙ステーション
$v=7.7\,\mathrm{km/s}$
周期：92分

万有引力を受けながら円運動をするための速さ
運動方程式 $m\dfrac{v^2}{r}=G\dfrac{Mm}{r^2}$ より
$$v=\sqrt{\dfrac{GM}{r}}$$

静止衛星
$v=3.1\,\mathrm{km/s}$
周期：24時間

地球（質量 $M$）

地球の自転（地表）
$v=0.46\,\mathrm{km/s}$
周期：24時間

中心

約6400km

約400km

約35800km

地球から静止して見える回転の速さ

力学

回転半径

QR

地球の周囲を万有引力を受けながら円運動するためには，運動方程式から，回転速度と回転半径が一定の関係を満たす必要があり，回転半径が小さいほど回転速度は大きくなる。一方，地球の自転周期にあわせて回転するには，回転半径が大きいほど，大きな回転速度が必要である。地球の自転周期にあわせて回転（地上から見て静止）する静止衛星は，この両方の条件を満たす必要があるため，すべて半径約42000km（地上から約36000km）の軌道を回っている。

---

## Column 光さえ脱出できない天体

ある天体の表面にある物体が，天体から受ける万有引力の大きさは，天体の質量に比例し，天体の半径の2乗に反比例する。これは天体の密度と半径の積に比例すると言いかえることができる。よって，同じ半径であれば密度が大きい天体ほど万有引力の大きさが大きく，天体から打ち出した物体が天体を離れて遠方に飛んでいく（脱出する）ために必要な初速度の大きさが大きくなってしまう。天体の密度が極めて大きくなると光さえ脱出できなくなり，このような天体をブラックホールという。光が脱出できなくなる条件は，力学的エネルギー保存則を用いて導くことができる。天体の質量を $M$，物体の質量を $m$，天体の半径を $r$，物体の脱出に必要な初速度の大きさを $v$ とおくと，力学的エネルギー保存則の式は

$$\frac{1}{2}mv^2 - G\frac{Mm}{r} = 0 \qquad よって \quad v=\sqrt{\frac{2GM}{r}}$$

ここで光の速さを $c$ として，$v=c$ とすると，天体の半径は

$$r=\frac{2GM}{c^2}$$ と表せ，この半径をシュワルツシルト半径という。

シュワルツシルト半径よりも小さい大きさに収縮した天体がブラックホールとなる。この式から，仮に地球がブラックホールになる半径を計算すると，約0.9cmとなる。

### ブラックホールのイメージ図

提供：NASA

---

## Zoom up 地球内部の物体が受ける万有引力

地球内部の物体には，物体より内側の球殻部分 S による万有引力しかはたらかない。これは次のようにして説明できる。図ⓐのように地球を薄い球殻に分割する。まず，最も外側の球殻に注目し，図ⓑのような位置関係にある2つの小さな円板 A と B のペアを考える。2つの円板の質量の比は $M_A:M_B = a^2:b^2$ となる（相似な2つの円錐より）。これら2部分が物体に及ぼす万有引力は反対向きであり，大きさの比は

$$F_A:F_B = G\frac{M_A m}{a^2}:G\frac{M_B m}{b^2} = \frac{M_A}{a^2}:\frac{M_B}{b^2}$$
$$= 1:1$$

となり，打ち消しあう。球殻全体はこのようなペアに分割することができるので，球殻が物体に及ぼす万有引力はすべて打ち消される。同様に，物体より外側に位置する球殻は，どれも物体に力を及ぼさない。つまり，物体より内側の球体部分 S からの万有引力のみを考えればよい。球体部分 S の質量 $M'$ が地球の中心に集中していると考えて，地球内部の物体が受ける万有引力の大きさ $F$ は次のように表される。

$$F = G\frac{M'm}{r^2}\quad \binom{r：地球の中心から}{\quad\ 物体までの距離}$$

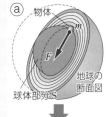

ⓐ 物体
$m$
$F$
球体部分 S
地球の断面図

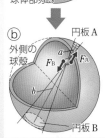

ⓑ
外側の球殻
円板 A
$F_B$ $F_A$
$a$
$b$
円板 B

---

19.2
天王星

## 太陽系の惑星
数値は長半径（天文単位：太陽と地球間の距離が1天文単位＝ $1.5\times10^8\,\mathrm{km}$），惑星の写真は比率をそろえている。

30.1
海王星

NASA, Erich Karkoschka

[写真]
空気の抵抗力の測定のようす

# 1 センサーで挑む 力学探究

大阪教育大学附属高等学校池田校舎 教諭 小田 朋宏（おだ ともひろ）

日常生活や学習の中で疑問に感じたことを深く掘り下げていく過程を「探究」とよぶ。探究は「テーマの決定」「仮説の設定および情報の収集」「実験の計画」「実験による検証」「実験データの分析」「報告書の作成・発表」の手順で進めることができる。
探究活動を実践することはとても大切だが，それ自体は目的ではなく，あくまでも物理（理科）の理解を深めるための手段の1つである。形だけにとらわれず，自分にとって魅力ある問いやテーマに取り組むことで，探究活動がより実りある経験になるだろう。

## 探究の進め方

日常生活や学習の中で "なぜ？" と感じたことを深く掘り下げ，観察や実験を通して解決しようとすることを「探究」とよぶ。科学的に探究する方法はそのときどきによって違ってくるが，一般的な流れは図1・表1のようになる。

## センサーと探究

探究の進め方の手順にそって進める中で，興味や関心，集中力を保ちながら，思考力・判断力を高めるためには，単純作業を簡略化し，実験にかかる時間を短くしたい。そのためにはセンサーの活用が不可欠である。センサーなどの機器を用いることで，身近な現象を測定してデータを得ることも容易となった。

次ページで紹介する2つの実験では，センサーの強みが大いに発揮されている。また，スマートフォンやタブレットなどの身近な端末でも，連続写真撮影やスローモーション撮影で短時間での物体の位置の変化をとらえたり，端末内蔵のセンサーで加速度を測定したりすることができる。まわりを見渡して探究課題を発見し，カメラやセンサーを活用してみるとよいだろう。

■ 図1・表1 探究の進め方（探究の過程）

テーマの決定 → 仮説の設定 情報の収集 → 実験の計画 → 実験による検証 → 実験データの分析 → 報告書の作成 発表

| ✓ | 探究の進め方 | 概要 | 注意点 |
|---|---|---|---|
| | テーマの決定 | 自らの疑問や課題をもとに，どういったことを調べるのか検討する。 | ・「何が知りたいのか」をこの段階で具体的にしておく。<br>・これまで物理で学んできた知識を手がかりにしたり，先生やまわりの人と議論したりするとよい。 |
| | 仮説の設定 情報の収集 | すでにある事実から，テーマを解決するための予想を立てる。その際，文献やインターネットを活用して情報を集める。 | ・自分の経験だけに基づいてなんとなく予想するのではなく，根拠を伴った理論的な仮説を立てる。<br>・インターネットでは多くの情報を簡単に得られるが，一方でそれらの情報が信頼に足るかどうかを見極めることが重要である。目的に合わせて情報を利用・活用する能力を「情報リテラシー」という。 |
| | 実験の計画 | テーマを解決するにあたってどういった実験を行えばよいかを計画する。 | ・実験の手順や必要な器具などをノートにまとめておく。<br>・実験に集中できるように，また，測定漏れを防ぐため，測定すべきデータの種類や量をあらかじめ整理しておくとよい。<br>・方法が固まったら，先生に妥当性や安全性を確認してもらう。 |
| | 実験による検証 | 計画にそって実験を行う。 | ・実験前には，日時・天気・室温などの実験条件を記録する。<br>・実験中は，測定データだけでなく，気づいたことなどもメモしておく。 |
| | 実験データの分析 | 実験結果を分析して，立てた仮説が正しいかどうかを考察する。 | ・特徴を把握するためには，グラフにしてみることが有効である。<br>・測定値を扱うときには，誤差や有効数字の扱いにも注意する。 |
| | 報告書の作成 発表 | 仮説から考察までをレポートにまとめる。または，ポスターやプレゼンテーションで成果を発表する。 | ・同じ方法で実験を行えば同じ実験結果が得られる（再現性がある）ように，探究の成果を詳細にまとめる。<br>・他人の考えや研究成果を引用する際には，著作権に十分配慮し，引用した著作物のタイトル・著作者名・HPアドレスなどを明示する。 |

## 探究1：物体が落下するときの空気の抵抗

### テーマや仮説の設定，情報の収集

写真のような紙製の弁当のおかず入れが落下するとき，どのような運動をするだろうか？物体が空気中を落下するとき，初めは大きな加速度で落下するが，やがて空気の抵抗を受けて速度の増加はゆるやかになり，最後には抵抗力と重力がつりあって一定の速度（終端速度 $v_f$）に達する。

このとき，空気の抵抗力の大きさ $f$ は，落下する物体の形状などの条件により，落下速度 $v$ または落下速度の2乗 $v^2$ どちらかに比例することが知られている（♪p.35）。おかず入れの落下では，どちらに比例するのかを調べてみよう。

### 実験の計画

前ページのタイトル横の写真のように，固定した速度センサーの真下におかず入れをかざし，手をはなして鉛直下向きに落下させる。センサーで落下速度の変化を計測し，終端速度を読み取る。おかず入れの重ねる枚数を増やし，同様に実験を行う。ここで，終端速度での抵抗力は重力とつりあうことから，空気の抵抗力と落下速度の関係を調べるには，「枚数（つまり質量）」と「終端速度」の関係を調べればよい。

### 実験による検証，実験データの分析，まとめ

次の図2・表2は，枚数を変えたときの結果である。枚数が2倍，3倍，…になったとき，終端速度の2乗 $v_f^2$ が2倍，3倍，…に近い値になっている。よって，おかず入れの落下では，空気の抵抗力は $v^2$ に比例することがわかった。

### ■図2・表2 落下時の $v$-$t$ 図と終端速度

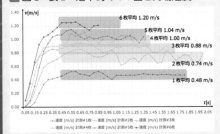

| 枚数 | 終端速度 $v_f$〔m/s〕 | $v_f^2$〔(m/s)$^2$〕 |
|---|---|---|
| 1 | 0.48 | 0.23 |
| 2 | 0.74 | 0.55 |
| 3 | 0.88 | 0.77 |
| 4 | 1.00 | 1.00 |
| 5 | 1.04 | 1.08 |
| 6 | 1.20 | 1.44 |

## 探究2：物体が衝突するときの運動量とエネルギー

### テーマや仮説の設定，情報の収集

ばね定数 300N/m のばねのついた台車Aと台車Bが衝突すると，運動量や力学的エネルギーはどのように変化するだろうか？位置，速度，力センサーを使って調べてみよう。

### 実験の計画と検証

質量 0.50kg の台車Aと 0.25kg の台車Bの衝突実験を行う。Aの初めの位置を $x$ 軸の原点，進む向きを正，Aの動きだす時刻を0とする。
― 検証課題① 「運動量」 ―
・運動量の総和が保存されているか確認する。
・運動量の変化と力積の関係を確認する。
― 検証課題② 「力学的エネルギー」 ―
・衝突前後の力学的エネルギーが保存しているか調べる方法を考え，データから分析する。
・最接近するまでの外部からの仕事と運動エネルギーの変化の関係を確認する。

### 実験データの分析，まとめ

図3の上は衝突前後の時刻 $t$ とA，Bの速度 $v$ を表す $v$-$t$ 図，下はAの $F$-$t$ 図を示す。

《検証課題①について》

衝突前のA，Bの速度はそれぞれ 0.440m/s，0m/s と読み取れるので，運動量の総和は

$$0.50 \times 0.440 + 0 ≒ 0.22\,\text{kg·m/s}$$

衝突後のA，Bの速度はそれぞれ 0.155m/s，0.560m/s と読み取れるので，運動量の総和は

$$0.50 \times 0.155 + 0.25 \times 0.560 ≒ 0.22\,\text{kg·m/s}$$

よって，衝突の前後で運動量は保存されている。

### ■図3 衝突前後の $v$-$t$ 図とAの $F$-$t$ 図

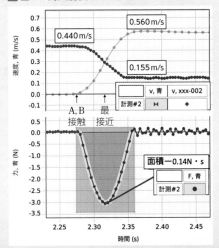

また，A，Bそれぞれの運動量の変化は

A：$0.50 \times 0.155 - 0.50 \times 0.440 ≒ -0.14\,\text{N·s}$

B：$0.25 \times 0.560 - 0 ≒ 0.14\,\text{N·s}$

となり，Aの $F$-$t$ 図の面積と一致する。

《検証課題②について》

衝突前後の力学的エネルギー保存については，位置エネルギーは等しいので，運動エネルギーの和で比べる。

衝突前 $\dfrac{1}{2} \times 0.50 \times 0.440^2 + 0 ≒ 0.048\,\text{J}$

衝突後 $\dfrac{1}{2} \times 0.50 \times 0.155^2$
$+ \dfrac{1}{2} \times 0.25 \times 0.560^2 ≒ 0.045\,\text{J}$

よって，力学的エネルギーは保存されていない。

次に，A，Bが最接近したときについて考察する。A，Bの速度の大小が逆転した瞬間が，ばねが最も縮み，最接近した時刻である。このとき，$v$-$t$ 図の面積差（図4上）よりばねの縮みを求めると 0.011m となる。最接近した際のばねの弾性エネルギーは

$$\dfrac{1}{2} \times 300 \times 0.011^2 ≒ 0.018\,\text{J}$$

また，最接近する（速度が 0.291m/s になる）までのA，Bそれぞれの運動エネルギーの変化は

A：$\dfrac{1}{2} \times 0.50 \times 0.291^2$
$- \dfrac{1}{2} \times 0.50 \times 0.440^2 ≒ -0.027\,\text{J}$

B：$\dfrac{1}{2} \times 0.25 \times 0.291^2 - 0 ≒ 0.011\,\text{J}$

となり，Aの $F$-$x$ 図（図4下）から，力の最小値よりも左部分の面積は，Aがばねにされた仕事にほぼ一致することが確認できた。Bでも $F$-$x$ 図を調べることで同様の検証を行える。

### ■図4 衝突前後の $v$-$t$ 図とAの $F$-$x$ 図

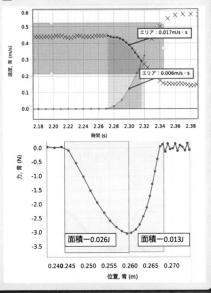

力学

# 2 力学の探究の歴史

## アルキメデス
(前 287 ころ～ 212)

物体のつりあいに関する高度な研究は，すでに古代ギリシャ時代にアルキメデスが行っていました。アルキメデスは，てこの原理についてよく知っていただけでなく，浮力の原理を発見したことでも有名です。優れた数学者でもあり，さまざまな形をした物体の重心の位置を幾何学的に求めました。

## ガリレイ
(1564 ～ 1642)

地上の物体の運動について，まったく新しい考え方をしたのがガリレイです。ガリレイは自然運動と強制運動を区別せず，投げられた物体の運動を水平方向と鉛直方向の運動の合成としてとらえました。また，物体の落下について研究し，落下距離が時間の 2 乗に比例して増えていくという規則を発見しました。さらにはこの結果を使い，投射体の軌道が放物線であることも幾何学的に証明しています。なお，ピサの斜塔で行われたという実験の話はおそらく史実でないと考えられていますが，斜面などを使い，手の込んださまざまな実験を行ったのは斬新な点でした。

## デカルト
(1596 ～ 1650)

哲学者・数学者のデカルトも，力学に貢献した一人です。運動する物体は外部から妨げられないかぎり等速直線運動を続けるという慣性の法則は，彼によって定式化されました。また，宇宙全体で「運動の量」の総和が保存されるという考えも述べています。デカルトはスカラー量(質量と速度の大きさの積)を考えていたのでこれは誤りですが，運動量保存則の前身となった主張です。

前 287 ころ～ 212　　1600 年代初め　　1640 年代

## 古代

13 ～ 15 世紀ころ

## 中世の運動論
(13 ～ 15 世紀ころ)

中世の運動論は，古代ギリシャの哲学者アリストテレスの考えにもとづいていました。それによると，天上では円運動が，地上では上下方向の直線運動が「自然」な運動であるとされます。これに対して，例えば投げられた物体の運動は「強制的」で，力がはたらき続けないかぎり運動は止まるとされました。こうした考えは，私たちの素朴な日常経験に依拠したものといえるでしょう。

自然運動 　　強制運動

## 天動説から地動説へ

地球は宇宙の中心にあって静止しており，太陽や惑星がそのまわりを回っている——これが中世まで続いた天動説の考え方でした。これに対し，太陽のまわりを地球やほかの惑星が回っているという説がコペルニクスによって提唱されます(1543 年)。この考えはおよそ半世紀後に，ガリレイとケプラーという 2 人の人物によって強く支持されました。ガリレイは，自ら製作した望遠鏡で史上初めての天文観測を行い，それまでの宇宙のイメージを大きく変えました。また，動いている船のマストから物体を落としても静止していたときと同じように落下するのだから，地球が動いていても地上の物体の運動には影響しないはずだと考え，地球の運動を正当化しました。一方，ガリレイと同時代を生きたケプラーは，当代最高の天文学者ティコ・ブラーエの残した観測結果を詳細に分析する中で，ケプラーの 3 法則を発見しました。特に，コペルニクスやガリレイが惑星の軌道を円だと考えていたのに対してケプラーはそれがだ円であることを示し，ニュートンの惑星運動論への道を準備しました。

■ コペルニクス

■ ケプラー

ありが　のぶみち
# 有賀　暢迪

力学の基礎は，おもに 17 世紀から 19 世紀にかけて，ヨーロッパで築き上げられました。ここでは，どのような人々がそれにどう関わったのかを見ていきます。

## ニュートン
### (1643 ～ 1727)

ニュートンは，2 つの物体の質量に比例して距離の 2 乗に反比例する，中心力（万有引力）の概念を導入しました。『自然哲学の数学的諸原理』（通称プリンキピア，初版 1687 年）では，この力によって惑星の運動が説明され，ケプラーの 3 法則も理論的に導かれています。この結果，天上と地上の運動は統一されました。なお，『プリンキピア』では運動の 3 法則も提示されましたが，このうち第二法則は現在と異なり，力と「運動の変化」（加速度ではなく）の関係として述べられています。また，『プリンキピア』は伝統的な幾何学のスタイルで，数式を使わずに書かれており，運動方程式は登場しません。

## 力の合成・分解
### (16 ～ 18 世紀)

力が平行四辺形の対角線にそって合成・分解されるという規則は，早くはステビンによって 16 世紀のうちに気づかれており，後にはニュートンも実質的に利用していました。しかしこの規則が静力学の基礎として広く認められるようになったのは，バリニョンによって詳しく取り上げられた後，18 世紀になってからでした。

## 仕事と運動エネルギー
### (19 世紀前半)

力学的な仕事の概念に当たるものは 17 世紀や 18 世紀にも見られますが，これが明確に定義されたのは意外と遅く，19 世紀前半のことです。これは同時に，運動エネルギー $\left(\frac{1}{2}mv^2\right)$ の把握とも結びついていました。これにはコリオリ（「コリオリの力」で知られる）やポンスレといった工学畑の人々が貢献しました。

1680 年代　　16 ～ 18 世紀　　19 世紀前半

1670 年代　　18 世紀

**現代**

## ホイヘンス
### (1629 ～ 1695)

光の「ホイヘンスの原理」で知られるホイヘンスには，力学でも独創的な業績が数多くあります。剛体振り子の性質や振り子の等時性を研究して振り子時計を製作したこと，「遠心力」の概念を導入して，それが速度の 2 乗に比例し，回転半径に反比例するとしたこと，完全弾性衝突の法則を示したこと，などです。

## ライプニッツ
### (1646 ～ 1716)

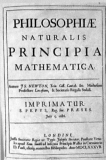

デカルトに対抗して「活力」の保存を唱えたのがライプニッツです。「活力」は質量および速度の 2 乗に比例するとされ，これが後の運動エネルギーの先祖になりました。また，ライプニッツはニュートンと独立に微積分法を発明し，これが力学の発展にとって重要な役割をはたすことになります。

## 古典力学の形成
### (18 世紀)

現在では，大学以上の進んだ物理学では微積分の数式を使って力学の問題を解くのが普通です。ニュートンとライプニッツの時代以降，特にヨーロッパ大陸の数学者たちが微積分を使った力学の発展に貢献しました。ベルヌーイ一族，オイラー，ダランベール，ラグランジュといった人々がそれに関わり，この結果，現在「ニュートン力学」とよばれている理論が整備されました。

微分を用いた運動方程式の表し方

$$m\,\frac{d^2x}{dt^2}=F$$

質量　加速度　　　力

## 赤外線で温度がわかる？

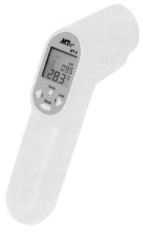

左の写真のような放射温度計では，物体が放射する赤外線を検出して温度を表示している。
右の図は人工衛星に搭載されたセンサーで検出した赤外線やマイクロ波（電磁波の一種）などの情報を用いて作成された海面水温の分布図である。低緯度ほど温度が高く，高緯度ほど温度が低い傾向があることが読み取れる。

**Jump** → p.60 熱量

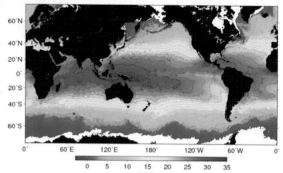

SST(℃)

提供：東北大学・大気海洋変動観測研究センター

## 水蒸気でこげ目がつく？

水の沸騰で発生した水蒸気をさらに過熱し，100℃をこえる高温にした水蒸気を過熱水蒸気という。300℃以上になった水蒸気はマッチを発火させたり，紙をこがしたりすることもできる。
写真の過熱水蒸気オーブンでは，過熱水蒸気を噴射して食品を加熱する。過熱水蒸気が食品に触れて水になる際の凝縮熱（気体から液体に状態変化するときに放出する熱）を利用することで食品を効率よく加熱できる。食品の表面の温度は100℃以上になるので，表面の水分は蒸発してカラッと焼きあがる。

**Jump** → p.62 物質の三態

## レールが曲がる？

熱膨張の実験により曲がったレール。温度の上昇によってレールが膨張して曲がることがある。

**Jump** → p.63 熱膨張

## 湖の氷が盛り上がる？

長野県諏訪湖で冬に見られる「御神渡り」とよばれる現象の写真。全面凍結した湖面の氷が，夜中にさらに温度が下がることで収縮し，湖の中央部の氷に亀裂が走る。この亀裂に水が入って凍結し，さらに朝になると気温上昇とともに氷全体が膨張し，結果として亀裂の部分に盛り上がった氷が出現する。

第Ⅰ章　熱と物質 ……………………… p.60

# ランタンが空に**浮かぶ**のは？

写真はランタンを夜空に飛ばす祭のようすである。ランタンが空に浮かぶのは，ランタン内部の空気が温められて膨張し，空気の密度が小さくなるからである。

へこんだピンポン玉をお湯につけるとピンポン玉内の気体が膨張してもとにもどる。

→ p.64　**気体の法則**

熱力学

# **摩擦熱**で消えるボールペン？

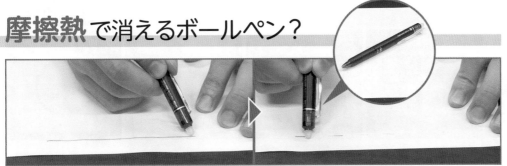

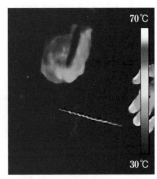

→ p.66　**熱と仕事の関係**

写真のボールペンでかいた文字は，専用のラバーでこすって消すことができる。これは高温(60℃程度)になると消えるインクが使われているためである。サーモグラフィーの画像を見ると，ラバーでこすった部分が摩擦熱で高温になっていることがわかる。

# 空気を**圧縮**すると温度はどうなる？

左の写真のように，自転車の空気入れでペットボトルに空気を入れていく。サーモグラフィーの画像を見ると，ペットボトル内の空気が初めよりも高温になっていることがわかる。断熱変化(断熱圧縮)の一例である。

※手を離すとペットボトルが飛ぶので安全な場所で実験すること。

→ p.67　**断熱変化**

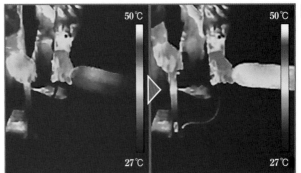

# 1 熱と温度 <sub>基</sub><sub>物</sub>

## A 温度

物質を構成する多数の粒子はたえず不規則な運動をしている。このような運動を **熱運動** といい，その熱運動の激しさを表す尺度を **温度** という。熱運動が激しいものほど温度が高い。温度の下限は−273.15℃（0K）であり，これを **絶対零度** という。

### セルシウス温度と絶対温度

$$T = t + 273.15$$

$T$〔K〕：絶対温度，　$t$〔℃〕：セルシウス温度

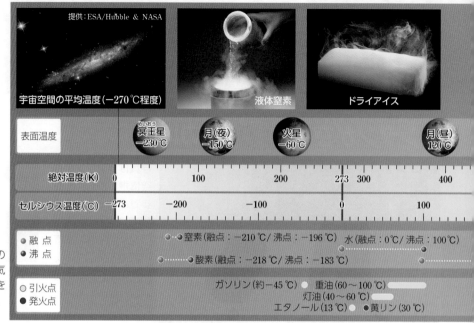

気体の二酸化炭素の温度を下げていくと−78℃でドライアイスになる。

提供：ESA/Hubble & NASA

宇宙空間の平均温度（−270℃程度）　液体窒素　ドライアイス

| 表面温度 | 冥王星 −230℃ | 月（夜） −150℃ | 火星 −60℃ | 月（昼） 120℃ |

絶対温度（K）　0　100　200　273　300　400

セルシウス温度（℃）　−273　−200　−100　0　100

● 融 点
● 沸 点

窒素（融点：−210℃/沸点：−196℃）　水（融点：0℃/沸点：100℃）

酸素（融点：−218℃/沸点：−183℃）

○ 引火点
● 発火点

ガソリン（約−45℃）　重油（60〜100℃）
灯油（40〜60℃）
エタノール（13℃）　●黄リン（30℃）

### ■いろいろな温度 <sub>日常</sub>

炎を近づけたときに可燃性の物質が燃える最低の温度を引火点という。また，可燃性の物質を空気中で加熱したとき，自然に発火する最低の温度を発火点という。発火点は，加熱方法や測定器具，空気の状態などの条件によって大きく変動する。

## B 熱量

物体を加熱すると，熱運動のエネルギーが増加し物体の温度が上昇する。このとき，物体は加熱源から **熱** を受け取っており（加熱源から物体へ熱が移動し），その受け取った（移動した）熱の量を **熱量** という。

### ■サーモグラフィーによる熱の移動の観測

24.9℃　44.5℃

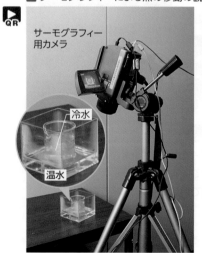

サーモグラフィー用カメラ

冷水
温水

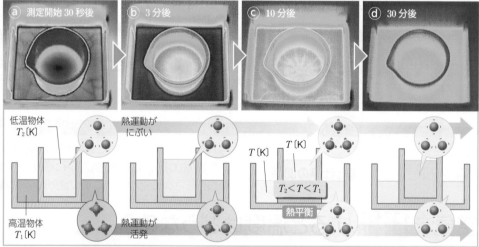

ⓐ 測定開始30秒後　ⓑ 3分後　ⓒ 10分後　ⓓ 30分後

低温物体 $T_2$〔K〕　熱運動がにぶい

$T$〔K〕　$T$〔K〕

$T_2 < T < T_1$

熱平衡

高温物体 $T_1$〔K〕　熱運動が活発

写真は，温水の入った容器に冷水の入ったビーカーを入れ，その温度変化をサーモグラフィーでとらえたものである。

ビーカー壁面付近の分子どうしが衝突することにより，高温物体（温水）から低温物体（冷水）へ熱が移動しており（ⓐ→ⓒ），やがて両方の温度がほぼ等しくなっている（ⓒ）。2つの物体の温度が等しくなった状態を **熱平衡** という。その後，両方の水の温度が下がっているが（ⓓ），これは熱が容器の外の空気のほうにも逃げているためである。

### 補足 カロリー（cal）

熱量の単位にカロリー（記号cal）が用いられることもある。1gの水の温度を1K上げるのに必要な熱量が1calで，1calは約4.2Jである。

### 補足 サーモグラフィー

物体の発する赤外線を測定することにより，物体表面での温度分布を調べる方法（あるいは装置）のことをサーモグラフィー（●p.17）とよぶ。

サーモグラフィー用カメラ

---

温度：temperature　セルシウス温度：Celsius temperature　絶対温度：absolute temperature　絶対零度：absolute zero
熱：heat　熱量：quantity of heat　熱平衡：thermal equilibrium

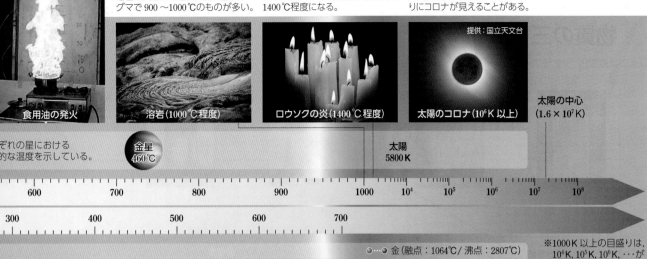

溶岩は火口から地表に流れ出たマグマで 900 ～1000℃のものが多い。

ロウソクは外側の温度が最も高く 1400℃程度になる。

皆既日食のとき，黒い月のまわりにコロナが見えることがある。

提供：国立天文台

食用油の発火

溶岩(1000℃程度)

ロウソクの炎(1400℃程度)

太陽のコロナ($10^6$ K 以上)

太陽の中心 ($1.6 \times 10^7$ K)

※それぞれの星における 代表的な温度を示している。

金星 460℃

太陽 5800 K

| 600 | 700 | 800 | 900 | 1000 | $10^4$ | $10^5$ | $10^6$ | $10^7$ | $10^8$ |

| 300 | 400 | 500 | 600 | 700 |

※1000 K 以上の目盛りは， $10^4$ K, $10^5$ K, $10^6$ K, …が 等間隔に並んでいる

金 (融点：1064℃/ 沸点：2807℃)

ナトリウム(融点：98℃/ 沸点：883℃)

鉄 (融点：1535℃/ 沸点：2750℃)

● 新聞紙(291 ℃)　● プロパン(432 ℃)　● メタン(537 ℃)
■ 木材(250～260 ℃)　● コーヒー豆(398 ℃)● 水素(500 ℃)
● 赤リン(260 ℃)　● 食用油(340～370 ℃)

熱力学

## C 熱容量と比熱

物体の温度を同じだけ上げるのに必要な熱量は，物体の質量や種類によって異なる。この「温度の上げにくさ」を数値化したものが，**熱容量** あるいは **比熱(比熱容量)** である。

### 熱容量と比熱

**熱容量**：物体の温度を 1K 上げるのに必要な熱量
**比熱**　：単位質量の物質の温度を 1K 上げるのに必要な熱量

$$Q = C\Delta T = mc\Delta T \quad (C = mc)$$

$C$〔J/K〕：熱容量，　$c$〔J/(g·K)〕：比熱，　$Q$〔J〕：熱量，
$\Delta T$〔K〕：温度変化，　$m$〔g〕：質量

同じ質量では，比熱の大きい物質ほど，温度を 1K 上下させるのに必要な熱量が多いので，温まりにくく冷めにくい物質といえる。図の物質の中では，水が最も温まりにくく冷めにくい。

### ■ おもな物質の比熱

| 物質 | 比熱〔J/(g·K)〕 | | | |
|---|---|---|---|---|
| | 1 | 2 | 3 | 4 |
| 銅(25℃) | 0.384 | | | |
| 鉄(25℃) | 0.448 | | | |
| コンクリート(25℃) | 約 0.8 | | | |
| アルミニウム(25℃) | 0.902 | | | |
| 木材(20℃) | 約 1.3 | | | |
| なたね油(20℃) | | 2.04 | | |
| 海水(17℃) | | | 3.93 | |
| 水(20℃) | | | | 4.18 |

## D 熱量の保存

高温の物体と低温の物体が接すると，高温の物体は熱量を失い，低温の物体は熱量を得る。しかし，全体としては熱量の増減は生じない。これを **熱量の保存** という。

### ■ 熱量の保存の概念図

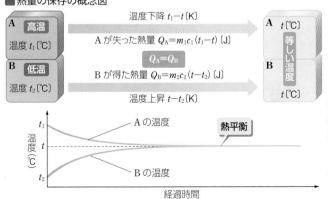

温度下降 $t_1 - t$〔K〕

A が失った熱量 $Q_A = m_1 c_1 (t_1 - t)$〔J〕

$Q_A = Q_B$

B が得た熱量 $Q_B = m_2 c_2 (t - t_2)$〔J〕

温度上昇 $t - t_2$〔K〕

A 高温 温度 $t_1$〔℃〕
B 低温 温度 $t_2$〔℃〕

A $t$〔℃〕 等しい温度
B $t$〔℃〕

A の温度
B の温度
熱平衡
経過時間

### 熱量の保存

高温の物体 A と低温の物体 B の間だけで熱の移動が起こるとき

**A が失った熱量 ＝ B が得た熱量**

質量 $m_1$〔g〕，比熱 $c_1$〔J/(g·K)〕，温度 $t_1$〔℃〕の物体 A と，質量 $m_2$〔g〕，比熱 $c_2$〔J/(g·K)〕，温度 $t_2$〔℃〕の物体 B が接触し，熱平衡に達して温度 $t$〔℃〕になったとする(ただし，$t_2 < t < t_1$)。このとき

A が失った熱量＝$m_1 c_1 \Delta t_A = m_1 c_1 (t_1 - t)$〔J〕
B が得た熱量＝$m_2 c_2 \Delta t_B = m_2 c_2 (t - t_2)$〔J〕

であるから，熱量の保存より

$$m_1 c_1 (t_1 - t) = m_2 c_2 (t - t_2)$$

熱容量：heat capacity　　比熱：specific heat

# 2 物質の状態 <sup>基</sup><sup>物</sup>

## A 物質の三態
水を冷却すると氷になり，逆に加熱すると水蒸気になる。このように，物質には一般に固体，液体，気体の 3 つの状態がある。

■ 水の状態変化　1 気圧のもとで，水に加えた熱量と水の温度の関係。

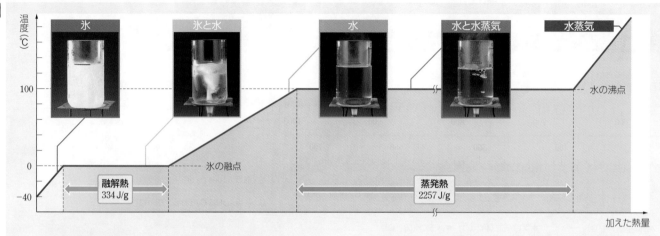

氷　氷と水　水　水と水蒸気　水蒸気

温度（℃）

100 ………… 水の沸点

0 ………… 氷の融点

−40

融解熱 334 J/g　蒸発熱 2257 J/g

加えた熱量

■ 水と二酸化炭素の状態図

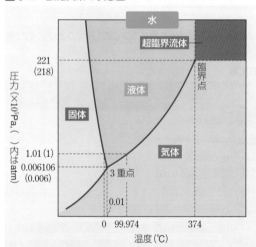

水

超臨界流体

221（218）

圧力（×10⁵Pa，（ ）内はatm）

固体　液体　気体

臨界点

1.01（1）
0.006106（0.006）

3 重点

0.01

0　99.974　374
温度（℃）

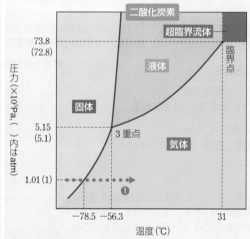

二酸化炭素

超臨界流体

73.8（72.8）

圧力（×10⁵Pa，（ ）内はatm）

固体　液体　気体

臨界点

5.15（5.1）

3 重点

1.01（1）　❶

−78.5　−56.3　31
温度（℃）

物質が固体・液体・気体（これらを相という）のいずれの状態にあるかは，一般に温度と圧力によって定まる。図は，ある温度・圧力における水と二酸化炭素の状態を表している。相の境界は，両側の相が安定な状態で共存できる状態である（相の平衡）。境界線は 3 重点 とよばれる 1 点で交わり，ここでは 3 相が平衡を保っている。

大気圧（1 atm）のもとで固体の二酸化炭素（ドライアイス）の温度を上げていくと，二酸化炭素は液体を経由せずに気体へと変化する（**昇華**，図の❶の変化）。

---

## Zoom up 超臨界流体

温度と圧力がある値をこえると，物質は液体・気体の区別がつかない特殊な状態になる。このような状態の物質を **超臨界流体** といい，超臨界流体に遷移する限界の温度・圧力の状態を **臨界点** という。超臨界流体は，気体のような拡散性と液体のような溶解性をあわせもっている。

■ 超臨界流体状態の CO₂

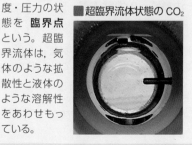

## Column 圧力鍋 日常

水の状態図を見ると，水が水蒸気になる温度（沸点）は，圧力が大きくなるにつれて高くなることがわかる。圧力鍋は，内部の圧力を大きくして水の沸点を上げ，100 ℃をこえる高温での調理を可能にしている。

## Column フリーズドライ 日常

フリーズドライ食品の製造には昇華が利用されている。食品を凍結した後に圧力を下げ，真空に近い状態にして，食品中の水分を固体から気体に昇華させることで，食品を乾燥させている。

## Column　冷却ジェルシート　日常

冷却ジェルシートは肌に触れる側に水分が含まれた高分子ゲルが広がっている。ゲルに含まれた水分が蒸発するときの蒸発熱で，体の表面温度を下げることができる。

## Zoom up　過冷却

水を0℃より少し低い温度でゆっくり冷やすと，0℃を下回っても水が氷にならないことがある。このような状態を過冷却という。過冷却水はちょっとした衝撃を与えるとただちに氷に変化する。

冬山では過冷却になった空気中の水滴が，木に衝突して凍結することがある。さらに雪が付着するなどして，写真のように大きな雪の塊になることがある。

## B　熱膨張

ほとんどの物質は，温度が上昇するとその長さや体積が大きくなる。これを **熱膨張** という。熱膨張の度合いは，物質の種類によって異なる。

### 線膨張率と体膨張率

ある固体の，0℃のときの長さと体積を $l_0$〔m〕と $V_0$〔m³〕，$t$〔℃〕のときの長さと体積を $l$〔m〕と $V$〔m³〕とするとき，次の式が成りたつ。

$$l = l_0(1 + \alpha t)$$
$$V = V_0(1 + \beta t)$$

$\alpha$ を **線膨張率**，$\beta$ を **体膨張率** という。

### おもな物質の線膨張率(20℃)

| 物質 | 線膨張率(×10⁻⁵/K) |
|---|---|
| インバー | 0.013 |
| ガラス(フリント) | 0.8 ～ 0.9 |
| 鉄 | 1.18 |
| コンクリート | 0.7 ～ 1.4 |
| 銅 | 1.65 |

線膨張率の小さい物質は，温度が変わっても体積はほとんど変化しない。インバー(鉄とニッケルの合金)はこの性質のため，精密機械や実験装置などに利用されている。

### インバーを用いた配管

### 線膨張率と体膨張率の関係

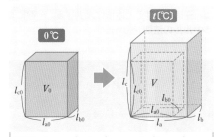

図で $l_a = l_{a0}(1 + \alpha t)$　$l_b = l_{b0}(1 + \alpha t)$
$l_c = l_{c0}(1 + \alpha t)$
$V = l_a l_b l_c$，$V_0 = l_{a0} l_{b0} l_{c0}$ であるから
$V = l_{a0} l_{b0} l_{c0}(1 + \alpha t)^3$
$= V_0(1 + 3\alpha t + 3\alpha^2 t^2 + \alpha^3 t^3)$
$\alpha$ は非常に小さいので，$\alpha^2 \fallingdotseq \alpha^3 \fallingdotseq 0$ とすると
$V \fallingdotseq V_0(1 + 3\alpha t)$
$V = V_0(1 + \beta t)$　と比べると　$\beta = 3\alpha$

### 固体の熱膨張の観察

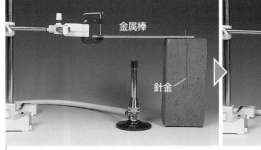
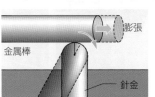
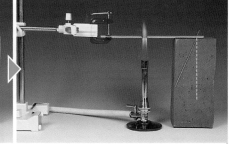

金属棒を力学スタンドで水平に固定し，その一端を，断面が円形の細い針金の上に置く。金属棒を加熱すると，棒は膨張して右側に伸び，針金は棒に押されて回転する(左の図を参照)。

このようにすれば，熱膨張によるわずかな金属棒の長さの変化を容易に観察することができる。

## Zoom up　バイメタル

バイメタルは，線膨張率の異なる2種類の金属の薄板を貼りあわせたものである。高温にすると線膨張率の小さい側，低温にすると線膨張率の大きい側に曲がる性質があるので，蛍光灯の点灯管(→p.142)などに利用されている。

熱膨張：thermal expansion　　線膨張率：coefficient of linear expansion　　体膨張率：coefficient of volume expansion

# ③ 気体の法則 基物

## A ボイルの法則

温度一定の状態で空気などの気体に圧力を加えると，気体の体積は減少する。逆に圧力を下げると体積は増加する。このときの気体の圧力と体積は反比例の関係にある。これを **ボイルの法則** という。

### ボイルの法則
**温度が一定のとき，一定質量の気体の体積 $V$ は圧力 $p$ に反比例する。**

$$pV = 一定$$

### ■ ボイルの法則の説明図

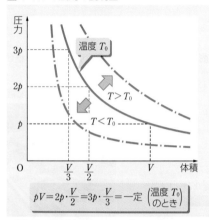

$$pV = 2p \cdot \frac{V}{2} = 3p \cdot \frac{V}{3} = 一定 \left(\begin{array}{c}温度 T_0 \\ のとき\end{array}\right)$$

$p$ と $V$ は反比例するので，グラフは図のような曲線（双曲線）となる。また，温度を高くすると，グラフは図の右上のほうへ移動していく。

### ■ ボイルの法則の例

| 圧力 $p$ | $1.0 \times 10^5$ Pa |
|---|---|
| 体積 $V$ | $4.9 \times 10^{-5}$ m³ |
| $pV$ | 4.9 Pa·m³ |

| 圧力 $p$ | $1.2 \times 10^5$ Pa |
|---|---|
| 体積 $V$ | $4.1 \times 10^{-5}$ m³ |
| $pV$ | 4.9 Pa·m³ |

| 圧力 $p$ | $1.4 \times 10^5$ Pa |
|---|---|
| 体積 $V$ | $3.5 \times 10^{-5}$ m³ |
| $pV$ | 4.9 Pa·m³ |

| 圧力 $p$ | $1.6 \times 10^5$ Pa |
|---|---|
| 体積 $V$ | $3.1 \times 10^{-5}$ m³ |
| $pV$ | 5.0 Pa·m³ |

## B シャルルの法則

圧力一定の状態で気体を加熱すると，気体の体積は増加する。逆に冷却すると体積は減少する。一般に気体の温度（絶対温度）と体積は正比例の関係にある。これを **シャルルの法則** という。

### シャルルの法則
**圧力が一定のとき，一定質量の気体の体積 $V$ は絶対温度 $T$ に比例する。**

$$\frac{V}{T} = 一定$$

### ■ シャルルの法則の説明図

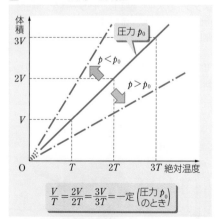

$$\frac{V}{T} = \frac{2V}{2T} = \frac{3V}{3T} = 一定 \left(\begin{array}{c}圧力 p_0 \\ のとき\end{array}\right)$$

$V$ は $T$ に正比例するので，グラフは直線となる。また，圧力が高いと，グラフの傾きが小さい。

### ■ シャルルの法則の例

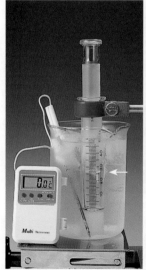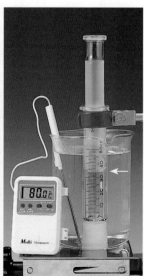

| セルシウス温度 | 0℃ |
|---|---|
| 絶対温度 $T$ | 273 K |
| 体積 $V$ | $2.6 \times 10^{-5}$ m³ |
| $\frac{V}{T}$ | $9.5 \times 10^{-8}$ m³/K |

| セルシウス温度 | 40℃ |
|---|---|
| 絶対温度 $T$ | 313 K |
| 体積 $V$ | $3.0 \times 10^{-5}$ m³ |
| $\frac{V}{T}$ | $9.6 \times 10^{-8}$ m³/K |

| セルシウス温度 | 80℃ |
|---|---|
| 絶対温度 $T$ | 353 K |
| 体積 $V$ | $3.4 \times 10^{-5}$ m³ |
| $\frac{V}{T}$ | $9.6 \times 10^{-8}$ m³/K |

# C ボイル・シャルルの法則

ボイルの法則，シャルルの法則は，**ボイル・シャルルの法則** として1つにまとめて考えることができる。

### ボイル・シャルルの法則

一定質量の気体の体積 $V$ は，圧力 $p$ に反比例し，絶対温度 $T$ に比例する。

$$\frac{pV}{T} = \text{一定}$$

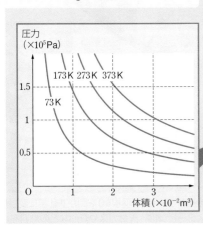

ⓐ側から見ると，ボイルの法則（$p$ と $V$ は反比例）になる。

**■ 1mol 気体の状態図**

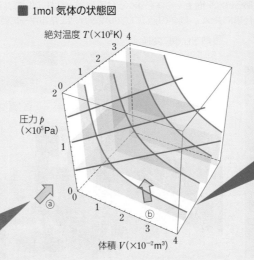

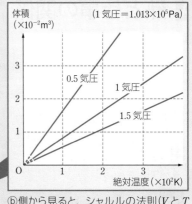

ⓑ側から見ると，シャルルの法則（$V$ と $T$ は比例）になる。

標準状態（0℃,1atm すなわち 273K，$1.013 \times 10^5$Pa）では，1mol の理想気体の体積は $2.24 \times 10^{-2}$m³ である。

---

# D 理想気体の状態方程式

ボイル・シャルルの法則は一定質量の気体に対して成りたつ法則だが，これを気体の量（物質量）まで含めた形で定式化することができる。

### 理想気体の状態方程式

圧力 $p$〔Pa〕，体積 $V$〔m³〕，温度 $T$〔K〕，物質量 $n$〔mol〕の理想気体について，次の式が成りたつ。

$$pV = nRT$$

$R$：気体定数 8.31 J/(mol・K)

### Point 理想気体

実際の気体（実在気体）では，ボイル・シャルルの法則や気体の状態方程式は，極端に低温や高圧のときは分子間の力や分子そのものの大きさなどの影響で成りたたなくなる。そこで，これらの法則に正確に従う気体を考え，**理想気体** とよぶ。

### 補足 物質量

原子や分子などの粒子が $6.02 \times 10^{23}$ 個あるとき，この集まりを1モル（記号 mol）といい，これを単位として表した物質の量を**物質量**という。また，$6.02 \times 10^{23}$/mol を **アボガドロ定数** という。

---

# E 気体の分子運動

気体は原子や分子の集まりである。個々の運動は不規則で無秩序であるが，それらを統計的に扱うことで，気体の圧力や温度などを説明することができる。

1辺の長さ $L$ の立方体の容器（体積 $V=L^3$）

気体分子は熱運動によって容器の内壁に衝突し圧力を及ぼす

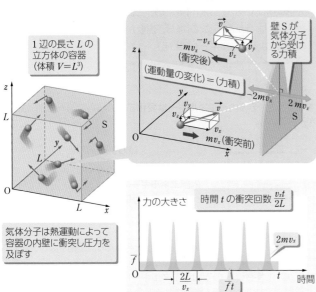

壁 S が気体分子から受ける力積

（運動量の変化）＝（力積）

力の大きさ

時間 $t$ の衝突回数 $\dfrac{v_x t}{2L}$

壁 S が1回の衝突で1個の分子から受ける力積は
$$mv_x - (-mv_x) = 2mv_x$$

分子が時間 $t$ の間に壁 S に衝突する回数は $\quad t \div \dfrac{2L}{v_x} = \dfrac{v_x t}{2L}$

壁 S が1個の分子から時間 $t$ の間に受ける力積は，壁 S が受ける平均の力を $\bar{f}$ として $\quad \bar{f}t = 2mv_x \cdot \dfrac{v_x t}{2L} = \dfrac{mv_x^2}{L}t \quad$ より $\quad \bar{f} = \dfrac{mv_x^2}{L}$

$N$ 個の分子の $v^2$, $v_x^2$ の平均を $\overline{v^2}$, $\overline{v_x^2}$ とし，運動は $x$, $y$, $z$ 方向に均等であるから，$\overline{v_x^2} = \dfrac{1}{3}\overline{v^2}$ とすると，壁 S が $N$ 個の分子から受ける圧力は

$$p = \frac{N\bar{f}}{L^2} = \frac{N}{L^2} \cdot \frac{m\overline{v_x^2}}{L} = \frac{Nm\overline{v^2}}{3L^3} = \frac{Nm\overline{v^2}}{3V} \quad \cdots\cdots ①$$

①式を変形し，$N = nN_A$（$n$：物質量，$N_A$：アボガドロ定数），$pV = nRT$ を用いると $\quad \dfrac{1}{2}m\overline{v^2} = \dfrac{3pV}{2N} = \dfrac{3R}{2N_A}T = \dfrac{3}{2}kT$

$\left(k = \dfrac{R}{N_A} = 1.38 \times 10^{-23}\text{J/K}：\text{ボルツマン定数}\right)$

---

理想気体の状態方程式：ideal gas law [equation of state for an ideal gas]　　物質量：amount of substance　　アボガドロ定数：Avogadro constant

# 4 気体の状態変化 基 物

## A 熱と仕事の関係

あらい水平面上で物体をすべらせると，物体はしだいに減速し，接触面は熱を帯びる。これは摩擦力がした仕事によって，物体の運動エネルギーが熱エネルギーに変化しているからである。

### ■仕事による熱の発生

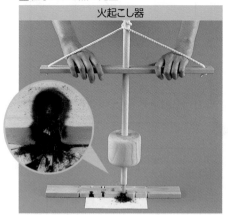

火起こし器

回転する木の棒の先端と，下の木の間の摩擦により，木は削れ，摩擦熱が発生する。こげて黒くなった木屑には種火がともる。

### ■熱を仕事に変換 日常

蒸気機関車

ガスタービン

出典：三菱重工業株式会社

蒸気機関車や火力発電では，熱エネルギーを蒸気機関やタービン(羽根車)を動かす仕事に変換し，運動エネルギーや電気エネルギーを得ている。ガスタービンは，天然ガスや灯油などの燃料を燃やして高温の燃焼ガスをつくりタービンを回転させている。

## B 内部エネルギー 物

分子の熱運動による運動エネルギーと分子間の力による位置エネルギーの和を，すべての分子について合計したものを，その物質の 内部エネルギー という。

運動エネルギー
$\dfrac{3R}{2N_A}T$〔J〕

$n$〔mol〕
$T$〔K〕
の気体

内部エネルギー
$\dfrac{3R}{2N_A}T \times nN_A$
$= \dfrac{3}{2}nRT$〔J〕

単原子分子理想気体では分子間の力が無視できるので，内部エネルギーは分子の運動エネルギーのみを考えればよい。単原子分子のもつ運動エネルギーは1個当たり$\dfrac{3R}{2N_A}T$〔J〕であり（ p.65），$n$〔mol〕の気体は$nN_A$個の分子を有しているので，内部エネルギーは以下のように求められる。

**単原子分子理想気体の
内部エネルギー**

物質量$n$〔mol〕，絶対温度$T$〔K〕の理想気体の内部エネルギー$U$〔J〕は

$$U = \frac{3}{2}nRT$$

### Zoom up 単原子分子と二原子分子

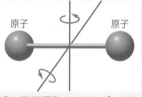

原子　　原子

ヘリウム(He)やアルゴン(Ar)のように，1個の原子からなる分子を 単原子分子，酸素($O_2$)や窒素($N_2$)のように2個の原子からなる分子を 二原子分子 という。
二原子分子理想気体は並進運動（ p.36）による運動エネルギーに加え，回転運動のエネルギーをもつ。したがって，その内部エネルギーは，同じ温度のとき，単原子分子よりも大きい。常温付近での，二原子分子理想気体の内部エネルギーは$\dfrac{5}{2}nRT$となる(なお，温度がさらに上昇すると，原子間の振動によるエネルギーも加わる)。

## C 熱力学第一法則

物体に熱を与えたり，物体に仕事をするとき，その内部エネルギーは変化する。**熱力学第一法則** は，熱量・仕事・内部エネルギーの関係を示している。

### ■熱力学第一法則の例

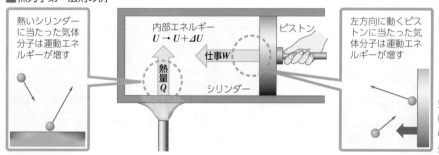

熱いシリンダーに当たった気体分子は運動エネルギーが増す

内部エネルギー
$U \to U + \Delta U$

ピストン

仕事$W$

熱量
$Q$

シリンダー

左方向に動くピストンに当たった気体分子は運動エネルギーが増す

**熱力学第一法則**

$$\Delta U = Q + W$$

内部エネルギーの変化
＝物体が受け取った熱量
　　　＋物体がされた仕事

気体を加熱し熱量を与えたり，圧縮することで気体に仕事をするとき，分子は運動エネルギーを得るので内部エネルギーは増加する。逆に，気体を冷却・膨張させる場合，内部エネルギーは減少する。

**66** 内部エネルギー：internal energy　単原子分子：monoatomic molecule　二原子分子：diatomic molecule　熱力学第一法則：first law of thermodynamics

# D 気体の状態変化

物 気体は，加熱・冷却や圧縮・膨張を行うと，圧力・体積・温度に変化が現れる。これらの変化は，熱力学第一法則の式（$\Delta U = Q + W$）から考えることができる。

### ■ 理想気体の状態図

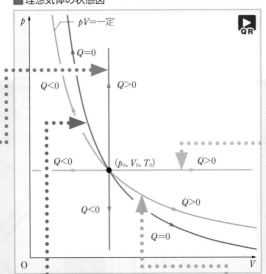

縦に「熱力学」

#### 定積変化（等積変化）

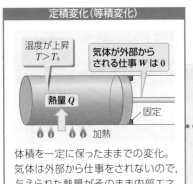

温度が上昇 $T > T_0$
気体が外部からされる仕事 $W$ は 0
熱量 $Q$
固定
加熱

体積を一定に保ったままでの変化。気体は外部から仕事をされないので，与えられた熱量がそのまま内部エネルギーの変化になる。

$$\Delta U = Q \quad (W = 0)$$

#### 定圧変化（等圧変化）

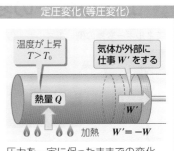

温度が上昇 $T > T_0$
気体が外部に仕事 $W'$ をする
熱量 $Q$
加熱　$W' = -W$

圧力を一定に保ったままでの変化。圧力 $p$ のもとで，気体がされた仕事 $W$ は，体積の変化を $\Delta V$ とすれば，$W = -p\Delta V$ と表すことができる。

$$\Delta U = Q - p\Delta V$$

#### 断熱変化

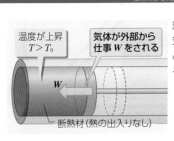

温度が上昇 $T > T_0$
気体が外部から仕事 $W$ をされる
$W$
断熱材（熱の出入りなし）

熱の出入りがない状態の変化。気体が外部から仕事を受けると，内部エネルギーが変化する。

$$\Delta U = W \quad (Q = 0)$$

#### 等温変化

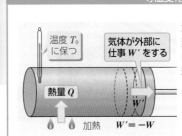

温度 $T_0$ に保つ
気体が外部に仕事 $W'$ をする
熱量 $Q$
加熱　$W' = -W$

温度を一定に保ったままでの変化。内部エネルギーは変化しない。このとき，気体の体積は圧力に反比例する（ボイルの法則）。

$$\Delta U = 0 \quad (Q = -W)$$

### ■ 断熱変化の例

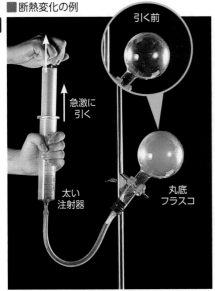

引く前
急激に引く
太い注射器
丸底フラスコ

内側に水滴のついたフラスコと注射器をつなぎ，注射器のピストンを急激に引く。断熱膨張のためフラスコ内部の温度は急激に下がり，水蒸気が凝縮して霧が発生する。雲の生成はこれと同じメカニズムである。

### Zoom up　モル比熱

物質 1mol の温度を 1K 上げるのに必要な熱量を **モル比熱** という。また，体積一定の場合のモル比熱 $C_V [\mathrm{J/(mol \cdot K)}]$ を **定積モル比熱**（または **定容モル比熱**），圧力一定の場合のモル比熱 $C_p [\mathrm{J/(mol \cdot K)}]$ を **定圧モル比熱** という。単原子分子理想気体の場合

$$C_V = \frac{3}{2}R \fallingdotseq 12.5 \, \mathrm{J/(mol \cdot K)}, \quad C_p = \frac{5}{2}R \fallingdotseq 20.8 \, \mathrm{J/(mol \cdot K)} \quad (R：気体定数)$$

となる。二原子分子理想気体では，温度が上がるにつれて回転運動や振動運動の効果が加わるので，モル比熱はこれよりも大きな値となる。いずれの場合においても

$$C_p = C_V + R$$

の関係が成りたつ（マイヤーの関係）。

#### ■ 単原子分子（アルゴン）のモル比熱

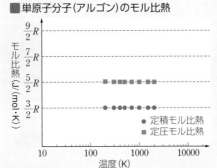

モル比熱 〔J/(mol・K)〕
● 定積モル比熱
■ 定圧モル比熱
温度〔K〕

#### ■ 二原子分子（水素，酸素）のモル比熱

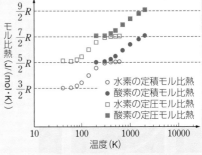

モル比熱 〔J/(mol・K)〕
○ 水素の定積モル比熱
● 酸素の定積モル比熱
□ 水素の定圧モル比熱
■ 酸素の定圧モル比熱
温度〔K〕

モル比熱：molar specific heat

# 5 不可逆変化と熱機関 基 物

## A エネルギーの変換と保存
エネルギーには，力学的エネルギーや熱エネルギーのほかにもさまざまな形態がある。これらは互いに移り変わることができる。

■エネルギー変換の例　エネルギーの変換において，それに関係したすべてのエネルギーの和は一定に保たれる（**エネルギー保存則**）。 日常

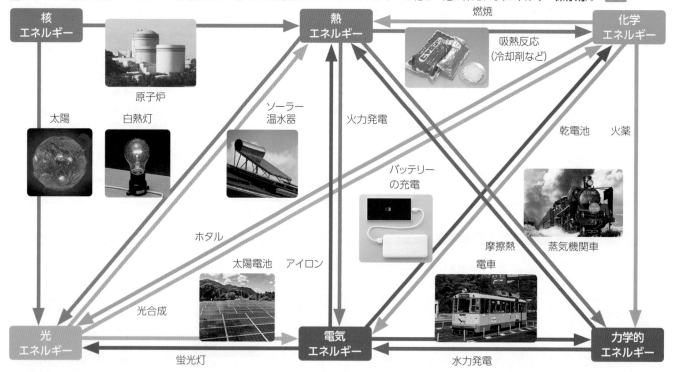

核エネルギー
原子炉
太陽
白熱灯
熱エネルギー
ソーラー温水器
燃焼
吸熱反応（冷却剤など）
化学エネルギー
火力発電
バッテリーの充電
乾電池　火薬
蒸気機関車
摩擦熱
電車
ホタル
太陽電池　アイロン
光合成
光エネルギー
蛍光灯
電気エネルギー
水力発電
力学的エネルギー

## B 不可逆変化
あらい面上をすべる物体は，摩擦で運動エネルギーが熱に変わり，やがて止まる。しかし，物体が自然に熱を吸収して動きだすことはない。外部から何らかの操作を受けないかぎり，もとの状態にもどらない変化を **不可逆変化** という。

### 熱力学第二法則

熱は高温の物体から低温の物体へ移動するが，
自然に低温の物体から高温の物体へ移動することはない。

■可逆変化と不可逆変化

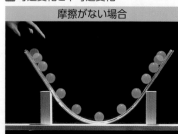
摩擦がない場合

摩擦がない場合は力学的エネルギーが保存されるので，物体は同じ高さまでのぼった後，手ばなした位置までもどってくる。したがって，この現象は可逆変化である。

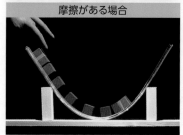
摩擦がある場合

摩擦がある場合は，力学的エネルギーは熱に変わり，物体はやがて静止する。手ばなした位置にもどることはない。したがって，この現象は不可逆変化である。

■不可逆変化の例

氷から水への変化

暖かい部屋に置いておくと，氷は周囲から熱を吸収して水になる。しかし，水がみずから周囲に熱を放出して氷になることはない。

インクの拡散

水に落としたインク滴は，しばらく放置すれば均一に広がる。しかし，溶けたインクだけが再び1か所に集まることは自然には起こらない。

---

**68** エネルギー保存則：law of conservation of energy　不可逆変化：irreversible process　熱力学第二法則：second law of thermodynamics

## C 熱機関

高温物体から熱を吸収し，その熱の一部を仕事に変換する装置を **熱機関** という。吸収した熱量のうち仕事に変換された割合を **熱効率（熱機関の効率）** といい，これは熱機関の性能を示す指標となる。

### 熱効率

$$e = \frac{W'}{Q_{in}} = \frac{Q_{in} - Q_{out}}{Q_{in}}$$

$W'$〔J〕：熱機関がする仕事
$Q_{in}$〔J〕：高温の物体から吸収する熱量
$Q_{out}$〔J〕：低温の物体へ放出する熱量

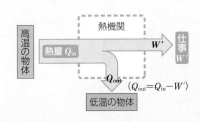

$(Q_{out} = Q_{in} - W')$

### ■ 熱機関の原理図

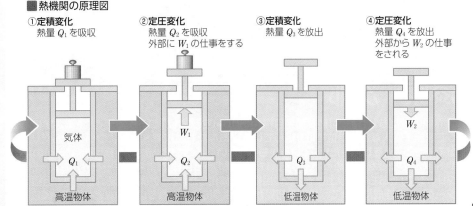

①定積変化
熱量 $Q_1$ を吸収

②定圧変化
熱量 $Q_2$ を吸収
外部に $W_1$ の仕事をする

③定積変化
熱量 $Q_3$ を放出

④定圧変化
熱量 $Q_4$ を放出
外部から $W_2$ の仕事をされる

熱機関がする仕事 $W' = W_1 - W_2$
高温物体から吸収する熱量 $Q_{in} = Q_1 + Q_2$
低温物体へ放出する熱量 $Q_{out} = Q_3 + Q_4$

### ■ 火力発電所（日本）の熱効率 [環境]

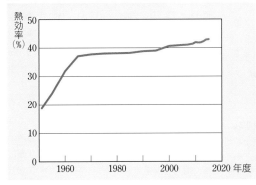

鹿島火力発電所

従来の火力発電では，化石燃料の燃焼で得られる熱のうち，電気エネルギーに変換することのできる割合は 40 % 程度である。現在では，ガスタービン発電と蒸気タービン発電を組み合わせたコンバインドサイクル発電や，発電時に生じる排熱を冷暖房や給湯などに有効利用するコージェネレーションシステムにより，エネルギーの利用効率を高める努力が行われている。これらの技術導入は，省エネルギーや二酸化炭素の排出削減などの効果がある。

熱力学

---

### ヒートポンプ [日常]

熱は，自然には高温物体から低温物体へ移動する。しかし，二酸化炭素や水などの冷媒を利用し，外部からの仕事を加えれば，熱を低温物体から高温物体へ移動させることも可能となる。このような熱交換を行う装置をヒートポンプという。以前から空調や冷蔵庫に利用されてきたが，近年の技術開発により，給湯や衣類の乾燥機など，その用途が広がっている。

#### ■ ヒートポンプの原理

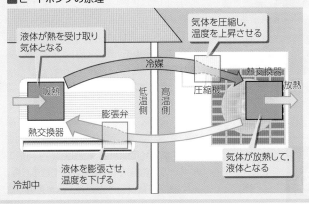

液体が熱を受け取り気体となる
気体を圧縮し，温度を上昇させる
冷媒
吸熱
低温側
高温側
圧縮機
熱交換器
放熱
膨張弁
熱交換器
液体を膨張させ，温度を下げる
気体が放熱して，液体となる
冷却中

### 永久機関 [歴史]

一度動かすと，外部からエネルギーを与えなくても永久に仕事をし続ける装置を **第一種永久機関**，1 つの熱源から熱を得て，これをすべて仕事に変えることのできる装置（熱効率 100 % の熱機関）を **第二種永久機関** という。古くから多くの人たちが永久機関の製作を試み，さまざまな実験を行ってきたが，すべて失敗に終わっている。現在では，いずれの永久機関も実現不可能であると考えられている。

#### ■ 第一種永久機関の失敗例

回転
浮き
浮力
浮力
回転

浮きは浮力を受けて回転を続ける。

#### ■ 第二種永久機関の失敗例

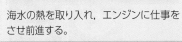

前進
海水の熱
エンジン
回転
スクリュー

海水の熱を取り入れ，エンジンに仕事をさせ前進する。

---

熱機関：heat engine 熱効率：thermal efficiency

# ③ SDGs

科学技術ライター

## 漆原 次郎
（うるしはら じろう）

［写真］
トヨタ自動車株式会社が
建設を進める実証実験都市
「ウーブン・シティ」
（静岡県裾野市）

世界中の人たちが「持続可能な開発目標」（SDGs）を認識し，コミュニティ，企業，学校，そして家族・個人などの単位で取り組んでいる。あなたも学校で SDGs について学んだり，自分でできることをしてみたりしているかもしれない。ここでは，まず「持続可能な開発」の意味や SDGs の概要を確かめる。そして，17 の目標のうち目標 7「エネルギーをみんなに そしてクリーンに」をおもに取り上げる。この目標を具体化した「ターゲット」を紹介しつつ，目標・各ターゲットの達成に向けて，物理の知見がどのように生かされているかなどを見ていくことにしよう。

## 持続可能な開発目標（SDGs）

### 「持続可能な開発」の基礎にある物理

将来の世代の欲求を満たしつつ，今の世代の欲求も満足させるような開発のことを，持続可能な開発という。私たちの活動について，持続可能な開発の内側に収まっているか評価したり，収まるよう計画したりするための基礎となるのが物理である。エネルギー保存則（◎p.68）を前提にエネルギーの計算を行うなど，高校物理で習うことがさらにその基礎となっている。

### 「エネルギーをみんなに そしてクリーンに」

「持続可能な開発目標」（SDGs；Sustainable Development Goals）とは，国際連合加盟国が 2015 年に「持続可能な開発サミット」で採択した，2016 年から 2030 年までの環境や開発についての目標である（図 1）。17 の目標のうち，物理との関連性が高い項目が，目標 7「エネルギーをみんなに そしてクリーンに」である。ここでは目標 7 の達成に向けた具体的な技術や取り組みを，高校物理での学習内容との関連も含め，紹介したい。

## エネルギー供給の基盤

目標 7 のターゲット 1 は「2030 年までに，誰もが，安い値段で，安定的で現代的なエネルギーを使えるようにする」である。エネルギー供給をめぐり，最低限の安全・健康を保障するインフラの整備に加えて，技術を駆使したスマートなシステムの普及も求められている。

### ガス化・電化

開発途上国などには，薪（たきぎ）で火を燃やし調理などの家事をする家庭があり（図 2），煤煙（ばいえん）による室内空気汚染が原因で，乳幼児など多くの人々が亡くなったり健康を害したりしている。空気を汚さないガスや電気の供給，また対応する調理器具の普及・使用が課題になっている。

### 図2 焚き火での調理（ケニア）

## スマートシティ

エネルギーのインフラが整備されている地域では，より効率的に電力（◎p.117）などのエネルギーを利用できるようになることが課題である。情報通信技術や環境技術などにより，コミュニティ全体での電力の有効利用や，市民生活の質の向上などをはかるスマートシティの建設や計画が，日本を含む世界各地で進められている（タイトル横の写真）。スマートシティでは，それぞれの家庭に通信機能を備えた電力メーターを設置し，データ分析などを通して，むだなく電力を供給するスマートグリッドのシステムが主要なしくみとして採用されている。また，電気自動車や蓄電システムも活用される。

## 再生可能エネルギー

ターゲット 2 は，「2030 年までに，エネルギーをつくる方法のうち，再生可能エネルギーを使う方法の割合を大きく増やす」である。

再生可能エネルギーは，今後も枯渇するおそれが少ないエネルギー資源から得られるエネルギーのことを指す。石炭や石油などの化石燃料を由来とするエネルギーと違い，再生可能エネルギーは製造時に温室効果ガスとされる二酸化炭素を排出しないため，持続可能な開発に適したエネルギーといえる。

### 風力発電

風力発電は，風車のはねが風を受けて回転し，この回転による運動エネルギーを電気エネルギーに変える発電方式である。再生可能エネルギーの中では発電コストが安い点が利点となる。風力発電は，世界における再生可能エネルギーの発電方法の中で大きな割合を占める。

中国，米国，ドイツなどが，風力発電の普及

### 図1 SDGsの17の目標

17 の目標は，計 169 のターゲットから成る。「誰 1 人取り残さないこと」を誓っている。

1 貧困をなくそう
2 飢餓をゼロに
3 すべての人に健康と福祉を
4 質の高い教育をみんなに
5 ジェンダー平等を実現しよう
6 安全な水とトイレを世界中に
7 エネルギーをみんなに そしてクリーンに
8 働きがいも経済成長も
9 産業と技術革新の基盤をつくろう
10 人や国の不平等をなくそう
11 住み続けられるまちづくりを
12 つくる責任つかう責任
13 気候変動に具体的な対策を
14 海の豊かさを守ろう
15 陸の豊かさも守ろう
16 平和と公正をすべての人に
17 パートナーシップで目標を達成しよう

を積極的に進めている。また，北海に接する英国，デンマーク，スウェーデンなどは海に風車を設置する洋上風力発電を実用化させている（図3）。日本でも，特に海上は風が強く，景観や騒音の問題も少ないことから，洋上風力発電の普及が待たれている。

### ■図3　洋上風力発電（デンマーク）

### 太陽光発電

太陽光発電は，太陽からの光エネルギーを電気エネルギーにかえて利用する技術である（◉p.121）。現在の太陽電池は，半導体にシリコンを使う「シリコン系」と，銅（Cu），インジウム（In），セレン（Se），ガリウム（Ga）などを組み合わせて使う「化合物系」がおもに使われている。

2021年には，日本で開発された「ペロブスカイト系」とよばれる太陽電池の大量生産が始まり，実用化に向けて進んでいる。この太陽電池では，ペロブスカイト構造という結晶構造をもつ有機と無機の複合化合物を光の吸収層の材料として用いる。従来の太陽電池では吸収できる太陽光の波長領域が限られていたが，ペロブスカイト系の太陽電池では厚さ300nmで可視光をすべて吸収できる。また，室温で溶液を塗布して乾燥させるだけでつくることができ，加工に数百℃の温度を要するシリコン系太陽電池より容易といえる。紙に印刷するように製造できるため，柔軟かつ軽量なフィルム状にすることもでき，ビルの壁面や重量制限のある建物上などにも設置することができる（図4）。

### ■図4　ペロブスカイト系太陽電池

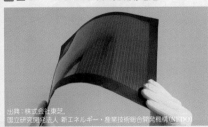

出典：株式会社東芝，
国立研究開発法人 新エネルギー・産業技術総合開発機構（NEDO）

### 水力発電

水力発電は日本国内でも130年以上の歴史をもつが，発電に使う水は地球をたえず循環し，何度も使うことができるため再生可能エネル

ギーに含まれる。高い所にある水を落下させてタービンを回して電気エネルギーを得るという，水の位置エネルギー（◉p.40）や運動エネルギー（◉p.38）を利用した発電方法である。大規模なダム建設を必要としない小水力発電も，国内外で広く実用化している。

水力発電の方式の1つに揚水発電方式がある。水力発電所の高地と低地に貯水池を設け，深夜など電力需要の少ない時間帯に，使われず余っている電力を使って水をポンプで高地の貯水池に汲み上げておき，電力需要の多い昼間に水を放流して発電する。揚水時にポンプ水車の回転速度を自在に変えて，揚水時の使用電力を変えられる可変速揚水発電システムも実用化している（図5）。

### ■図5　可変速揚水発電システムが使われている水力発電所（山梨県大月市・甲州市）

出典：東芝エネルギーシステムズ株式会社（左図）

### エネルギー効率化技術

ターゲット3は，「2030年までに，今までの倍の速さで，エネルギー効率をよくしていく」である。日本の取り組みとしては，火力発電のしくみを他の発電方式と組み合わせ，従来の火力発電では使われず排気されていたエネルギーでさらに電力をつくる複合発電の技術開発が進んでいる。ただし，石炭などをエネルギー源に利用することそのものに反対する考えが世界で提起されており，技術が実用化されてもどれだけ普及するかは不透明である。

#### 石炭ガス化燃料電池複合発電（IGFC）

火力発電の主流方式の1つである石炭火力発電では従来，石炭を燃焼させて水蒸気を生じさせ，蒸気タービンを動かして発電を行っている。これに対し，石炭を水蒸気，酸素，空気，水素などと作用させてガス化し，このガスを燃焼させてガスタービンを動かし，さらにその過程で生じた熱により蒸気タービンを動かす「石炭ガス化複合発電」（IGCC；Integrated Coal Gasification Combined Cycle）が実用化されている。さらに，石炭ガス化では水蒸気を用いることから水素が生じるが，この水素を酸素と反応させることで，化学エネ

ルギーを直接的に電気エネルギーに変える燃料電池での発電も実現させる「石炭ガス化燃料電池複合発電」（IGFC；Integrated Coal Gasification Fuel Cell Combined Cycle）の技術も実用化に向け研究開発されている（図6）。

### ■図6　IGFCの実証施設（上，広島県大崎上島町）と原理イメージ（下）

※ NEDO事業により実施

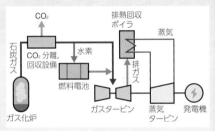

### 物理の力で世界を前進させる

目標7では，以上の3個のターゲットに加え，目標を達成するための手段や措置を示したアルファベット表記のターゲットが2個ある。

#### 7-a

「2030年までに，国際的な協力を進めて，再生可能エネルギー，エネルギー効率，石炭や石油を使う場合のより環境にやさしい技術などについての研究を進め，その技術をみんなが使えるようにし，そのために必要な投資を進める」

#### 7-b

「2030年までに，さまざまな支援プログラムを通じて，開発途上国，特に，最も開発が遅れている国，小さな島国や内陸の国で，すべての人が現代的で持続可能なエネルギーを使えるように，設備を増やし，技術を高める」

世界の人たちが協力・連携し，研究を進めるにあたり，誰もが物理の原理をふまえて話しあいをしていくことになる。また，技術を構築したり改善したりしようとするときも，物理の法則や限界を無視することはできない。物理の知識を得ていることが，これらのターゲットを実行していくうえでの条件となるのである。さらに，物理で学んだり研究したりしたことが新たな発想をもたらし，革新的な技術を生み出すこともある。物理は世界を前進させる力をもっている。

# 4 熱の探究の歴史

## 温度計の発明と改良
（17〜18世紀）

熱についての本格的な探究が始まるには，まず温度計が発明される必要があったといえます。液体の熱膨張を利用して温度をはかる器具は17世紀に登場し，18世紀の末までには広く使われるようになっていました。その過程でさまざまな温度目盛りが提案されましたが，ファーレンハイトにちなんだ力氏温度（°F）や，セルシウスにちなんだセ氏温度（℃）などがやがて主流になっていきました。

## 温度と熱量
（18世紀後半）

最初のころ，物質は「熱」をたくさんもっているほど「熱い」，つまり「温度」が高いと考えられていました。熱についての理解はまずこの考え方に立って進みます。18世紀後半，スコットランドの化学教授ブラックは，温度の異なる水と水銀を混合しても初めの温度の中間にはならないことから，物質の種類によって熱容量（比熱）が異なると考えました。さらに，氷が溶けるときには熱を加えても温度が一定であることから，表に現れない潜熱という考えを導入しました。こうして，温度計ではかられる温度と，物質を出入りする熱量とが区別されることになりました。

## 熱素説
（18世紀〜19世紀初頭）

このころには，熱は物質のようなもの，一種の実体としてとらえられていました。例えばフランスの化学者ラボアジエは，元素の一覧表の中に「熱素」というものを含めています。ラボアジエが定式化した質量保存の法則は，元素だけでなく「熱素」にも当てはまりました。つまり，熱は保存されると考えられたのです。これとは反対に，ランフォードは大砲をくり抜く作業の観察から，摩擦によっていくらでも熱が取り出せると主張しました。しかしこの現象は，例えば摩擦により「熱素」が一か所に集められて温度が上昇したという具合に，熱素説の立場でも説明できました。熱素説がこの時代の主流だったのです。

## 蒸気機関の普及
（18世紀）

熱力学の理論が発展することになった背景の一つには，18世紀にイギリスで改良されて普及した蒸気機関の存在がありました。蒸気機関は，水蒸気の膨張・収縮をくり返すことでピストンを動かし，力学的仕事を取り出す機械ということができます。グラスゴー大学の技術者ワットは，従来型のニューコメン機関よりもはるかに高性能・高効率の機関を実現し，産業革命の進展をもたらしました。蒸気機関の効率をさらに上げることが，技術上の課題となりました。

■ワット

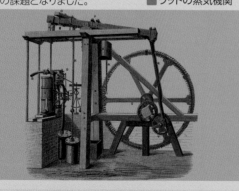
■ワットの蒸気機関

## 気体の法則
（19世紀初頭）

気体の体積と圧力の関係は，すでに17世紀のうちにボイルやマリオットが述べていました（ボイルの法則）。体積と温度の関係のほうは，シャルルが18世紀の終わりころに発見していましたが発表されず，19世紀に入ってからゲイ・リュサックによって示されました（シャルルの法則）。19世紀初頭のフランスでは気体の性質の研究が盛んに行われました。定圧比熱と定積比熱が区別されてその測定がくり返されたほか，断熱膨張についての実験的・理論的研究も進みました。

■ボイル

■シャルル

一橋大学准教授

# <ruby>有賀<rt>ありが</rt></ruby> <ruby>暢迪<rt>のぶみち</rt></ruby>

熱についての物理的な理解が深まったのは19世紀のことでした。
そこに至るまでの道すじをたどってみることにしましょう。

## 熱の仕事当量
### (1842年・1843年)

熱についての考え方は1840年代に大きく変わり始めます。熱と仕事は互いに転換可能なものであり，その換算比率（熱の仕事当量）は一定であるということが，ドイツのマイヤー（1842年）とイギリスのジュール（1843年）によって独立に示されました。マイヤーが抽象的な理論から出発し，気体の比熱から当量を計算したのに対し，ジュールはさまざまな実験から当量の測定を行いました（有名な羽根車の実験は1845年に初めて実施）。この結果，「熱が保存される」というそれまでの考えは維持できなくなり，このころから熱素説は支持を失っていきます。

■ジュール

## 気体運動論
### (1850年代後半〜)

19世紀半ばには，熱は実体（熱素）ではなく物質粒子の運動としてとらえられるようになりました。そこで登場してきたのが，気体のさまざまな性質（例えば温度や圧力）を分子の集団の運動から説明しようとする理論です。
こうした試みはそれ以前にもありましたが，クラウジウスのほか，イギリスのマクスウェルとオーストリアのボルツマンが特に重要な研究を行い，物理の新しい領域を切りひらきました。

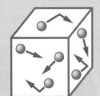

## 熱力学の二つの法則
### (1850年・1851年)

ジュールやカルノーの研究をふまえ，熱の理論である熱力学の基礎を与えたのが，ドイツのクラウジウス（1850年）とイギリスのトムソン（1851年）です。この2人によって，熱力学の第一法則と第二法則の原型が示されました。第一法則は熱と仕事が転換可能であることを示しており，エネルギー保存則の一例になっているといえます。第二法則については，クラウジウスとトムソンがそれぞれ異なる表現をしましたが，どちらも熱現象が一方向的に起こることを述べています。冷たい水が勝手に温かくなることがないように，変化に決まった方向性があること（不可逆性）が，物理の基本法則として初めてとらえられました。

湯　冷たい水

## 熱機関の理論
### (1824年)

フランスの工学者カルノーは，蒸気機関の効率という問題について理論的な分析を試み，『火の動力についての考察』（1824年）として出版しました。この中で，等温膨張・断熱膨張・等温圧縮・断熱圧縮を順にくり返す理想的な機関（カルノー・サイクル）のアイデアが導入され，熱機関の効率が作業物質によらず高温部と低温部の温度だけで決まることが示されました。なお，カルノー・サイクルを$p$-$V$図で表現することは，10年後に同じフランスのクラペイロンによって行われました。

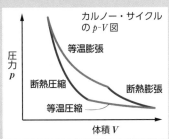

カルノー・サイクル
の$p$-$V$図

圧力
$p$

等温膨張
断熱圧縮
断熱膨張
等温圧縮

体積$V$

## 絶対温度とエントロピー
### (1840年代〜)

熱力学の理論が生まれてくる過程で，基本的な物理量も生まれました。一つはトムソンがジュールとともに提案した絶対温度です。トムソンが後に爵位を受けてケルビン卿となったことから，この温度は今日ケルビン（K）という単位になっています。もう一つはエントロピーとよばれる量で，クラウジウスによって導入されました。この量は変化に方向性があるという熱力学第二法則を表現するもので，クラウジウスはこの法則を「世界のエントロピーはある最大値へと向かう」と表現しました（1865年）。

■トムソン（ケルビン）

# 第3編 波

## 横波と縦波の違いは？

ロープをゆらしたときに生じる波は横波である。波の進行方向に対し，ロープ（媒質）はほぼ垂直方向に振動している。

音は縦波の一種である。太鼓の音を鳴らしたときのろうそくの炎のようすから，音の進行方向（左から右）に対し，空気（媒質）も同じ方向に振動していることがわかる。

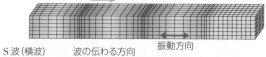

P波（縦波）　波の伝わる方向　振動方向

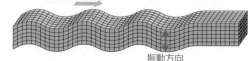

S波（横波）　波の伝わる方向　振動方向

地震波にはP波（縦波）とS波（横波）の2つがある。P波のほうが速く伝わるが，ゆれはS波のほうが大きい。

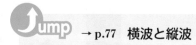

Jump → p.77 横波と縦波

## ガラスで音を鳴らす？

水の入ったグラスを指でこすると，美しい音とともに水面に細かい波が現れる。これは，こすることによって生じたグラスの共鳴によって起こる現象である。

有機ガラス管（振動板）

加振器

左の写真のスピーカーでは，加振器が有機ガラス管（振動板）の端面を叩き振動板を駆動させる技術を用いている。音の出し方が楽器に近いため生演奏のようなリアルな音を再現できる。

Jump → p.84 音
　　　 → p.87 共振・共鳴

## 天空の鏡，ウユニ塩湖

ボリビアにあるウユニ塩湖は，面積が広く表面の凹凸が少ないため，世界で最も平らな場所といわれる。雨が降ると浅い水たまりができ，鏡のように全天の景色を映しだす。水面がでこぼこしていれば，このようにきれいな景色は映らない。風呂場などで鏡が曇るのは，鏡の表面に無数の小さな水滴がつき，光がさまざまな方向に反射されるためである（乱反射）。

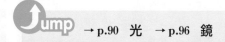

Jump → p.90 光 → p.96 鏡

# 蜃気楼はなぜ見える？

富山県魚津市の蜃気楼

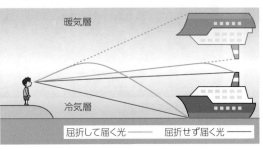

暖気層

冷気層

屈折して届く光 ──　屈折せず届く光 ──

**Jump** → p.90　光の反射と屈折

遠い場所に，本来存在しないような景色が見えることがある（蜃気楼）。蜃気楼は，大気の温度差によって光の経路が屈折することに起因する。写真の船が反転してるように見える蜃気楼は，図のように光が屈折しながら進むことで見えている。

# 緑色の太陽？グリーンフラッシュ

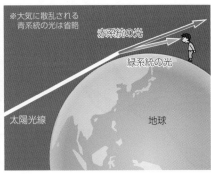

※大気に散乱される青系統の光は省略

赤系統の光

緑系統の光

太陽光線

地球

日の出や日の入りのとき，わずか1秒ほど，太陽が緑色に輝くことがある。これを「グリーンフラッシュ」という。水平線（または地平線）近くの太陽光線は，大気によって屈折する。屈折の曲がり方は波長の短い光ほど大きい。青系統の光は大気によって散乱されるため，おもに緑系統の光がまわりこんでくる。日の入りでは赤系統の光が届かなくなった瞬間に緑系統の光のみが私たちに届く。

**Jump** → p.92　光の分散
→ p.93　光の散乱

アインシュタイン（♪ p.7）は，質量をもった物体が存在すると時空にゆがみができ，物体が動くとそのゆがみが光の速さで伝わると考えた。これを重力波といい，観測の難しさからアインシュタインの提唱以来100年近く直接的な検出ができなかった。現在はマイケルソン干渉計（右図）による光の干渉を利用した検出が各所で行われており，2015年，アメリカで重力波の直接的な検出に成功した。

# 重力波をとらえるには？

**Jump** → p.98　光の干渉と回折

レーザー干渉計 KAGRA（岐阜県神岡鉱山）

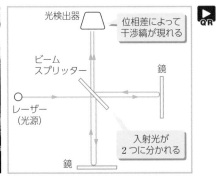

光検出器

位相差によって干渉縞が現れる

ビームスプリッター

鏡

レーザー（光源）

入射光が2つに分かれる

鏡

# 1 波と媒質の運動 <sup>基</sup><sup>物</sup>

## A 正弦波

単振動(●p.50)している波源の振動が，周囲の媒質に等速で伝わるとき，その波形は正弦曲線になる。波形が正弦曲線になる波を **正弦波** という。

■ 単振動と正弦波

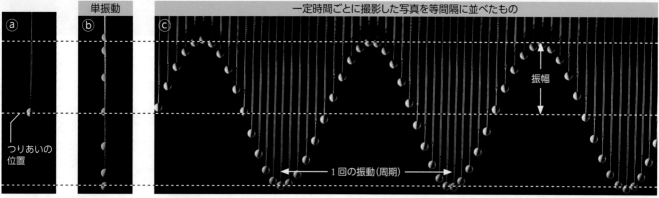

単振動

一定時間ごとに撮影した写真を等間隔に並べたもの

ⓐ

ⓑ

ⓒ

つりあいの位置

振幅

1回の振動(周期)

ⓐ おもりがつりあいの位置にあるときの鉛直ばね振り子。

ⓑ 単振動するおもりを 0.1 秒間隔で撮影した連続(ストロボ)写真。

ⓒ ⓑを等間隔に並べたもの。おもりの位置をなめらかに結ぶと，正弦曲線が得られる。

■ 正弦波の伝わるようす

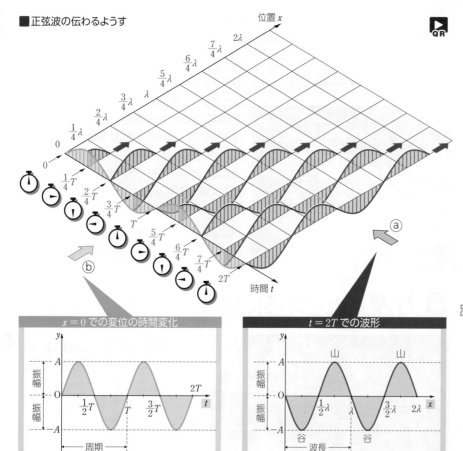

位置 x

▶QR

### ⓟoint 波の要素

| 山 | 波形の最も高い所 |
|---|---|
| 谷 | 波形の最も低い所 |
| 振幅($A$[m]) | 山の高さ(=谷の深さ) |
| 波長($\lambda$[m]) | 波1つ分の長さ |
| 波の速さ($v$[m/s]) | 山や谷が進む速さ |
| 周期($T$[s]) | 1回の振動にかかる時間 |
| 振動数($f$[Hz]) | 1秒間に振動する回数 |
| 位相 | 媒質の振動状態を表す量 |

$\lambda$, $v$, $T$, $f$ の間には，次の関係が成りたつ。

$$v = \frac{\lambda}{T} = f\lambda \qquad f = \frac{1}{T}$$

#### $x = 0$ での変位の時間変化

振幅 $A$ $O$ $\frac{1}{2}T$ $T$ $\frac{3}{2}T$ $2T$ $t$ 振幅 $-A$

周期

#### $t = 2T$ での波形

山 山 振幅 $A$ $O$ $\frac{1}{2}\lambda$ $\lambda$ $\frac{3}{2}\lambda$ $2\lambda$ $x$ 振幅 $-A$ 谷 谷

波長

### Zoom up 正弦波の式 <sup>物</sup>

左の図において，時刻 $t$[s]のときの $x$[m]における変位 $y$[m]は，次のように表される。

$$y = A\sin\frac{2\pi}{T}\left(t - \frac{x}{v}\right)$$
$$= A\sin 2\pi\left(\frac{t}{T} - \frac{x}{\lambda}\right)$$

$A$[m]：振幅，　$T$[s]：周期
$v$[m/s]：波の速さ，　$\lambda$[m]：波長

上式の角度の部分 $2\pi\left(\dfrac{t}{T} - \dfrac{x}{\lambda}\right)$ は，波の振動状態，すなわち位相を表す。

位置 $x = 0$ で単振動している波源から，$x$ 軸の正の向きに正弦波が伝わるようすを，$\frac{1}{4}$ 周期ごとの波形を並べることで示してある。図のⓐ側から見ると，ある時刻での波形が，ⓑ側から見ると，$x = 0$ での媒質の変位が時間とともにどのように変化していくかがわかる。

正弦波：sinusoidal wave　山：crest　谷：trough　振幅：amplitude　波長：wavelength　周期：period　振動数：frequency

# B 横波と縦波

各点での媒質の振動方向が波の進行方向と垂直であるような波を **横波**，波の進行方向と平行であるような波を **縦波**（または **疎密波**）という。

## ■ 横波の伝播

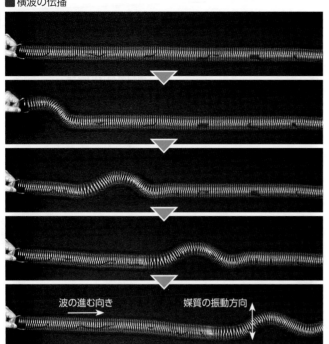

軽くて長いつる巻きばねの一端を，ばねと垂直な方向へ水平に振ったときの波の伝わるようす。山1つだけの波が右向きへ伝わっている。このような，連続していない孤立した波はパルスとよばれる。

## ■ 縦波の伝播

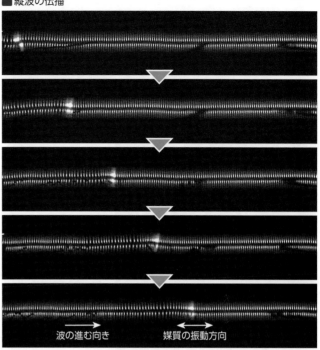

左と同じつる巻きばねの一端を，ばねの方向へ振ったときの波の伝わるようす。振動によりばねが密集した部分ができ，これが順次右方へ伝わっている。

## ■ 縦波の表示のしかた

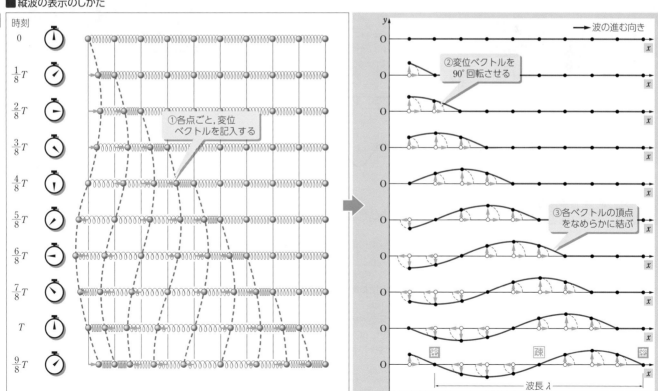

①各点ごと，変位ベクトルを記入する

②変位ベクトルを90°回転させる

③各ベクトルの頂点をなめらかに結ぶ

波長 $\lambda$

縦波は媒質の振動方向が波の進行方向と同じなので，変位を90°回転させることによって横波のように表すことが多い。

位相：phase　横波：transverse wave　縦波：longitudinal wave　疎密波：compression wave [pressure wave]

# ② 波の伝わり方 基 物

## Ａ 重ねあわせの原理

2つの波がやってきて互いに出あったとき，波は消滅してしまうだろうか? また，出あった後はどのようになるだろうか? このことを説明してくれるのが **重ねあわせの原理** である。

### ■ウェーブマシンによる波の重ねあわせの実験

#### 山と山の重ねあわせ

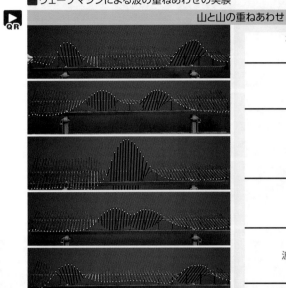
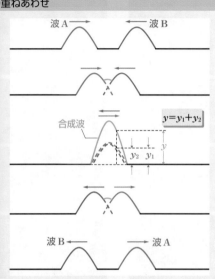

波 A →  ← 波 B

合成波　$y = y_1 + y_2$

波 B ←　→ 波 A

#### 山と谷の重ねあわせ

波 C →
← 波 D

波は消える

波 C →
波 D ←

### 重ねあわせの原理

2つの波が重なっている場所の変位 $y$ は，それぞれの波が単独で伝わるときのその場所における各変位 $y_1$ と $y_2$ の和に等しい。

$$y = y_1 + y_2$$

### ■ウェーブマシン

波の伝わる向き

鋼板ばね

すだれ

すだれ部分の上下運動により中央の鋼板ばねがねじれ，そのねじれの復元力により波が順次伝わっていく。

2つの波が出あうと，波の形は重ねあわせの原理に従って変形するが，重なりあった後は再びもとの形にもどり，それぞれもとの速度のまま進み続ける。これを波の独立性という。

---

### Column 騒音を打ち消すヘッドホン 技術

「ノイズキャンセリングヘッドホン」とよばれるヘッドホンは，波の重ねあわせの原理を利用して外部からの騒音を弱める機能をもっている。マイクで周囲の音を取りこみ，外部からの音 A をコンピュータで分析して音波の山と谷を逆転させた音 B を発生させ，A と B とを重ねあわせて外部からの音を弱める。写真のヘッドホンでは，ノイズキャンセリングのレベルを調整することもできる。

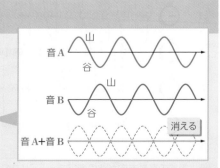

音 A　山　谷

音 B　山　谷

音 A＋音 B　消える

---

重ねあわせの原理：principle of superposition〔superposition principle〕　合成波：resultant wave

# B 定在波

同じ波長・周期・振幅の2つの正弦波が，互いに反対向きに進んで重なるとき，合成波は波形が進行せず，場所によって決められた振幅で単振動するようになる。このような波を **定在波（定常波）** という。

■ウェーブマシンによる定在波の発生

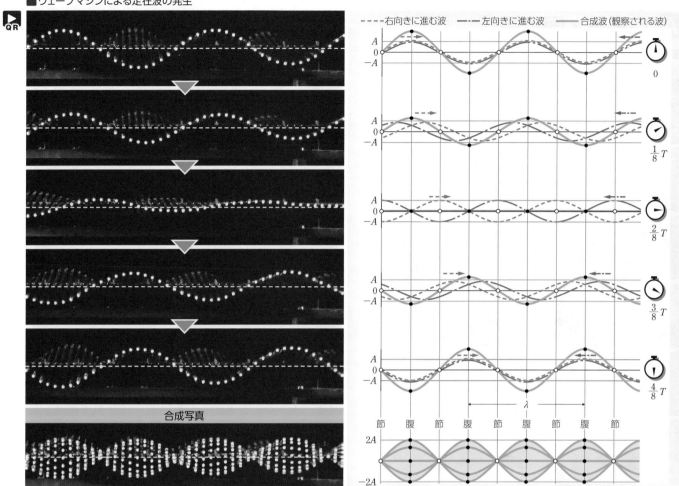

合成写真

固定端による反射（♪ p.80）を利用して，ウェーブマシンに左右に進む等しい正弦波を発生させたときの合成波のようす。大きく振動する所（腹）と，ほとんど振動しない所（節）が交互に並んでいる。隣りあう腹と腹（節と節）の間隔は，もとの進行波の波長 λ の半分に等しい。また，腹の振幅はもとの進行波の2倍になり，振動の周期はもとの進行波と同じである。

## Zoom up　2次元の定在波

波は通常，平面や空間に等方的に伝わるので，条件を満たせば，2次元の定在波を観察することもできる。

写真は，粉をまいた金属円板の表面を，ある振動数で周期的に振動させたときのようすである。進行波と側面での反射波が重なりあい，強く振動する所とあまり振動しない所ができる。振動数を変えると，さまざまな模様を観察することができる。

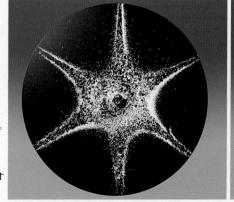
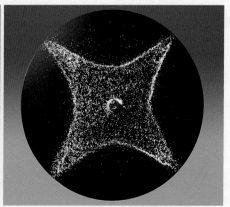

粉をまいた金属円板の振動のようす
左右の写真は振動数が異なる。

# 3 自由端・固定端と波の干渉 基 物

## A 自由端・固定端

波の反射のようすは，反射点となる端の媒質が自由に動けるか，固定されているかによって異なる。自由端反射の場合，反射波はそのまま折り返されるが，固定端反射の場合，反射波は上下反転して折り返される。

### ■ウェーブマシンによる波の反射

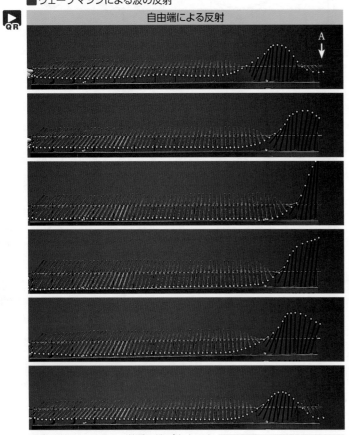

| 自由端による反射 | 固定端による反射 |

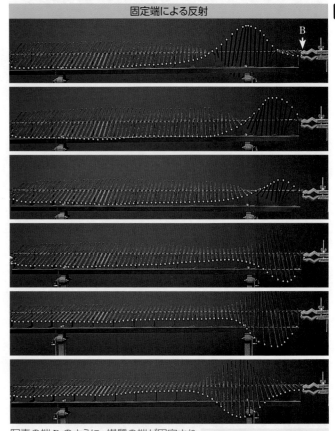

写真の端 A のように，媒質の端が自由に変位できるようになっているとき，この端を**自由端**という。
波が端 A に到達したとき，端 A は右側の束縛がないため，通常より大きく振動する。これは，入射波とまったく同じ形状の波が反対向きに進んできて干渉すると考えるとよい。

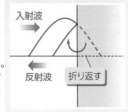

写真の端 B のように，媒質の端が固定されており，波が到達しても変位できないようになっているとき，この端を**固定端**という。
波が端 B に到達したとき，端 B は右側が固定されているため強制的に変位が 0 になる。これは，入射波を上下反転させたような波が反対向きに進んできて干渉すると考えるとよい。

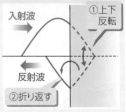

### ■正弦波による自由端反射・固定端反射

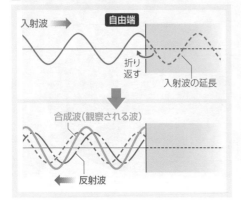

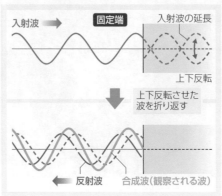

連続的な正弦波による反射の場合も，反射波は自由端ではそのまま折り返し，固定端では上下反転して折り返す。これは，自由端による反射波は位相が変化せず，固定端による反射波は位相が反転する（半波長分ずれる），と考えてもよい。

**反射による位相の変化**

自由端　位相の変化なし
固定端　位相が反転する

# B 波の干渉 物

水面上の2点を振動させると，これらの点を波源とする波が四方に広がっていく。山と山（谷と谷）が重なる点は振幅が大きくなり，山と谷が重なる点は波がほとんど振動しない。このような現象を **波の干渉** という。

## ■ 同位相で振動する2つの波源の場合（同時に水面をたたく）

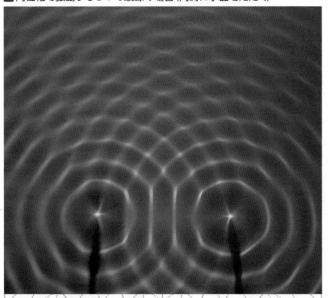

## ■ 逆位相で振動する2つの波の場合（交互に水面をたたく）

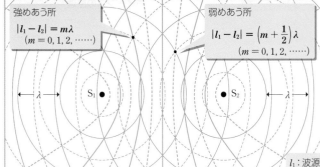

強めあう所
$$|l_1 - l_2| = m\lambda$$
$$(m = 0, 1, 2, \cdots\cdots)$$

弱めあう所
$$|l_1 - l_2| = \left(m + \frac{1}{2}\right)\lambda$$
$$(m = 0, 1, 2, \cdots\cdots)$$

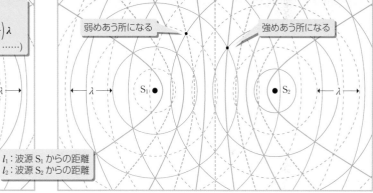

弱めあう所になる

強めあう所になる

$l_1$：波源 $S_1$ からの距離
$l_2$：波源 $S_2$ からの距離

実線で示した曲線（双曲線）——— は，強めあう点を連ねて得られる曲線である。
破線で示した曲線（双曲線）------- は，弱めあう点を連ねて得られる曲線であり，節線という。

## ■ 水波投影装置

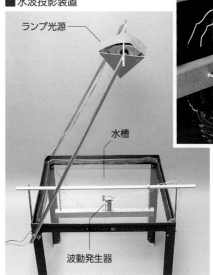

ランプ光源
水槽
波動発生器

波動発生器の拡大図

水槽に水を浅く張り，波動発生器で水面波を生じさせる。上部のランプ光源により波を水槽の下方の平面上に投影し，映った影を観察する。

## Column 船首の形状 日常

写真の船は，船首の下部に「こぶ」がある。これは波が生じないようにするためにある。こぶのない船は水を押し上げて図1のような波Aをつくる。一方，「こぶ」のような魚が進むときには，水を押し下げて図2のような波Bをつくる。そこで船首の下部にこぶをつくることで，こぶのない船体部がつくる波Aと，こぶがつくる波Bが重なりあって波を弱めることができる。

船に荷を積むと水面がこの高さになる。

図1 波A
図2 波B

# 4 波の反射・屈折・回折 基 物

## A ホイヘンスの原理

波の伝わり方は，**ホイヘンスの原理** によって説明される。この原理によって，反射・屈折などの現象を統一的に説明することができる。

### ■ 球面波と平面波

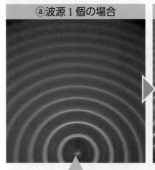
ⓐ波源1個の場合

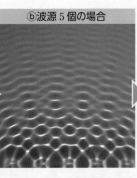
ⓑ波源5個の場合

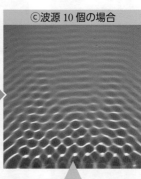
ⓒ波源10個の場合

ⓐ 1つの波源からは **球面波** が発生し，まわりへ広がっていく。波の進む方向は波面に垂直である。
ⓑ 複数の波源が並んでいるときには，各波源から発生する球面波が重なりあう。その結果，波源から離れていくにつれ，合成された波は大きな曲面で近似できるようになる。
ⓒ たくさんの波源が一列に並んでいるときには，ⓑで述べたことがますます顕著に現れ，波源から離れた所では，ほぼ **平面波** になる。

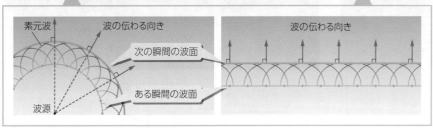

ホイヘンスは，波面は無数の波源の集まりであるとみなし，それらから送り出される球面波（これを **素元波** という）をもとに，次のような原理を導入した。

#### ホイヘンスの原理

波面の各点からは素元波が出ていて，波の進む前方でこれらに共通に接する面ができる。これが次の瞬間の波面になる。

波源が1個でも複数でも，ある瞬間の波面から無数の素元波が出ていると考えると，次の瞬間どのような波面ができるかを説明することができる。

---

## Column 平面スピーカー 日常

平面波の性質を利用したものの1つに平面スピーカーがある。昔から使われていた波源（音源）が1つのスピーカーは，音波が球面波となりまわりに広がっていく。一方，平面スピーカーでは，音源をたくさん1列に並べてあり，並べた方向に垂直な向きに，音波が平面波となり伝わっていく。
平面スピーカーは，駅のホームアナウンスなどで利用されている。いくつもホームが並んでいる駅の場合，従来のスピーカーで複数のホームで同時にアナウンスが流れると，音が混ざりあって聞きとりにくくなる。平面スピーカーだと，アナウンスを流したいホームにだけ音を伝えることができ，他のホームのアナウンスも届かなくなる。駅以外でも，平面スピーカーは大学の講義室や国会議事堂など，さまざまな場所で利用されている。

■ 平面スピーカー

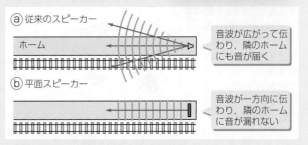
ⓐ 従来のスピーカー
ホーム
音波が広がって伝わり，隣のホームにも音が届く
ⓑ 平面スピーカー
ホーム
音波が一方向に伝わり，隣のホームに音が漏れない

---

## B 波の反射

波が媒質の境界面に入射するときには，**入射角＝反射角** という **反射の法則** に従って反射する。

### ■ 平面波の反射

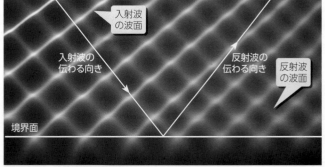
入射波の波面
入射波の伝わる向き
反射波の伝わる向き
反射波の波面
境界面

入射波の波面
反射波の波面
反射波の進む向き
入射波の進む向き
入射角 $i$
反射角 $j$

左斜め上方から進んできた平面波が，境界面で反射して右斜め上方に進むようすを示す。入射波に対して左右対称な反射波が確認できる。

#### 反射の法則

**入射角 $i$ ＝ 反射角 $j$**

---

## C 波の屈折

波が異なる媒質の境界面を通過するとき，**屈折の法則** に従って屈折する。

### ■ 平面波の屈折

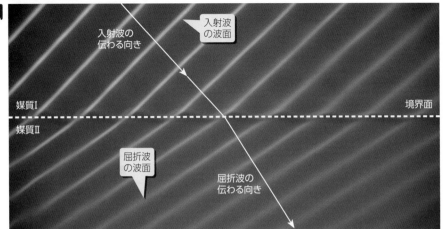

入射波の伝わる向き

入射波の波面

媒質I

境界面

媒質II

屈折波の波面

屈折波の伝わる向き

屈折は波の進む速さの違いによって起こる。写真は速く伝わる媒質Iから遅く伝わる媒質IIへの屈折のようすを表している。

### 屈折の法則

$$\frac{\sin i}{\sin r} = \frac{v_1}{v_2} = \frac{\lambda_1}{\lambda_2} = n_{12}$$

$n_{12}$ を，媒質Iに対する媒質IIの **屈折率**（相対屈折率）という。

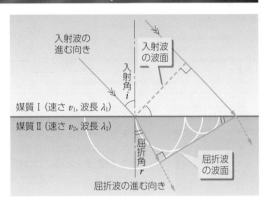

入射波の進む向き

入射波の波面

入射角 $i$

媒質I（速さ $v_1$，波長 $\lambda_1$）

媒質II（速さ $v_2$，波長 $\lambda_2$）

屈折角 $r$

屈折波の波面

屈折波の進む向き

### ■ 屈折波の波面の時間変化

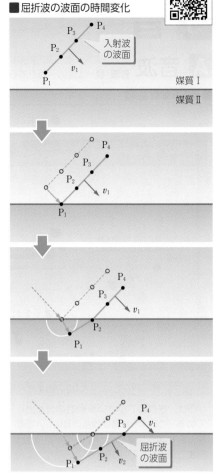

$P_4$
$P_3$
$P_2$
入射波の波面
$P_1$
$v_1$
媒質I
媒質II

$P_4$
$P_3$
$P_2$
$v_1$
$P_1$

$P_4$
$P_3$
$v_1$
$P_2$
$P_1$

$P_4$
$P_3$
$v_1$
$P_1$
$P_2$
$v_2$
屈折波の波面

波

## D 波の回折

波が障害物の背後にまわりこむ現象を **波の回折** という。回折は，すき間や障害物の幅が波の波長と同程度以下になると目立つようになる。

### ■ すき間・障害物による水面波の回折

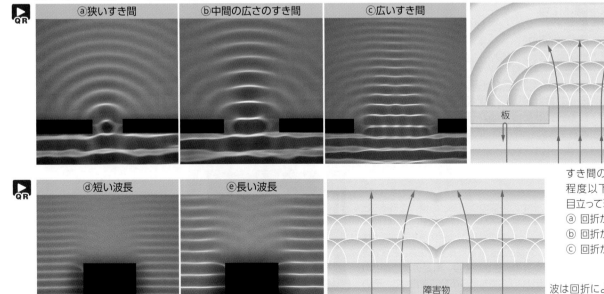

ⓐ 狭いすき間　　ⓑ 中間の広さのすき間　　ⓒ 広いすき間

板　　板

ⓓ 短い波長　　ⓔ 長い波長

障害物

すき間の幅が波の波長と同程度以下になると，回折が目立って現れる。
ⓐ 回折が大きい
ⓑ 回折が中程度
ⓒ 回折が小さい（ほぼ直進）

波は回折によって障害物の後方にもまわりこむ。このときも，障害物の幅が波長と同程度以下になると，回折が目立ってくる。

屈折：refraction　　屈折角：angle of refraction　　屈折率：index of refraciton　　回折：diffraction

# 5 音 基 物

## A 音波
太鼓をたたくと，膜の振動によって周囲の空気は圧縮と膨張をくり返し，媒質の振動が縦波として空気中を伝わっていく。このように，**音波（音）**は波の一種である。

### ■音の振動数 日常

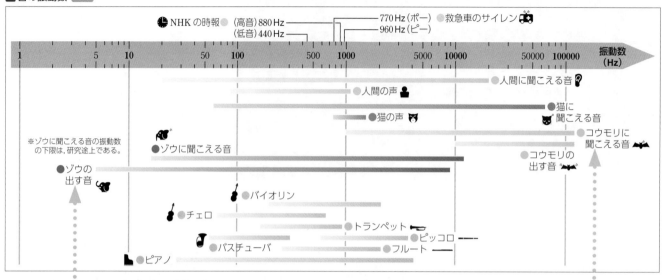

NHKの時報 ● （高音）880 Hz ─── 770 Hz（ポー） ● 救急車のサイレン
（低音）440 Hz ─── 960 Hz（ピー）

- 人間に聞こえる音
- 人間の声
- 猫に聞こえる音
- 猫の声
- ゾウに聞こえる音
- コウモリに聞こえる音
- ゾウの出す音
- コウモリの出す音
- バイオリン
- チェロ
- トランペット
- ピッコロ
- バスチューバ
- フルート
- ピアノ

※ゾウに聞こえる音の振動数の下限は，研究途上である。

振動数〔Hz〕
1　5　10　50　100　500　1000　5000　10000　50000　100000

---

### ゾウの出す音

ゾウは，きわめて小さい振動数の音を出している。このような音は散乱されにくいため，遠くまで届きやすい。ゾウの声が約10km先まで届いた，という例もある。

### 超音波

振動数 20000 Hz をこえるような音は，一般には人には聞くことができない。このような音を **超音波** という。コウモリは超音波を発したり聞き分けたりする能力をもっている。

---

### ■さまざまな媒質中での音の速さ

| | 媒質 | 音の速さ〔m/s〕 |
|---|---|---|
| 気体 | 空気（乾燥：0℃） | 331.5 |
| | 水蒸気（100℃） | 473 |
| | ヘリウム（0℃） | 970 |
| 液体 | 水（23〜27℃） | 1500 |
| | 海水（20℃） | 1513 |
| 固体 | ナイロン 66 | 2620 |
| | 氷 | 3230 |
| | ガラス（窓ガラス） | 5440 |
| | 鉄 | 5950 |

（横軸目盛り：1000　2000　3000　4000　5000　6000）

気体→液体→固体の順に音の速さは大きくなる

音の速さは振動数や波長に関係なく，媒質の種類と温度だけで定まる。

### 空気中の音の速さ
1気圧，$t$〔℃〕の空気中を伝わる音の速さ $V$〔m/s〕は

$$V = 331.5 + 0.6t$$

---

## Column 魚群探知機 日常

魚群探知機は，超音波を用いて水中の魚群の位置などの情報を得ることができる装置である。水中で超音波振動子から超音波を出し，反射波が戻ってくるまでの時間を測定する。上の表のように，水中での音の速さはわかっているため（約1500 m/s），魚群との距離を計算で求めることができる。また，反射波の強弱から，魚群の大きさや密度，海底の状態などの情報も得ることができる。コウモリやイルカも自ら超音波を出して，その反射波から周囲の状況を把握することができる。これをエコーロケーションという。

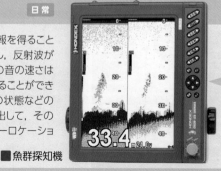

■魚群探知機

振動子
魚群の反射波
海底の反射波
岩礁　砂地

---

# B 音の反射・屈折・回折・干渉 物

音は波の一種であるので,反射・屈折・回折・干渉といった,波の基本現象を起こす。

## ■ 音の反射

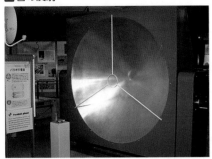

放物面に向かって平行に入射してきた音は,反射して1点(焦点)に集まる(凹面鏡と同様の原理 ○p.96)。放物面を向かい合わせて置くと,片方の焦点で発した音が他方の焦点で聞こえる。

## ■ 音の屈折 日常

音は,気温の高い空気中のほうが速く伝わる。冬の晴れた夜は上空の気温が高いため,音は図のように屈折し,遠くまで届く。日中は地表のほうが気温が高いので,逆に屈折する。

## ■ 音の回折 日常

音は回折するので,障害物などでさえぎっても,ある程度はその背後まで伝わる。高速道路の防音壁は,道路を囲むように作ることで,音の回折をできるだけ防ぐようにしている。

## ■ 音の干渉

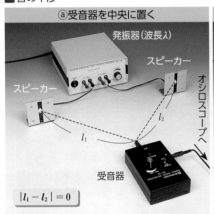

ⓐ受音器を中央に置く

$|l_1 - l_2| = 0$

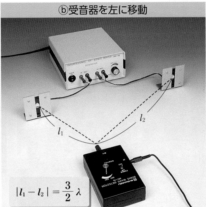

ⓑ受音器を左に移動

$|l_1 - l_2| = \dfrac{3}{2}\lambda$

発振器に接続した2つのスピーカーから,同位相・同波長の音波を発し,受音器で干渉した音を観測する実験。ⓐのように,受音器とスピーカーとの間の距離の差が波長の整数倍になるときは,強めあって大きな音を受信し,ⓑのように半波長の奇数倍になるときは,弱めあって音はほとんど受信できなくなる。

波

# C うなり

振動数がわずかに異なる2つの音を同時に聞くと,音の大小が周期的にくり返されて聞こえるようになる。この現象を **うなり** という。うなりは,音波の重ねあわせによる振幅の周期的変化によって起こる。

## ■ おんさによるうなりの実験

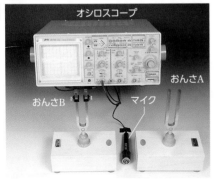

おんさBは,おもりにより枝が少し重くなっており,おんさAより振動数がわずかに小さい。

### うなり

2つの音源の振動数を$f_1$〔Hz〕,$f_2$〔Hz〕とするとき,1秒当たりのうなりの回数$f$〔/s〕は

$$f = |f_1 - f_2|$$

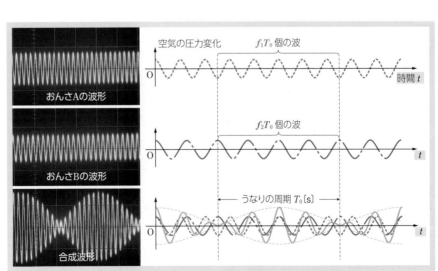

合成音の振幅は,おんさAの波形の山とおんさBの波形の山が重なるとき最大となり,それぞれの山と谷が重なるとき最小となる。振動数がわずかに異なるため,振幅の最大,最小が交互に現れるようになり,うなりが生じる。

うなり:beat

# 6 発音体の振動と共振・共鳴

## A 弦の振動

ギターやバイオリンなどの弦楽器では，弦を振動させたときに生じる横波が両端で反射し，両端が節となるような定在波ができる（これを弦の **固有振動** という）。この定在波が周囲の空気を振動させて，音を伝える。

### ■弦の固有振動

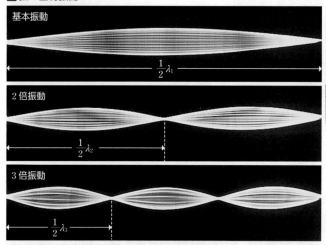

基本振動
$$\frac{1}{2}\lambda_1$$

2倍振動
$$\frac{1}{2}\lambda_2$$

3倍振動
$$\frac{1}{2}\lambda_3$$

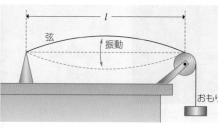

両端を固定して張った長さ $l$〔m〕の弦を振動させると，両端で反射した波が干渉し，写真のような定在波が生じる。定在波の腹が1個，2個，3個，……できるときの振動をそれぞれ，基本振動，2倍振動，3倍振動，……といい，そのときに生じる音を基本音，2倍音，3倍音，……という。

#### 弦の振動

長さ $l$〔m〕の弦での，$m$ 倍振動の波長 $\lambda_m$〔m〕は

$$\lambda_m = \frac{2l}{m} \quad (m = 1,\ 2,\ 3,\ \cdots\cdots)$$

### Zoom up メルデの実験

おんさと弦をつないで，おんさを振動させる。弦の長さと弦を張る力を調節すると，弦が固有振動をするが，同じ状態の弦であっても，おんさを縦にしたとき（ⓐ）と横にしたとき（ⓑ）では，固有振動のようすが異なる。おんさが縦のときは，おんさが2回振動する間に弦が1回振動し，おんさが横のときは，おんさが1回振動する間に弦が1回振動するため，このような違いが生じる。

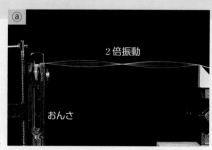

ⓐ
おんさ
2倍振動

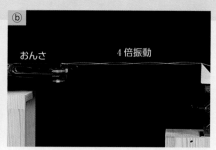

ⓑ
おんさ
4倍振動

## B 気柱の振動

管楽器のように細長い管の，内部の空気のことを **気柱** という。気柱の管口付近の空気を振動させると，縦波が気柱内を伝わり，ある条件を満たすときは気柱内に定在波が生じる。これを気柱の振動という。

### ■閉管の振動

音を出す前

基本振動（音の振動数　約80Hz）

3倍振動（音の振動数　約240Hz）

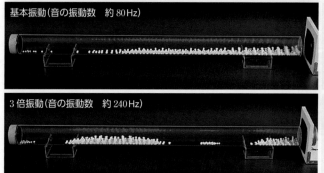

一端が閉じているような管を **閉管** という。閉管に発泡ポリスチレン球を入れ，開いている端に発音器を置いて音を出す。音の振動数を変えていくと，ある特有の振動数のときに，発泡ポリスチレン球が激しく振動するようになる（固有振動）。このとき生じる定在波は，空気の動けない閉口端は固定端に，自由に振動できる開口端は自由端になる。

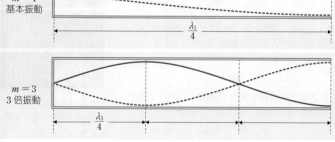

$m=1$
基本振動
$$\frac{\lambda_1}{4}$$

$m=3$
3倍振動
$$\frac{\lambda_3}{4}$$

## ■ 開管の振動

両端が開いているような管を **開管** という。閉管と同様の実験を行うと，やはりある特有の振動数のときに，発泡ポリスチレン球が激しく振動する（固有振動）。しかし，開管の場合は，両端とも自由端になるような定在波となるので，固有振動数は閉管と異なる。

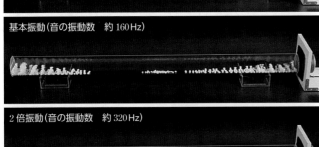

音を出す前

基本振動(音の振動数　約160Hz)

2倍振動(音の振動数　約320Hz)

### 気柱の振動

長さ $l$〔m〕の気柱での，$m$ 倍振動の波長 $\lambda_m$〔m〕は

閉管のとき　$\lambda_m = \dfrac{4l}{m}$　$(m = 1,\ 3,\ 5,\ \cdots\cdots)$

開管のとき　$\lambda_m = \dfrac{2l}{m}$　$(m = 1,\ 2,\ 3,\ \cdots\cdots)$

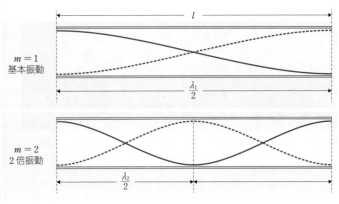

$m=1$ 基本振動

$m=2$ 2倍振動

波

## C 共振・共鳴

一般に，振動する物体（振動体）を自由に振動させたときの振動を **固有振動** という。この固有振動数にあわせた周期的な外力が加わると，小さな力でも大きく振れる。これを **共振** または **共鳴** という。

### ■ 振り子の共振実験

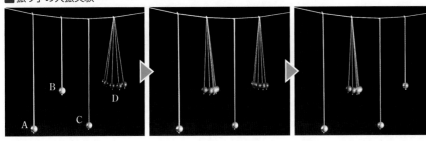

横に張ったひもに，同じ長さの振り子の組を2組結び付ける。初めに短い振り子Dのみを振動させると，同じ固有振動数をもつ振り子Bがゆり動かされ，やがて振り子Dの振動のエネルギーがすべて振り子Bに移動し，Dが静止，Bが振動という状態になる。その後は逆にBがDを振動させ，運動がくり返される。しかし，固有振動数がDと異なる振り子AとCは，ほとんど振動しない。

### ■ おんさの共鳴実験

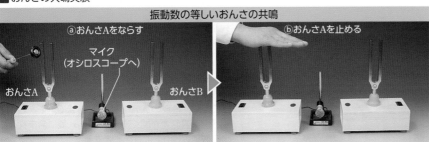
振動数の等しいおんさの共鳴

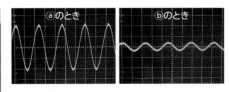

おんさBは，おんさAの振動によって生じた音波により振動させられる（共鳴）。よって，おんさAを止めた後も，おんさBからの音が聞こえる。

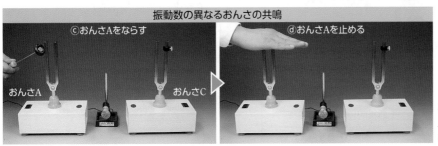
振動数の異なるおんさの共鳴

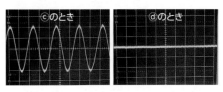

おんさCはおんさAと固有振動数が異なるため，上記のような共鳴は起こらない。よって，おんさAを止めると，音はほとんど聞こえなくなる。

開管：open pipe　　固有振動数：natural frequency [harmonic]　　共振（共鳴）：resonance

# 7 ドップラー効果 基 物

## A 音源が動く場合
音源が運動しているとき，そこから発生する音波は，観測している向きにより波長が大きくなったり小さくなったりする。音の速さは変わらないので，この音を聞くときの振動数，つまり音の高さが変化して聞こえる。

### ■動く振動片による水面波

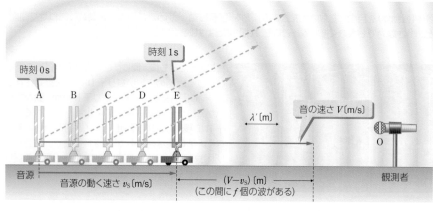

| 波源が静止 | 右へ移動 |
|---|---|
| 振動片 | 波源が進む向き → 振動片 |

写真はいずれも，水槽に張った水の水面を一定の振動数でたたく振動片で発生させた水面波である。波源が静止しているときにはどの向きにも等しい水面波の波面が広がっていくが，波源が動く場合，波源が進む前方では波面の間隔が小さくなり，波源の後方では波面の間隔が大きくなる。

### Zoom up 衝撃波

飛行機など，運動物体の速さが音の速さよりも大きい場合，その先端に空気が激しく圧縮された部分が生じる。物体から離れた所では弱くなって音波のようになり，このとき先端部から次々に出される音波(素元波)は，先端部を頂点とする円錐形をなす波面をつくる。これを **衝撃波**(マッハ波)という。

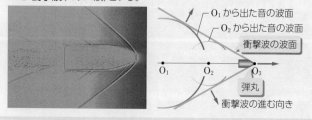

- $O_1$ から出た音の波面
- $O_2$ から出た音の波面
- 衝撃波の波面
- 弾丸
- 衝撃波の進む向き

### ■音源が動く場合のドップラー効果

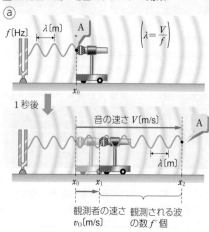

時刻 0s　A　B　C　D　E　時刻 1s

$\lambda'$ [m]　音の速さ $V$ [m/s]　O

音源　音源の動く速さ $v_S$ [m/s]　観測者

$(V-v_S)$ [m]（この間に $f$ 個の波がある）

音源(振動数 $f$ )から出る音波の波長は，音源が進む向きには縮まって短くなり，これを聞く観測者には振動数が大きく高い音になって聞こえる。また音源の進む向きと逆向きに伝わる音波の波長は長くなり，これを聞く観測者には低い音となって聞こえる。図で，観測者 O は波長 $\lambda'$ の音波が速さ $V$ でやってくるのを聞くから，聞こえる音の振動数 $f'$ は

$$\lambda' = \frac{V - v_S}{f} \quad \text{より} \quad f' = \frac{V}{\lambda'} = \frac{V}{V - v_S} f$$

音源が観測者から遠ざかるときの波長 $\lambda''$，振動数 $f''$ は，$v_S$ を $-v_S$ で置きかえればよい。すなわち

$$\lambda'' = \frac{V + v_S}{f} \qquad f'' = \frac{V}{V + v_S} f$$

となる。

## B 観測者が動く場合
音源が静止していても，そこから発生する音波は，観測者が運動しているときには，高い音に聞こえたり，低い音に聞こえたりする。これもドップラー効果の一種である。

### ■観測者が動く場合のドップラー効果

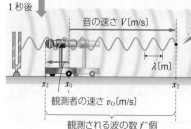

ⓐ
$f$ [Hz]　$\lambda$ [m]　A　$\left(\lambda = \dfrac{V}{f}\right)$
$x_0$
1秒後
音の速さ $V$ [m/s]　A
$\lambda$ [m]
$x_0$　$x_1$　$x_2$
観測者の速さ $v_0$ [m/s]　観測される波の数 $f'$ 個

ⓑ
$f$ [Hz]　$\lambda$ [m]　A
$x_0$
1秒後
音の速さ $V$ [m/s]　A
$\lambda$ [m]
$x_3$　$x_0$　$x_2$
観測者の速さ $v_0$ [m/s]
観測される波の数 $f''$ 個

ⓐで，観測者が音源から遠ざかる向きに速さ $v_0$ で運動していて，1秒間に位置 $x_0$ から $x_1$ まで移動した。この間，音波の A 部分は位置 $x_2$ まで進む。この1秒間に観測者が聞く波の数は，$x_1 x_2$ 間に含まれる波の数に等しい。これを $f'$ とすると

$$f' = \frac{V - v_0}{\lambda} = \frac{V - v_0}{V} f$$

である。このとき $f' < f$ だから，低い音になる。
ⓑで，観測者が音源に近づきながら聞くときに聞く振動数 $f''$ は

$$f'' = \frac{V + v_0}{\lambda} = \frac{V + v_0}{V} f$$

である。このとき $f'' > f$ だから，高い音になる。

## C 音源と観測者が動く場合

音源・観測者の両方が動く場合でも，それぞれ単独で動く場合を考え，波長や振動数の変化を考えればよい。

### ■ 音源と観測者が動く場合のドップラー効果

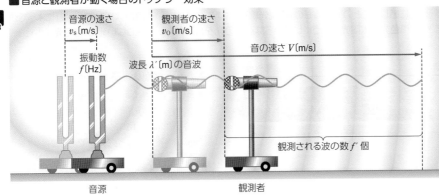

音源の前方に伝わる音波の波長 $\lambda'$ は，**A** より

$$\lambda' = \frac{V - v_S}{f}$$

これと **B** より，観測者が聞く音の振動数 $f'$ は

$$f' = \frac{V - v_O}{\lambda'} = \frac{V - v_O}{V - v_S} f$$

**ドップラー効果**

$$f' = \frac{V - v_O}{V - v_S} f$$

$f'$：観測者の受け取る音波の振動数
$V$：音の速さ　　$f$：音源の振動数
$v_S$：音源の速度　$v_O$：観測者の速度
（音源→観測者の向きを正）

## D 反射板がある場合

音波が動いている物体で反射する場合，物体は動く観測者として音波を受け取った後，この音波を動く音源として発している，と考えることができる。

### ■ 反射板がある場合のドップラー効果

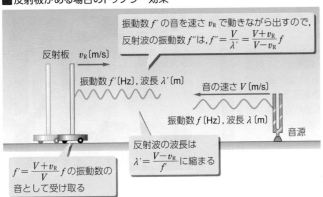

振動数 $f'$ の音を速さ $v_R$ で動きながら出すので，反射波の振動数 $f''$ は，$f'' = \frac{V}{\lambda''} = \frac{V + v_R}{V - v_R} f$

反射波の波長は $\lambda'' = \frac{V - v_R}{f'}$ に縮まる

$f' = \frac{V + v_R}{V} f$ の振動数の音として受け取る

反射板は動く観測者として $f'$ の振動数の音を受け取り，$f'$ の振動数の音を反射させる。反射板は運動しているので反射波の波長は縮まり，$\lambda''$ となる。

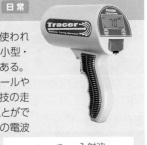

**Column スピード測定器** 日常

スピード違反の自動車の速度測定に使われていたものを，野球の球速測定用に小型・軽量化したものがスピード測定器である。現在ではこれが安価になり，テニスボールやサッカーボール，自転車，トラック競技の走者などのスピードを手軽に測定することができる。原理は，振動数が $10^{10}$ Hz 程度の電波（マイクロ波）を運動物体に当てると，その速さに応じてより振動数が大きくなった反射波がかえってくる（ドップラー効果）ことを利用している。

## E 斜め方向のドップラー効果

音源や観測者が，それぞれを結ぶ方向に対して斜めに動く場合は，速度を成分に分解して考えるとよい。

### ■ 音源が斜めに動く場合

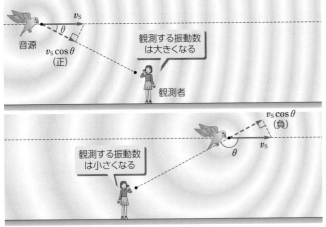

音源の速度の，観測者方向の成分 $v_S\cos\theta$ が正のときは，観測者の受け取る音波の振動数は大きくなり，負のときは，受け取る振動数は小さくなる。

**Column 光のドップラー効果と系外惑星探査**

音だけでなく光もドップラー効果を起こす。
太陽以外の恒星がもつ惑星（系外惑星）の探査に，光のドップラー効果が利用されている。比較的大きな惑星が恒星の近傍を回っているときは，惑星の影響により恒星もわずかに公転する。観測者（地球側）に対し恒星が近づいているときは，恒星の発する光の振動数が大きくなり，逆に遠ざかっているときは，光の振動数が小さくなる。恒星の発する光の振動数の時間変化を調べることにより，間接的に系外惑星の存在を観測することができる。

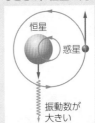

# 8 光 <sup>基</sup><sup>物</sup>

## A 光の種類

光は、電磁波のうち人間の目に感じることのできるもの（**可視光線**）をさすことが多い。その色は振動数（波長）によって決まり、単一波長からなる光を **単色光**、太陽光のようにいろいろな波長の光を含み色あいを感じない光を **白色光** という。

### ■ 光の波長と色の関係

赤外線　　　　　可視光線　　　　　紫外線

赤　橙（だいだい）　黄　緑　青　紫

大 ← 波長 → 小

$7.6 \times 10^{-7}$
$\sim 8.3 \times 10^{-7}$m

$3.6 \times 10^{-7}$
$\sim 4.0 \times 10^{-7}$m

小 ← 振動数 → 大

光（可視光線）の色は、その振動数（波長）によって定まる（色域の波長帯は人により個人差がある）。最も波長が長い光は赤色で、最も波長が短い光は紫色である。

### 補足 光の速さ

真空中での光の速さは振動数（波長）によらず一定で、その値は

$$c = 3.00 \times 10^8 \, \text{m/s}$$

である。空気中など気体中での光の速さもほぼ同じ値である。
物質中の光の速さは真空中よりも小さく、同じ物質でも光の振動数によって異なる。

### ■ 太陽光

太陽光にはさまざまな波長の光が混じっている（白色光）。

### ■ 発光ダイオード

赤・緑・青の発光ダイオードは、ほぼ単独の波長の光を放出している（単色光）。

### Column 光の3原色 <sup>日常</sup>

人間の目の網膜には、赤・緑・青それぞれに強く反応する神経細胞があり、これらの組合せによりいろいろな色を感じることができる。赤・緑・青を光の3原色という。右の写真のように、拡大鏡を用いて液晶モニターの表面を見ると、光の3原色を出すピクセルが並んでいる。これらの組合せにより、さまざまな色を表現している。

#### ■ 拡大鏡を通して液晶モニターを観察したようす

赤色　黄色　緑色　青緑色　青色　赤紫色　白色

液晶モニター上のどの色の部分も赤・緑・青の3色のピクセルで表現されている。

## B 光の反射と屈折

異なる媒質間の境界に光が入射すると、一部は反射し、一部は屈折する。このとき、それぞれにおいて、反射の法則や屈折の法則（→p.82, 83）が成りたつ。

### ■ 水槽による光の反射と屈折

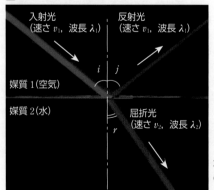

入射光（速さ $v_1$、波長 $\lambda_1$）
反射光（速さ $v_1$、波長 $\lambda_1$）
$i$　$j$
媒質1（空気）
媒質2（水）
屈折光（速さ $v_2$、波長 $\lambda_2$）
$r$

### Jump →p.82, 83

**反射の法則**
　入射角 $i$ ＝反射角 $j$
**屈折の法則**
$$\frac{\sin i}{\sin r} = \frac{v_1}{v_2} = \frac{\lambda_1}{\lambda_2} = n_{12}$$

水槽の水面にレーザー光を入射させたときの、光の進むようす。反射光、屈折（透過）光に対し、それぞれ、反射の法則、屈折の法則が成りたつ。

### ■ 宝石 <sup>日常</sup>

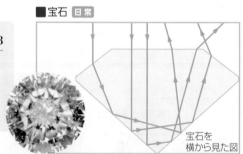

宝石を横から見た図

カットされた宝石に光が入射すると、上部で屈折し、下部で反射をくり返して、再び上部へ向かう。ダイヤモンドは屈折率が大きく、入射光が下部で全反射するため、非常に輝いて見える。

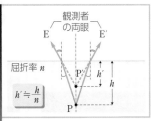

## ■ 屈折による浮き上がり

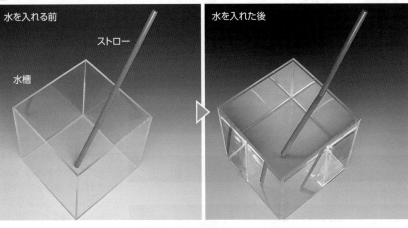

水を入れる前 / ストロー / 水槽 / 水を入れた後

観測者の両眼

屈折率 $n$

$$h' \fallingdotseq \frac{h}{n}$$

水槽に入っているストローを真上の空気中から見ると，ストローの水に浸かっている部分が実際より浮き上がって見える。これは，屈折の効果により，ストローで反射した光が実際よりも高い位置から出ているように見えるためである。例えば，図の点 P から出た光は，点 P′ から出たように見える。

## ■ アクリル板とサラダ油

アクリル板

サラダ油

**補足 絶対屈折率**

真空に対する媒質の屈折率を，その媒質の **絶対屈折率**（または単に屈折率）という。

サラダ油で満たした容器の中にアクリル板を沈めると，アクリル板がなくなったかのように見える。これは，サラダ油とアクリルの屈折率（絶対屈折率）がほぼ等しく，光がサラダ油とアクリル板の境界面でほとんど反射・屈折しないためである。

## ■ 溶液の濃度が均一でないときの光の進み方

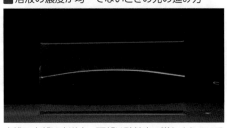

水槽の上部は水道水，下部は砂糖水で満たされている。均一な溶液中では光が直進するが，このように濃度に差があると光が屈折しながら進む（蜃気楼，ⓙ p.75）。

## C 全反射

光が，屈折率の大きい媒質から小さい媒質へ入射するとき，入射角のある値に対して屈折角が 90° になることがある。この角度を **臨界角** という。入射角が臨界角をこえると，光はすべて反射し，屈折光はまったくなくなってしまう。これを **全反射** という。

### ■ 水中から空気中へ向かう光の全反射

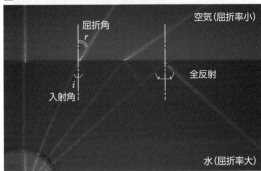

屈折角 $r$ / 空気（屈折率小） / 全反射 / 入射角 $i$ / 水（屈折率大）

臨界角 $i_0$ よりも大きい入射角で入射した光は，水面から空気中に出ていくことができず，全反射する。光が屈折率 $n$ の媒質から空気中に入射するときは次の式が成りたつ。

$$\sin i_0 = \frac{1}{n}$$

水（$n = 1.33$）の場合，$i_0 \fallingdotseq 49°$ である。

### ■ 水中を進むレーザー光

水の入ったペットボトル / レーザー光源

穴から水が流れ出ている

レーザー光は全反射をくり返しながらペットボトルから流れ出た水の中を進む。

## Zoom up 光ファイバー

技術

光ファイバーはガラスなどで作られた細い繊維で，中心部（コア）の屈折率を周辺部（クラッド）より大きくし，光が繊維中を全反射して進むようにできている。内視鏡や光通信に利用されており，インターネットで世界中のウェブページを閲覧できるのは，世界中の海底に光ファイバーケーブルが張りめぐらされているからである。

空気（屈折率 1） / クラッド（屈折率 $n_2$） / $\theta_2$ / コア（屈折率 $n_1$） / $\theta_1$ / クラッド（屈折率 $n_2$） / 全反射をくり返す / $n_1 > n_2$

波

# ⑨ 光の分散と散乱・偏光 基 物

## A 光の分散

直進する白色光をプリズムに通すと，赤～紫に分かれた色が見える。屈折によっていろいろな色の光に分かれることを **光の分散** といい，光を波長によって分けたものを **スペクトル** という。

### ■ プリズムによる光の分散

白色光

プリズム

光はプリズム内で屈折するが，屈折率（したがって屈折角）が光の色によって異なるため，屈折後の光は赤から紫まで分かれて見える。

### ■ いろいろな光のスペクトル

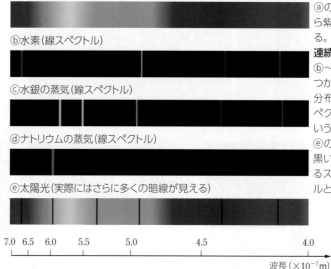

ⓐ白熱灯（連続スペクトル）

ⓑ水素（線スペクトル）

ⓒ水銀の蒸気（線スペクトル）

ⓓナトリウムの蒸気（線スペクトル）

ⓔ太陽光（実際にはさらに多くの暗線が見える）

7.0  6.5  6.0    5.5      5.0       4.5        4.0

波長（×10⁻⁷m）

ⓐのスペクトルは，色が赤から紫まで連続的に変化している。このようなスペクトルを **連続スペクトル** という。一方，ⓑ～ⓓのスペクトルは，いくつかの輝いた線がとびとびに分布している。このようなスペクトルを **線スペクトル** という。
ⓔのように，スペクトル中に黒い（正確には暗い）線を生じるスペクトルは吸収スペクトルとよばれる。

---

## Column 二重にかかる虹 日常

雨上がりにかかる虹は，太陽光が空気中の水滴に入射し，2回の屈折と1回の反射を起こす過程で分散することによって生じる。水滴を出ていく光が太陽光に対してなす角は，波長の長い光のほうが大きいため，虹の外側が赤色，内側が紫色となる。
条件がよいときは，明るい虹の外側にもう1つの薄い虹が見られる。内側の（通常の）虹を主虹というのに対して，このような外側の虹を副虹といい，水滴の中で2回反射した光でつくられる。副虹では，波長に対する曲がり方の大きさが主虹の場合と逆になるため，外側が紫色，内側が赤色になる。
（図は，実際よりも分散を強調して，虹を太くかいている）。

### ■ 虹のできるしくみ

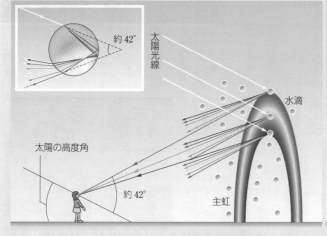

約42°

太陽光線

水滴

太陽の高度角

約42°

主虹

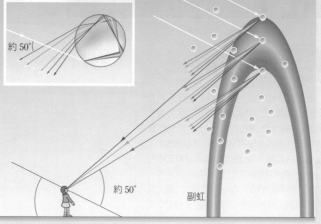

約50°

約50°

副虹

分散：dispersion　　スペクトル：spectrum　　連続スペクトル：continuous spectrum　　線スペクトル：line spectrum

## B 光の散乱

光は，空気中の気体分子やちりなどの微粒子に当たると，四方に散っていく。これを **光の散乱** という。微粒子が波長と同程度以下の大きさだと，波長の短い光(つまり青い光)ほど散乱される割合は大きい。

### 夕日

朝や夕方は，太陽光が大気中を長い距離通過するので，青系統の光はほとんど散乱され，赤系統の光があまり散乱されずに進む。よって，空が赤く見える。

### 太陽光の散乱のようす 日常

### 青空

昼は，至る所で散乱された青系統の光が目に入るので，空全体が青く見える。雲は粒子が大きく，どの色の光もほぼ同じ割合で散乱するので，白く見える。

## C 偏光

太陽光や電球の光には，さまざまな方向に振動する光(横波)が含まれている。このような光を **自然光** という。一方，自然光を結晶などに通すと，振動方向が特定の方向に偏った光になることがある。このような光を **偏光** という。

### 偏光板を通った光のようす

2枚の偏光板の向きが平行

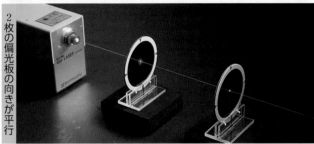
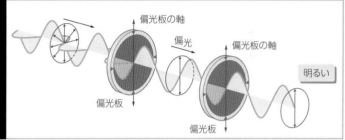

2枚の偏光板の向きが垂直

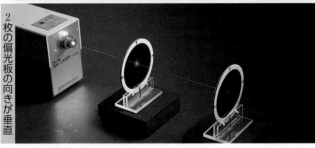
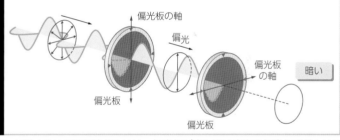

### 偏光板を通して見た電球

2枚の偏光板の向きが平行

2枚の偏光板の向きが垂直

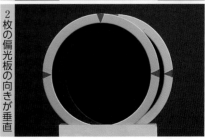

特定の振動方向の光しか通さない板を偏光板といい，偏光板が光を通す方向を偏光板の軸という。偏光板を2枚重ねてレーザー光を見ると，偏光板の向きによって明るさが変化して見える。これは，1枚目の偏光板を通った光が特定の振動方向をもっているため，2枚目の偏光板を通過できるときとできないときがあるためである。

### Column 偏光サングラス 日常

釣りやスキーに使われる偏光サングラスは，偏光板を用いて水面や雪面からの反射光を減少させている。水面や雪面からの反射光は，特定の方向に偏光した光が多くなる。このため，

**裸眼で見たとき**

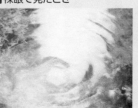

**偏光サングラスで見たとき**
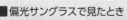

それに垂直な方向の偏光を通す偏光板が用いられた偏光サングラスをかければ，反射光を弱めることができ，写真のように水中を見やすくすることもできる。

散乱：scattering　自然光：natural light　偏光：polarized light [polarization]

# ⑩ レンズ 墓 物

## Ａ 凸レンズ
レンズ は光の屈折を利用して光を集めたり，広げたりするはたらきをもつものである。凸レンズ は中心部が周辺部より厚くなっていて，凸レンズを通る光を集めようとするはたらきがある。

### ■凸レンズを通る光

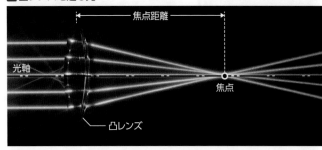

レンズの2つの球面の中心を結ぶ直線を 光軸 という。光軸に平行な光線を凸レンズに当てると，レンズ通過後，光線は光軸上の1点(焦点)に集まり，再び広がっていく。逆に，焦点に置いた光源から発する光は，レンズ通過後，光軸に平行な光線となって進む。レンズ中心と焦点との距離を 焦点距離 という。

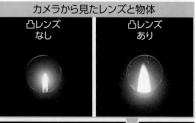

### ■凸レンズによる実像

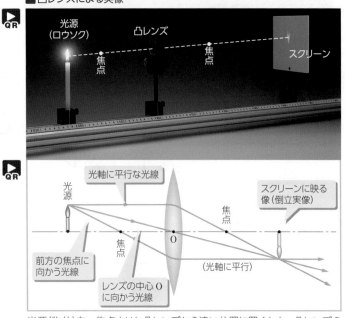

### ■凸レンズによる虚像

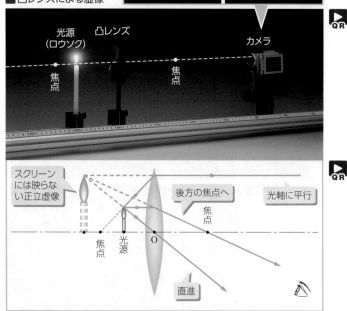

光源(物体)を，焦点よりも凸レンズから遠い位置に置くとき，凸レンズの後方のスクリーン上には逆さま(倒立)の像が映る。この像を 実像 という。実像は，光源から発した光がスクリーン上で再び集められるために生じる。

光源(物体)を，焦点よりも凸レンズに近い位置に置くとき，凸レンズの後方からレンズをのぞくと，レンズの向こうに拡大された正立の像が見える。この像は実際に光が集まっているわけではないので，虚像 という。

---

## Ⓟoint　物体が凸レンズの焦点にある場合

光源(物体)を，凸レンズの焦点に置くとき，図のように光源から発した光線はレンズを通過後広がりもせず，集まりもせず，互いに平行な光線になるので，像を結ばない(像ができない)。その結果，レンズをのぞくと，丸い均一な明かりの円が見える。

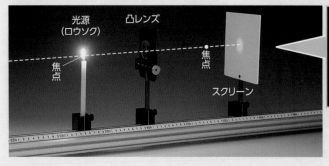

スクリーン側から見たレンズと物体

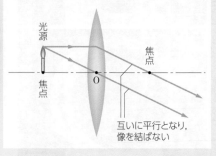

---

**94**　レンズ：lens　凸レンズ：convex lens　光軸：optical axis　焦点：focal point　焦点距離：focal length　実像：real image

# B 凹レンズ

凹レンズは中心部が周辺部より薄くなっていて，屈折により凹レンズを通る光を広げようとするはたらきがある。凹レンズによる像は，物体（光源）をどこに置いても常に倍率が 1 より小さい正立虚像となる。

## ■ 凹レンズを通る光

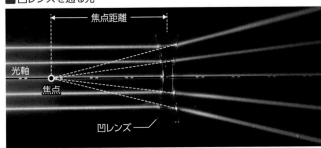

光軸に平行な光線を凹レンズに当てると，レンズ通過後，光線は広がっていくが，それはレンズ前方の光軸上の 1 点（焦点）から広がっていくように進んでいく。レンズ後方の焦点に向かう光線を当てる場合は，レンズ通過後，光軸に平行な光線となって進む。

## ■ 凹レンズによる虚像

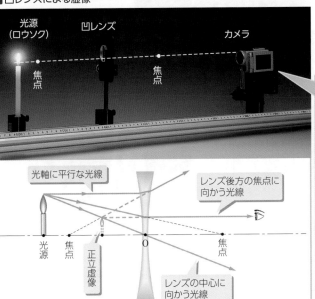

光源（物体）を，凹レンズの前方に置くとき，凹レンズの後方からレンズをのぞくと，レンズの向こうに縮小された正立の像が見える。この像は実際に光が集まっているわけではないので，虚像である。凹レンズの場合は，光源をどこに置いても，常に縮小された正立虚像が見える。

### レンズの式

写像公式　$\dfrac{1}{a} + \dfrac{1}{b} = \dfrac{1}{f}$

倍率　$m = \left| \dfrac{b}{a} \right|$

$a$：物体とレンズの距離
$b$：像とレンズの距離（像がレンズの後方のとき正，前方のとき負）
$f$：焦点距離（凸レンズのとき正，凹レンズのとき負）
$m$：倍率

---

## Column フレネルレンズ　歴史

夜の海を照らす灯台では，遠くまで光を伝えるために大きなレンズが必要とされる。通常のレンズを用いると，厚みがあり重くなってしまうため，フランスの物理学者フレネル（1788-1827）によって，レンズの表面を同心円状に分割して組み合わせたような形状のフレネルレンズがつくられた。このようにすることでレンズの厚みを抑え軽量化することができる。

フレネルレンズを用いた灯台では，光源の前にフレネルレンズを設置して光を集め，光が遠くまで届くようにしている。高知県室戸市にある室戸岬灯台（右下の写真）は，1899 年に開設され，直径 2.6 m の日本最大級のフレネルレンズが備えつけられている。その光到達距離（光が届く距離）は約 49 km で日本最長である。

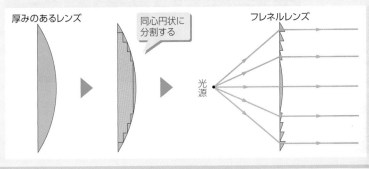

---

虚像：virtual image　　凹レンズ：concave lens

# 11 鏡 基 物

## A 平面鏡 物体を平面鏡の前に置くと，鏡の反射面（鏡面）に関して対称な像ができる。

### ■鏡に映る像 日常

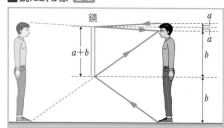

鏡では，反射した光の延長線上の，鏡の向こう側に像があるように見える。図より，全身を見るためには，自身の身長の半分以上の高さの鏡が必要であることがわかる。

### ■万華鏡 日常

万華鏡は，筒の中に鏡と色紙の小片などが入っている。筒の一方から光が入り，もう一方から覗くと，光の反射によっていくつも小片の像ができ，美しい模様があらわれる。

---

### Column 再帰反射 日常

図の@のように，2枚の鏡を互いに垂直に組み合わせる。図の紙面内を入射してきた光は，その入射角にかかわらず，2回反射して入射方向にもどっていく。これを再帰反射という。3枚の鏡を立体的に組み合わせた反射体（同図⑥）では，立体的に再帰反射をする。

道路標識や自転車の反射板（リフレクター）は，入射する自動車のライトの光を再びその自動車の方向にもどす必要があり，再帰反射のしくみが利用されている。

### ■再帰反射のしくみ

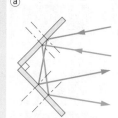
@

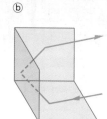
⑥

### ■自転車の反射板

---

## B 凹面鏡と凸面鏡 凹面の鏡面をもつ鏡を **凹面鏡**，凸面の鏡面をもつ鏡を **凸面鏡** という。凹面鏡は光を集める性質をもち，凸面鏡は光を広い範囲に反射させる性質をもつ。

### ■凹面鏡に入射する光

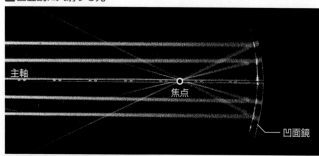

凹面鏡の主軸に平行な光線は，反射後，焦点に集まる。

### ■凸面鏡に入射する光

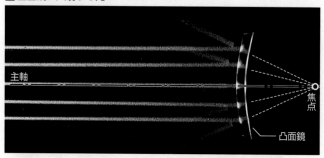

凸面鏡の主軸に平行な光線は，反射後，焦点から出たように進む。

### Point 凹面・凸面による水面波の反射

水面を振動させて生じた平面波を，凹面（正確には放物面）で反射させると，反射波が1点に集まるようすが確認できる。また，凸面で反射させると，反射波が広い範囲に広がっていくようすが確認できる。凹面（放物面）によって反射波が1点に集まる性質は，電波を受信するパラボラアンテナに利用されている。

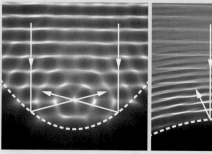
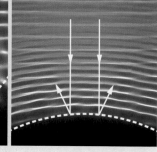

# C 球面鏡による像

球面鏡も，レンズの場合と同様な写像公式と倍率を考えることができる。

## ■ 凹面鏡による実像

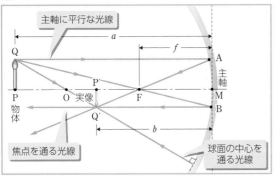

凹面鏡の焦点の外側に物体を置くと，
凹面鏡の前方に倒立実像ができる。

### 球面鏡の式

写像公式　$\dfrac{1}{a} + \dfrac{1}{b} = \dfrac{1}{f}$　　倍率　$m = \left| \dfrac{b}{a} \right|$

$a$：物体の位置
$b$：像の位置（像が鏡の前方のとき正，後方のとき負）
$f$：焦点距離（凹面鏡のとき正，凸面鏡のとき負）
$m$：倍率

## ■ 凹面鏡による虚像

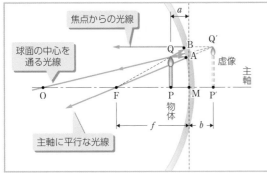

凹面鏡の焦点の内側に物体を置く
と，物体からの光は反射後に広がっ
てしまうため，実像はできない。一
方，凹面鏡を前方から見ると，あた
かも物体が鏡の奥にあるように見え
る（正立虚像）。

凹面鏡に映る虚像は物体
よりも大きくなる。この
性質は，化粧用の鏡など
に利用されている。

### ■ 凹面鏡に映る虚像の例 [日常]

## ■ 凸面鏡による虚像

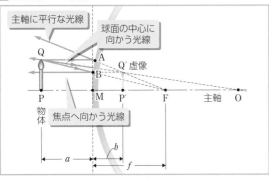

凸面鏡の場合は，物体の位置にか
かわらず正立虚像が見える。

凸面鏡に映る虚像は物体
より小さくなる。平面鏡
より広い範囲の光が目に
届くため，自動車のサイ
ドミラーや，カーブミ
ラーに利用されている。

### ■ 凸面鏡に映る虚像の例 [日常]

波

## Column 望遠鏡　[歴史]

望遠鏡には大きく分けて屈折望遠鏡と反射望遠鏡の2種類が
ある。屈折望遠鏡は1608年にヨーロッパで発明された。ガリ
レイ（🔵p.4）も屈折望遠鏡を製作し，月面の凹凸（クレーター）
や木星の4つの衛星などを観測した。反射望遠鏡は1668年
にニュートン（🔵p.4）により発明された鏡で光を集める望遠鏡
である。レンズ（屈折望遠鏡）や反射鏡（反射望遠鏡）が大きい
ほど，多くの光を集めることができ，遠くの星を見ることがで
きる。しかし，レンズは技術的にあまり大きなものはつくれな
いため，屈折望遠鏡の大きさには限界がある。
ハワイ島マウナケア山頂にあるすばる望遠鏡は，国立天文台
が1999年に建造した世界最大級の反射望遠鏡である。主鏡
の直径は8.2mもあり，鏡面の精度を高めるために7年の歳
月をかけて作られた。

屈折望遠鏡

反射望遠鏡

提供：国立天文台

■ 屈折望遠鏡と反射望遠鏡の原理　　■ すばる望遠鏡

# 12 光の干渉と回折 🈺🈷

## ▶A ヤングの実験

光は波長が非常に短く、水面波や音波のような干渉・回折の現象を起こしにくい。しかし、十分に狭いすき間(スリット)を通った2つの光を用いると、干渉や回折の現象を観察することができる。

### ■ヤングの実験装置

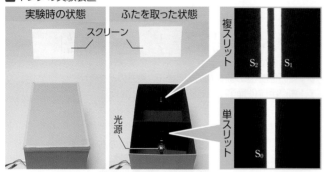

実験時の状態　ふたを取った状態

スクリーン

複スリット

S₂　S₁

光源

単スリット

S₀

光源からの光を、単スリット→複スリットと通すことにより、同位相の2つの光を干渉させる。

### ■ヤングの実験による干渉縞

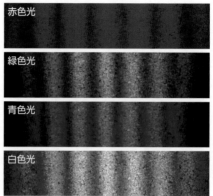

赤色光

緑色光

青色光

白色光

スクリーン上には、明暗の縞模様が見られる。明線や暗線の間隔は、光の波長によって変化する。波長の長い赤色光での間隔は、波長の短い青色光での間隔に比べて広くなる。このため、白色光では虹のように色の分かれた縞模様を観察することができる。

### ■ヤングの実験の原理

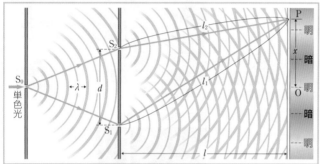

$S_1P$ 間の距離を $l_1$、$S_2P$ 間の距離を $l_2$ とすると、点 P は、この2つの距離の差($|l_1-l_2|$)が光の波長($\lambda$)の整数倍のとき明るくなり、波長の整数倍＋半波長のとき暗くなる。

OP 間の距離 $x$ や $S_1S_2$ 間の距離 $d$ が、スリットとスクリーンの間の距離 $l$ に比べてきわめて小さいときは、次の式が成りたつ。

$$|l_1-l_2| \fallingdotseq \frac{d}{l}x$$

#### ヤングの実験

明線：　$|l_1-l_2| = m\lambda$

暗線：　$|l_1-l_2| = \left(m+\frac{1}{2}\right)\lambda$

$(m = 0,\ 1,\ 2,\ \cdots\cdots)$

## B 回折格子

ガラス板の片面に、細い直線の筋を等間隔で平行に付けたものを **回折格子** という。筋の部分がすりガラスのようになり、光を通さないため、筋と筋の間の部分がスリットのような役目をはたし、光の干渉を起こす。

### ■回折格子

表面の拡大図

ふつうのガラス板に見えるが、表面を拡大すると無数の筋(表面の拡大図の黒い部分)が存在していることがわかる。

### ■回折格子による明線

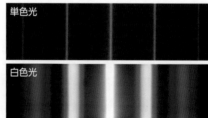

単色光

白色光

回折格子では多数の回折光が干渉するので、明線となる条件を少しでも外れると光は全体として弱めあい、暗くなる。したがって、回折格子での明線はヤングの実験の場合より鋭く現れる。

### ■回折格子の原理

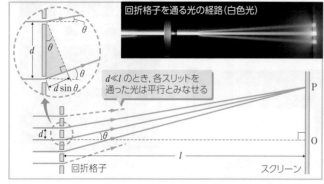

回折格子を通る光の経路(白色光)

$d \ll l$ のとき、各スリットを通った光は平行とみなせる

回折格子　スクリーン

筋と筋の間隔 $d$(これを **格子定数** という)に対し、回折格子からスクリーンまでの距離 $l$ が十分大きい場合、隣りあうスリットを通った回折光はすべて平行とみなすことができる(図では、$l$ に対して $d$ を実際よりも大きくかいてある)。

回折格子に垂直に入射した光が、入射方向と角 $\theta$ の向きにあるスクリーン上の点 P に向かうとき、隣りあう光の経路差は $d\sin\theta$ と近似できる。これが光の波長($\lambda$)の整数倍のとき、点 P は明るい点となる。

#### 回折格子

明線：　$d\sin\theta = m\lambda$

$(m = 0,\ 1,\ 2,\ \cdots\cdots)$

■ CD・DVD・Blu-ray Disc 日常

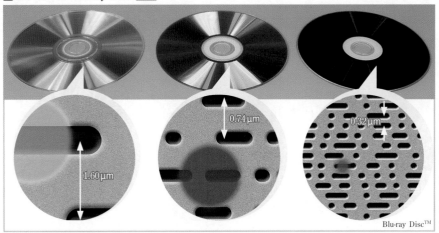

CD（左），DVD（中），Blu-ray Disc（右）に光を当て
て眺めると，きれいな虹色の反射光を見ることがで
きる。規則正しく並んだ凹凸からの反射光どうしが
干渉するからである。
CD より DVD，DVD より Blu-ray Disc のほうが，
凹凸の幅が狭く，そのため大容量のデータを保存
することができる。凹凸の幅が狭いほど，干渉の
条件を満たす光の波長は短くなる。CD や DVD に
比べ，Blu-ray Disc の干渉光が青く見えるのはそ
のためである（拡大写真中の丸は，レーザー光のス
ポットの大きさを表す）。

## C 薄膜による干渉

しゃぼん玉や水面に浮かんだ油の膜は，赤や青などに色づいて見える。これは，せっけん水や油の薄い膜
の上面と下面で反射した光が干渉するために生じる。

■ 薄膜の干渉の原理

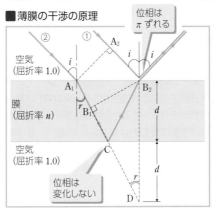

薄膜

明線： $2nd\cos r = \left(m + \dfrac{1}{2}\right)\lambda$

暗線： $2nd\cos r = m\lambda$

$(m = 0, 1, 2, \cdots\cdots)$

光①と光②の経路差は $B_1C + CB_2$ であり，これは
$B_1C + CD = B_1D = 2d\cos r$ に等しい。さらに，光
①の $B_2$ での反射で位相が $\pi$ ずれる（反転する）こと
と，屈折の法則により薄膜中の光の波長が $\dfrac{\lambda}{n}$ にな
ることに注意する。

■ せっけん水の薄膜

光の干渉により，表面が虹のように色づいて
見える。膜はその重みで下にいくほど厚くなっ
ているので，干渉縞の間隔が小さくなる。

## D くさび形空気層による干渉

2 枚のガラスを少しすき間をあけて重ねると，間の空気層が薄膜の役目を
はたし，光の干渉を起こすことができる。

■ 干渉板

2 枚の平面ガラスを重ね
たもの。一端に薄い紙な
どをはさみ，間にくさび
形の空気層をつくること
ができる。

■ くさび形空気層による干渉縞

ガラス面を上（光源側）から見た場合，ガラス $G_1$ 下面で反射した光（位相
変化なし）と，ガラス $G_2$ 上面で反射した光（位相が $\pi$ ずれる）が干渉する。
干渉縞の間隔は，間にはさむ紙の厚さによって変化する。

## E ニュートンリング

球面と平面からなるレンズ（平凸レンズ）と平面ガラス板を重ねると，レン
ズと平面ガラス板の間の空気層によって光の干渉を起こすことができる。
この干渉模様を ニュートンリング という。

■ ニュートンリングの干渉の原理

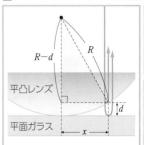

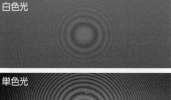

白色光

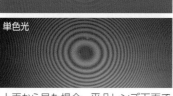

単色光

横から見た写真

上面から見た場合，平凸レンズ下面で
反射した光（位相変化なし）と，平面ガ
ラス上面で反射した光（位相が $\pi$ ずれ
る）が干渉する。中心から $x$ の位置での
レンズとガラスの間隔 $d$ がレンズの球
面半径 $R$ に比べてきわめて小さい場合，
2 つの光の経路差は $2d \fallingdotseq \dfrac{x^2}{R}$ と表される。

ニュートンリング：Newton ring

**99**

# 5 構造色

大阪大学名誉教授

きのした　しゅういち
木下　修一

色とりどりのクジャクの羽根，この色は一体どうやってつくられているのだろう。クジャクの羽根を初めて科学的に観察したのは，17世紀後半のイギリスのフックであった。彼は顕微鏡で羽根を詳しく調べ，この色は羽根の中に透明な薄い板が隠されているからだろうと推測した。18世紀になると，ニュートンもクジャクの羽根を科学的に調べている。そして21世紀，クジャクの羽根が再び，現代の最先端技術の1つとして注目を浴びている。

## 色とは何だろう

　力学の世界で有名なニュートンは光の世界でもさまざまな観察や実験を行い，1704年「オプティックス」という本にその結果をまとめている。本の中でニュートンは，太陽光をプリズムに入れるといろいろな色に分かれ，分かれた色を再びプリズムに入れると，もとの白色光ができると述べている。つまり，色は屈折という光の物理的性質と深く結びついており，白色光は多くの色の光が集まることでできるということを見出したのである。

　それでは，身のまわりのものが赤や青に色づいて見えるのはどうしてだろう。例えば，赤く見える場合は，物体に当たった白色光に含まれる色のうち，赤以外の光が目に入らなかったからである。この「目に入らない」というやり方に2通りある。1つは，物体が赤以外の光を吸収してしまった場合で，光のエネルギーは熱に変わり物体の温度を上げてしまうのに使われている。もう1つは，赤以外の光をどこかほかの目の届かない所にやってしまった場合である。どこかにやってしまうだけだから，光のエネルギーは変化しない。身のまわりの色はたいてい第1のやり方によっている。第2のやり方で色

をつけるためには，何か特別なしくみが必要である。この特別なしくみでつく色のことを「構造色」という。このしくみには，干渉，回折，屈折，反射など光のさまざまな物理的性質が使われている。

## 構造色のしくみ

　図に構造色をつくり出す代表的なしくみをのせた。そのしくみは大きく分けると，規則的な構造によるものと不規則な構造によるものがある。規則的な構造をもつしくみは光の干渉により色をつけるのであるが，干渉の結果，特定の色を強く反射することができるので，自然界の構造色によく見られる。光の干渉を用いて特定の色を強く見せるには，規則構造の周期が光の波長程度の大きさであることも重要である。最も簡単な構造は薄膜の場合で，境界面が2つ平行に並んでいるだけである。この場合，光は薄膜干渉を起こし，薄い色だがともかく色がつく。メガネや双眼鏡のレンズにうっすらとついている色が薄膜干渉の色である。

　薄膜が規則正しく並んでいると，境界面の数が増えるので薄膜1枚の場合より反射する光が多くなり，強い反射光を得ることができる。

同時に，干渉条件もきつくなり，はっきりした色がでるようになる。これを多層膜干渉とよんでいる。

　同じ形の散乱体が平面状あるいは直線状に規則正しく並んだものを回折格子とよんでいる。回折格子による構造色は，CDやDVDの表面の色がそれにあたるが，さがしてみると自然界には意外にその例は少ない。平面状に並ぶのではなく，立体的に並んだ構造はフォトニック結晶とよばれている。この構造も干渉により特定の色の光を強く反射することができる。どちらの方向から光を入れても反射してしまう構造をつくり出せば，将来，半導体による電流の整流作用や増幅作用と同じような作用を，光に対しても行うことができる。電子を使った「エレクトロニクス」の時代から，光を用いた「フォトニクス」の時代に変わっていく日もそう遠い将来ではなさそうである。

　不規則な構造による色は光の散乱を用いている。19世紀の終わり，イギリスのレイリーは空気中の窒素分子や酸素分子などにより光は散乱され，青空をつくり出すことを理論的に示した。また，チンダルは，コロイド溶液に光を当てると青く光ることを見つけた。これらはいずれも，光が散乱されるときに青色の光のほう

### ■ 構造色をつくるしくみ

| 薄膜 | 多層膜 | 回折格子 | フォトニック結晶 | 散乱 |
|---|---|---|---|---|
|  | 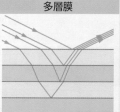 | 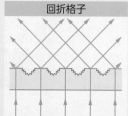 |  | 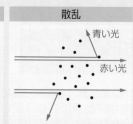 |

が散乱されやすいという物理的性質にもとづいている。自然界には散乱による構造色を示すものも多く見られている。

このように構造色は，光の物理的な性質を駆使した，自然の素晴らしい造形の1つなのである。

## 自然界の構造色

生物の仲間には，構造により色をつくり出しているものは数多い。構造色の代名詞のようになっているタマムシの翅の断面には20層ほどの多層膜が発達している。したがって，タマムシの色は多層膜干渉の色ということができるが，翅の表面をよく見ると，光をいろいろな方向に反射できるように凹凸になっている。

クジャクの羽根の色は羽根の枝に生えている小羽枝とよばれる毛にあるしくみに起因している。小羽枝の内部には直径0.1μmほどの細長い円柱状の粒子がたくさんつまっている。小羽枝の断面を見るとこの粒子が正方格子の結晶のように規則正しく並んでいることがわかる。この構造はフォトニック結晶の一種である。さまざまな羽根の色はフォトニック結晶の格子間隔を変えることで演出している。つまり，クジャ

クは未来技術のフォトニック結晶を先取りした構造をもっていることになる。この粒子は黒っぽい色のメラニン色素を含んでいて，メラニン色素が補色を吸収し，構造色のコントラストをあげている。また，小羽枝は三日月状に湾曲していて，反射光を拡散させるのに役立っている。

中南米にすむ大型のチョウ，モルフォチョウのオスは輝くような青色をしている。この色は翅にある鱗粉にその秘密がある。鱗粉は0.1mmほどの大きさの扁平な形をしているが，その鱗粉1枚1枚に規則的な突起をもつ筋（写真は筋の断面で，突起のある柱のように見えている）が並んでいる。筋の横に伸びた突起と空気が互い違いに並んだ多層膜の一部として見ることができる。実際，翅にアルコールをたらして見ると，空気の層が液体で置きかわるので緑色に変化する。つまり，この多層膜のような構造が青色にきいていることになる。また，多層膜が筋状に分断された構造は光の回折を起こし，青い光を拡散するのに役立っている。

カワセミの青い羽根の断面には不規則な網目模様がつまっていて，光の散乱に役立っているが，この中に規則正しい構造も潜んでいて，光の干渉を生み出していることが最近わかってきた。

### ■モルフォチョウの翅にアルコールをたらす

このように，自然界の構造色は干渉により特定の色を強く反射させるだけでなく，さらにその効果を高めるため，補色を吸収するための色素を使ってコントラスト増大をはかり，そのうえ，反射方向を広げていろいろな方向からその色が見えるような工夫をしている。生物は，構造色を利用して，自分をアピールしたり，天敵を驚かせたり，あるいは，隠蔽するのに使っている場合もあり，その利用方法はきわめて多様である。

## 構造色の応用

最近，自動車や電気製品の塗装には構造色を利用したものが多く見られるようになった。この塗装に用いられている塗料には，光輝材とよばれる小片が入っている。雲母やシリカの小片を入れるだけでも，光は塗料の奥まで入っていき反射するので，いろいろな深さからの反射光が重なり，まるで真珠のような光沢が出る。これをパール顔料とよんでいる。一方，金属片を入れたものは強いメタリックカラーを与える。光輝材はこれら雲母，シリカや金属片に薄い膜をコーティングして作られる。この膜の薄膜干渉の効果により，見る方向によって色の変化する独特の色あいをつくり出すことができる。このほか，構造色は繊維やフィルムなどの高分子材料，壁材などのインテリア材料，インクなどの印刷材料，ディスプレイ材料，オパールなどの宝飾類などにその用途は広がるばかりである。

### ■タマムシとクジャクの構造色

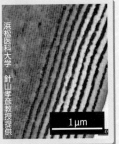

タマムシの翅の断面には規則正しい層状構造が見られる。タマムシの色は多層膜干渉によるものである。

クジャクの羽根の断面には円柱状の構造がぎっしりつまっている。その断面はまるで結晶のようである。これはフォトニック結晶の一種である。青色や黄色の色の違いはこの格子間隔の違いで干渉条件が変化するからである。

### ■モルフォチョウとカワセミの構造色

中南米にすむモルフォチョウのオスは輝くような青い翅をもっているが，その翅にある鱗粉には規則正しい突起をもった構造が並んでいる。青色はこの構造に当たった光の干渉によっている。

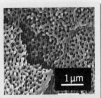

カワセミの青い羽根の断面は一見不規則な網目状の構造でできているので，光の散乱による色だと思われてきたが，最近，網目の大きさが一様でこの構造による光の干渉も重要であることがわかってきた。

[写真]
われわれの銀河系中心の
ブラックホールシャドウ
(© EHT Collaboration)

# 6 相対論と ブラックホール

東京大学教授 須藤 靖（すとう やすし）

アインシュタインが20世紀初めに発表した特殊相対論と一般相対論は，量子論と並んで物理学に革命をもたらした。特殊相対論は，異なる速度で運動する2つの系が観測する光の速さが同じだとする「光速度不変の原理」から出発し，時間の進み方は観測者によって異なるという結論を導いた。それをさらに発展させた一般相対論は，重力とは時空のゆがみの結果にほかならないことを明らかにした。以来，1世紀にわたる観測技術の驚異的な進歩により，一般相対論が予言するブラックホールや重力波を直接観測できる時代が到来した。おもにブラックホールを例として取り上げることで，相対論とは何かを紹介しよう。

## はじめに

ニュートンが17世紀に発見した運動の3法則（♪ p.30）は，すべての物体があまねく従う法則である。彼はそれにとどまらず，微積分学の発見に貢献し，運動の第二法則が微分方程式によって書き表されることをも明らかにした。これは言い換えれば，世界は数学で記述される普遍的法則に支配されているという驚くべき世界観にほかならない。これを発展させ，世界の奥底に潜む基本法則を発見し，さらに数学を用いて厳密に記述したいというのが，現代物理学の目標であると言ってもよかろう。

## 特殊相対論と光速度不変の原理

ある観測者に対して一定の速度で運動している別の観測者を考えてみよう。この2人が同じ物体の運動を観測した場合，2人に対する物体の相対速度は当然異なる。にもかかわらず，物体の運動方程式は同じである。これを「ガリレイの相対性原理」とよぶ（♪p.49）。そのような当たり前のことに仰々しい名前がついているのは変な気もするが，これには理由がある。実は厳密には正しくないのだ。

上述の2人の観測者が，それぞれある物体が発する光の速さを測定したならば，驚くべきことに，その値はまったく同じなのである。これはマイケルソンとモーリーの実験によって初めて確認された。この結果は，ガリレイの相対性原理もニュートンの運動方程式も，物体の速さが光の速さよりも十分小さい場合の近似に過ぎず，厳密には正しくないことを示唆する。そこで，誰が観測しても光の速さは変化しないこと（光速度不変の原理）を要請して構築されたのが「アインシュタインの特殊相対論（特殊相対

性理論）」である。特殊相対論によって，光の速さに近い大きさの速度をもつ粒子の運動をも正確に記述することが可能となった。しかしより重要なのは，光速度不変の原理が実現するためには，時間が絶対的な概念ではなく，異なる観測者の時計の進み方は必ずしも同じではないことを示した点にある。

## 特殊相対論から一般相対論へ

時間と空間とは，われわれには無関係に決まる絶対的な存在であるように思える。イメージとしては，決して変化しない格子状の目盛りからなる座標系が宇宙全体を埋めつくしているような感じかもしれない。実際，ニュートンの運動方程式はまさにそれを前提としていた。ところが特殊相対論は，時間方向にはその目盛りが変化していることを示したのである。とすれば，空間もまた絶対的なものである必然性はなさそうだ。このように時間と空間の性質が場所ごとに異なる結果，時空にゆがみが生まれていると考えるのが一般相対論（一般相対性理論）だ。

突然そんなことを言われても理解できないだろう。特殊相対論は高校数学の範囲でも理解可能であるが，一般相対論はもう少し難しい。わからないのが当然なので，安心してほしい。しかしそれでも，強調しておきたい事実がある。絶対的な時空の中で2つの物体が距離の2乗に反比例する引力（重力とよぶ）を及ぼしあうというニュートンの万有引力の法則（♪p.53）は，物体が存在することでまわりの時間と空間がゆがむ結果だと解釈できるのである。一般相対論の基礎になる時空のゆがみというとんでもない主張が，現実の世界をうまく記述すると信じられている理由の1つがここにある。

一般相対論の効果は，通常きわめて小さく，日常的現象においては無視できる。その例外が，カーナビゲーションシステムや地図アプリで不可欠なGPS（Global Positioning System）だ。一般相対論を考慮せずには，GPSを用いて目的地に到着することはできない。その意味では，一般相対論は実証済みであるのみならず，日常生活にも大きく貢献している。

## 一般相対論の予言

さらに，宇宙においては一般相対論が不可欠な役割を果たす。ここでは特に，ブラックホールと重力波を取り上げてみたい。

アインシュタイン方程式とよばれる一般相対論の基礎方程式を最も単純な場合に解くと，質点のまわりのある大きさ（シュワルツシルト半径とよぶ）の球面内部からはいかなる物体も外部に出ることができないという結論が得られる。これは，天体からの脱出速度の大きさが光の速さとなる場合に対応する（♪ p.53）。この世界では光よりも速く運動する物体は存在しないので，そこからは何ものも外部には出られないことになる。光さえ閉じこめられ，暗い穴に見えるはずなので，ブラックホールとよばれる。

当初，ブラックホールは一般相対論の数学的な解に過ぎず，現実には存在しないだろうと思われていた。しかし，その後の天文観測の進歩に伴い，ブラックホール候補天体が数多く発見されてきた。例えば，ほとんどの銀河は，その中心部に太陽質量の100万倍から数10億倍もの超巨大ブラックホールをもつと考えられるようになっている。ブラックホールは仮想的な存在どころか，宇宙の進化において重要な役割を果たす天体なのだ。

一般相対論によるもう1つの重要な予言が，重力波である。時空のゆがみが重力を生み出すことはすでに述べた。仮に，大質量の天体が激しく運動するならば，それに伴って時空のゆがみが時間変化し，波として外部に伝わるはずだ。これが重力波である。重力波の実在に関してもまた，理論的に論争となった時期がある。しかし，1970年代後半に発見された特殊な連星の公転軌道が徐々に小さくなっていることがわかり，その系のエネルギーが重力波によって放出されている間接的な証拠となり，重力波の存在が証明された（この業績でハルスとテイラーが1993年にノーベル物理学賞を受賞した）。

## 重力波の直接検出

地上で重力波の直接検出が可能になれば，可視光，赤外線，電波，X線などの電磁波を用いて行われてきた従来の天文学では見えない天体現象を解明する手がかりになり，「重力波天文学」という新たな分野が誕生する。しかし，予想される重力波信号はきわめて小さく，その検出には最先端の計測技術が不可欠である。

地上で初めて検出された重力波は，日本時間2015年9月14日18時50分45秒に地球に到達した。この大発見を成し遂げた観測装置はLIGO（ライゴ；Laser Interferometer Gravitational-wave Observatory；レーザー干渉計重力波天文台）とよばれ，米国内で約3000km離れたワシントン州ハンフォードとルイジアナ州リビングストンの2つの地点におかれている。それぞれの地点に4kmの長さのL字型の2つの腕をもつ装置があり，重力波が通過した際の2つの腕の長さの微妙な変化分をレーザー光で精密測定する（図1）。重力波以外の装置の雑音や地震によっても頻繁に長さが変化するため，遠く離れた独立した2箇所で，ほぼ同時に同じ時間変化を示す信号を検出することが本質なのだ。

重力波の大きさは $h$ というパラメーターで表され，距離 $L$ だけ離れた2点間を重力波が通過すると，空間がゆがむためその距離が $h \times L$ だけ余分に伸び縮みする。今回の発見は $h = 10^{-21}$ に対応し，例えば地球と太陽の距離（約1.5億km）が，原子1個分だけ変化するという，想像を絶する小ささである。

信号の詳細な解析から，その重力波は，地球から13億光年先にある，太陽質量の29倍と36倍の2つのブラックホールが互いに公転しながら衝突して合体し，1つのブラックホールを形成したときに放出されたものだと結論された（図2）。ブラックホール連星は長い時間をかけて重力波を放出することでエネルギーを失い，徐々にその距離を縮めながら公転する。やがて互いがくっつく程度の距離になった最後のわずか1秒未満で瞬間的に莫大な重力波を放出して合体し，その後，太陽質量の62倍の1つのブラックホールとなった。この合体前後の1秒未満の短時間に，太陽質量の3倍にあたるエネルギーを重力波として放出したわけだ。いわば，「29＋36＝62の発見」である。

## ブラックホールの影を見る

さて，ブラックホールは本当に黒い穴なのだろうか。一般相対論によればそうなるとくり返し説明されても，見ないことには信じられないという意見はもっともだ。まさに百聞は一見に如かず。しかし，目に見えないブラックホールを「見る」試みは矛盾しているように思える。それに挑戦したのが，多くの日本人研究者も貢献している国際共同プロジェクトEHT（Event Horizon Telescope；事象の地平線望遠鏡）だ。

EHTは，世界中の8つの電波望遠鏡を組み合わせて地球サイズの巨大望遠鏡とすることで，銀河中心のブラックホールの撮影に成功した。

最初の発表は2019年で，遠方の銀河M87の中心にある，太陽の65億倍の質量をもつブラックホールが撮影された。前ページのタイトル横の写真は2022年に発表された2例目で，われわれの銀河系（天の川）中心にある，太陽の400万倍の質量をもつブラックホールである。

写真の明るい部分は，ブラックホールの近くにある物質から出た光が，強い重力を受けて進路を曲げられ，ブラックホールのまわりにまとわりつきながら放射されたものである（この画像は人間の目には直接見えない電波を可視化したものなので，実際にオレンジ色に見えているわけではない）。シュワルツシルト半径より遠くを通過する光であろうと，その進路はブラックホールの影響で大きく曲げられるため，われわれには届かなくなる。この効果を考慮すれば，シュワルツシルト半径の $\frac{3\sqrt{3}}{2}$ 倍の領域が黒く見えるはずだ。つまり，厳密に言えばこの写真の黒い穴はブラックホールそのものではない。そのため，区別してブラックホール・シャドウ（影）とよばれている。

とはいえ，そのようなことは脇におき，アインシュタイン方程式を解かずともブラックホールは本当にブラックだ，ということを直接教えてくれるこの写真は，鑑賞に値する芸術作品だとすら思えてくる。

## まとめ

100年以上も前に発表された一般相対論は，現在でも新たな発見を生み出す原動力であり続けている。このように，基礎物理学は長い時間をかけて継承され進化し続けることで，この世界がどのようなものなのかを明らかにする。科学とは，必ずしもすぐに役に立つといった近視眼的観点にとどまらない普遍的な価値をもつ営みなのである。最後に今回紹介したブラックホールと重力波の発見から学んだことを3つ述べてまとめとしたい。

1. この世界は，数学で記述される普遍的法則にしたがっている。
2. 法則に矛盾しない限り，どれだけ可能性が低いと思われる現象であろうと，この広い宇宙ではどこかで必ず実現している。
3. 決して観測できないと思われる微弱な信号であろうと，技術の進歩によってやがて実際に検出可能となる。

この特集を読んでいるみなさんも，科学を学び続けるうちに，いつか自らこれらを実感する機会があるだろう。科学が明らかにしてくれる世界観を存分に楽しんでほしい。

■図1　2015年にLIGOで観測された重力波

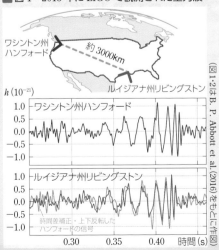

（図1・2はB. P. Abbott et al.(2016)をもとに作図）

■図2　ブラックホールの合体と重力波

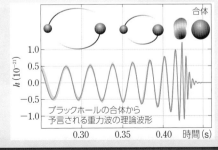

# 第4編 電磁気

## 静電気は敵か味方か？

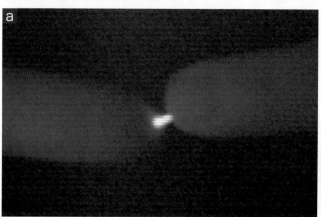

静電気は，生活の中で役立つ場面もある。例えば，空気清浄機は帯電させた集塵（しゅうじん）フィルターによって，静電気を帯びた塵（ちり）を吸着している（**c**）。同様に，自動車の排気ガスによって空気が汚れやすいトンネル中でも，静電気による集塵システムが導入されている（**d**）。

集塵フィルター

トンネル

集塵システム

自動車の塗装においては塗料の噴射機と車体の間に強電場をつくり，静電気を帯びた霧状の塗料を効率よく車体に吸着させている（**e**）。

乾燥した時期，指と指が触れあうと静電気がバチッと放電することがある（**a**）。静電気が放電すると，火花が生じたり，周囲に電磁波を放出して電場や磁場の影響を与えたりする。そのため，可燃物や精密機器を取り扱う作業においては，導電性をもつ繊維を使用した静電気防止服を着用するなどの，静電気をためない工夫がされている（**b**）。

**Jump** → p.106　静電気

## 光が電気に変わる？

太陽光発電では，太陽電池を用いて太陽の光エネルギーを電気エネルギーに変換する。

**Jump** → p.120 半導体ダイオード

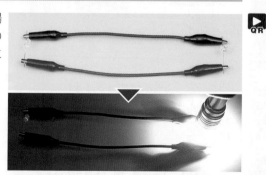

2つの発光ダイオード（LED）をリード線でつないで片方に光を当てると他方が発光する。

# 北極で **N極** の向きは？

通常，地磁気は北向きであり，方位磁針の N 極は北をさす。しかし，磁極近くでは，地磁気が鉛直方向であるため，方位磁針の向きは定まらない。

→ p.122　磁場

# **オーロラ**はなぜ見える？

太陽から地球にやってくる荷電粒子は地球の磁極付近の磁場によってローレンツ力を受けて回転運動し，大気の酸素原子などと相互作用を起こして発光する。この現象をオーロラという。

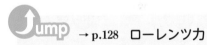
→ p.128　ローレンツ力

電磁気

# **スピーカー**の原理は？

スピーカーの内部には音を発生させる振動部と一体になったコイルと，磁石が取り付けられている。コイルに電流を流すと磁石の磁場によりコイルは力を受けて振動し，その振動が音として空気中を伝わる。

磁石

コイル

振動部
↑提供：株式会社フェローテック
マテリアルテクノロジーズ

→ p.126　電流が磁場から受ける力

# 電池がいらない **懐中電灯**

コイル　　　　磁石

写真の懐中電灯は，電池が不要であり本体を振ることで本体内のコイルの中に磁石を往復させて発電している。災害時などあらゆる状況で使える懐中電灯として注目されている。

→ p.130　電磁誘導

# 1 静電気 基物

## A 静電気の発生

絹の布で摩擦したガラス棒は電気を帯びる。このように，物体が電気を帯びる現象を **帯電** といい，帯電した物体に分布している流れのない電気を **静電気** という。静電現象は，**電荷** のやりとりによって起こる。

### ■ 静電気の発生

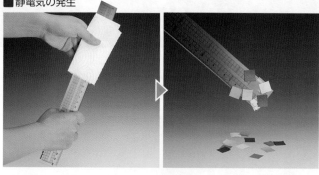

プラスチック製の定規を紙タオルで摩擦すると，定規は帯電する。また，小さな紙片にこの定規を近づけると，静電気力によって引き寄せられる。

### 正電荷と負電荷

電荷には2種類があり，電気の正・負によって正電荷・負電荷に分けられる。同種(同符号)の電荷は互いに反発しあい，異種(異符号)の電荷は互いに引き寄せあう。

### ■ 電気が及ぼしあう力

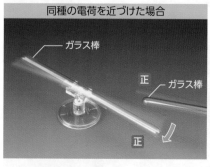

**同種の電荷を近づけた場合**

ガラス棒を絹の布でこすると，ガラス棒は正に帯電する。同様に帯電させた別のガラス棒を近づけると，互いに反発しあう。

**異種の電荷を近づけた場合**

塩化ビニル管を絹の布でこすると，塩化ビニル管は負に帯電する。左の写真と同様に帯電させたガラス棒に近づけると，互いに引き寄せあう。

### ■ 物体が帯電するしくみ

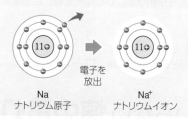

陽イオン(正の電気を帯びた粒子)の例

Na ナトリウム原子 → 電子を放出 → Na⁺ ナトリウムイオン

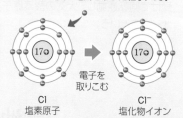

陰イオン(負の電気を帯びた粒子)の例

Cl 塩素原子 → 電子を取りこむ → Cl⁻ 塩化物イオン

物体は多数の **原子** から構成されており，原子はさらに，**陽子** と **中性子** とからなる **原子核** と，その周辺に存在する **電子** とからなる。陽子は正の電気，電子は負の電気をもち，陽子と電子の電気量の大きさは等しい(中性子は電気をもたない)。原子は，電子を放出したり取りこんだりすることで，電気を帯びることができる。このように電気を帯びた粒子を **イオン** とよぶ。

## Zoom up　バンデグラーフ起電機

バンデグラーフ起電機は，静電気を利用して大きな電圧を発生させることのできる装置である。図のように，内部で回転するベルトと下部ローラーとの間の摩擦でそれぞれが帯電する。電荷はベルトによって上部に送られ，集電板によって球形の電極に移動する。このようにして，電極は強く帯電するようになる。

右端の写真は，帯電したバンデグラーフ起電機の金属球に触れている人間のようすである。金属球に蓄えられた電荷は，手のひらを通じて人間の体内にも入りこむため，人間も帯電する。帯電した髪の毛どうしが，静電気力によって反発しあうため，髪の毛が逆立っているように見える。

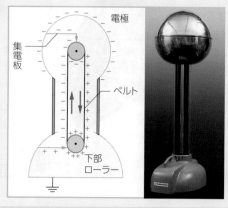

の図中ラベル: 電極, 集電板, ベルト, 下部ローラー

## ■ 摩擦帯電列の例（Silsbee による） 日常

正（＋）　ガラス　毛皮　アルミニウム　木綿　負（−）
羊毛　絹　紙　エボナイト

摩擦による帯電の正負は，こすりあわせる物質の組合せで定まる。異なる物質どうしで摩擦したとき，正となる物質を上位，負となる物質を下位としたときにできる列を摩擦帯電列という。摩擦帯電列の順はさまざまな条件で変化し，文献によって少しずつ異なる（♪ p.180）。

### Column　コピー機　日常

静電気の性質を有効利用している例として，コピー機があげられる。
① 帯電　感光体（光が当たると電気が発生する物質）を塗ったドラムの表面を負に帯電させる。
② 露光　原稿の明暗を読みとり，レーザー光を感光体に当てる。レーザー光の当たった部分の電荷は失われる。
③ 現像　現像ローラーに，正に帯電させた黒いトナーの粉末を乗せ，感光体の表面をなぞる。感光体の帯電した部分にトナーが付着する。
④ 転写　紙を，負に帯電させた転写ローラーと感光体の間に通す。トナーは，転写ローラーの負電荷に引き寄せられて紙に移動する。
⑤ 定着　定着ローラーで熱と圧力を加え，トナーを紙に定着させる。

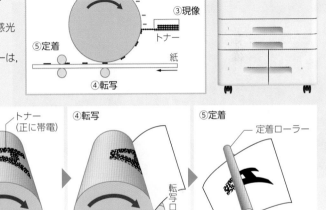

①帯電　②露光　③現像　④転写　⑤定着

①帯電　帯電ローラー　②露光　③現像　トナー（正に帯電）　現像ローラー　④転写　転写ローラー　⑤定着　定着ローラー

電磁気

## B クーロンの法則 物

クーロンは，2つの点電荷の間にはたらく静電気力の大きさは，それぞれの電気量の大きさの積に比例し，距離の2乗に反比例することを発見した。これを **クーロンの法則** という。

### ■ 電荷の間にはたらく力と距離

スクリーン　光源　導体球 B　導体球 A

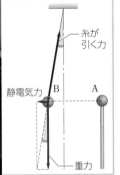

糸が引く力　静電気力　B　A　重力

### クーロンの法則

$$F = k \frac{q_1 q_2}{r^2}$$

$F$〔N〕：静電気力の大きさ
$k$〔N·m²/C²〕：クーロンの法則の比例定数（♪ p.189）
$q_1$, $q_2$〔C〕：2つの点電荷の電気量の大きさ
$r$〔m〕：点電荷間の距離

帯電した導体球 A を，A と同符号に帯電し，糸につるされている導体球 B に近づけると，B は A から受ける静電気力により斜めに傾く。B にはたらく重力，糸が引く力，静電気力のつりあいより，静電気力の大きさを求め，クーロンの法則を検証することができる。

原子核：(atomic) nucleus　電子：electron　イオン：ion　クーロンの法則：Coulomb's law

# 2 静電誘導 基物

## A 静電誘導と誘電分極
金属などの **導体** に帯電体を近づけると，帯電体に近い側に異種の電荷が現れる。これを導体の **静電誘導** という。また，電気を通しにくい **不導体** に生じる静電誘導を **誘電分極** という。

### ■導体の静電誘導

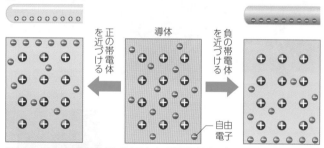

導体に，正の帯電体を近づけると自由電子は引き寄せられ，負の帯電体を近づけると自由電子は遠くへと追いやられる。

### ■誘電分極

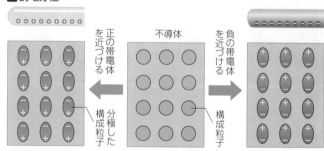

不導体に，正の帯電体を近づけると電子は帯電体側に位置がずれ，負の帯電体を近づけると帯電体と反対側に位置がずれる。これを **分極** という。

### ■静電誘導の実験

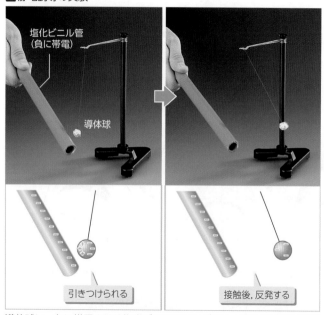

導体球に，負に帯電させた塩化ビニル管を近づける。導体球は静電誘導により管に引きつけられるが，接触すると，管の負電荷の一部が導体球に移動し，ともに負に帯電するので，反発するようになる。

### ■誘電分極の実験

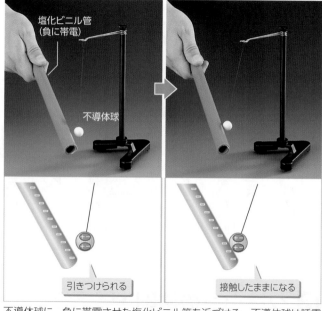

不導体球に，負に帯電させた塩化ビニル管を近づける。不導体球は誘電分極により管に引きつけられる。接触すると，導体のような電荷の移動が起こらないため，不導体球は管に接触したままとなる。

---

### 📖 Column　電子ペーパー　　技術

電子ペーパーは，電子書籍の表示端末のディスプレイなどに利用されている技術である。電子ペーパーにはいくつかの方式があるが，電気泳動方式のものが多く流通している。図のように，異なる電荷をもつ白と黒の粒子を封入したマイクロカプセル（電子インク）を多数配置する。これに電極から電圧を加えることで粒子を移動させ，表示を制御している。色のついた粒子を使用することでカラー表示をすることも可能になる。バックライトがなく，紙と同じように周囲の光の反射で見えるようになるため目が疲れにくい。また，一度粒子が移動した後は，画面が切りかわるまで電力を消費しないため，消費電力が低いという特徴もある。

**■電子ペーパーの原理（電気泳動方式）**

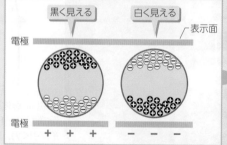

■ 水流を曲げる実験

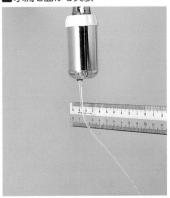

水分子はもともと分極しており, それぞれランダムな方向を向いている。しかし, 帯電体を近づけると, 分子の向きがそろい電気の偏りが生じるため, 写真のように帯電体に引きつけられる。

■ 箔検電器を用いた静電誘導の確認実験

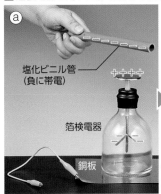

ⓐ箔検電器の金属円板に, 負に帯電させた塩化ビニル管を近づける。静電誘導により, 金属円板は正, 箔は負に帯電し, 箔が開く。

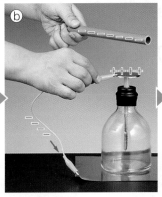

ⓑ塩化ビニル管はⓐのままで, 金属円板を接地(● p.111)された銅板につなぐ。箔の負電荷が導線を通じて銅板に逃げるので, 箔は閉じる。

ⓒ導線を外し, 塩化ビニル管を遠ざける。金属円板の正電荷が箔にも分布するようになるので, 箔は再び開く。

 **Point　箔検電器**

箔検電器は, 透明な容器中の薄い金属(箔)と, それにつながっている金属円板からなる。帯電した物体を近づけると, 静電誘導により, 金属円板が帯電体と異種, 箔が帯電体と同種の電荷を帯び, 箔どうしが反発しあって開く。このようにして, 物体の帯電の有無を調べることができる。

**Column　タッチパネル**　技術

画面に直接触れることで操作を行うタッチパネルは, スマートフォン, パソコン(PC), タブレット, ポータブルゲーム機, カーナビゲーションシステム, 駅の切符販売機, 銀行のATMなど, 多くの電子機器で利用されている。
タッチパネルは, ディスプレイ部分にセンサーなどを組みこむことで, 画面上で触れた位置を検出することができる。位置の検出には, 電気的に検出する抵抗膜方式・静電容量方式など, 用途に応じてさまざまな方式が使い分けられている。

**抵抗膜方式**
ポータブルゲーム機やカーナビゲーションシステムなどで利用されている方式。2枚の透明な導電膜を空間を空けて並べ, 間にドットスペーサー(不導体)を配置した構造をしている。指やペンで押したとき, 2つの電極が接触して流れる電流によって押した位置を検出する。構造が単純なので低いコストで製造できる反面, 間に空気の層があるため画面がクリアに見えにくくなる点が難点である。

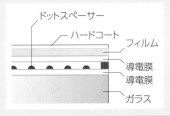

**静電容量方式**
スマートフォンやタブレットなどで利用されている方式。「表面型静電容量方式」は, ガラスの上に1枚の透明な導電膜を置いた構造をしている。導電膜の四隅に微弱な電流を流しておくと, 指で触れたときにこれらの電流がわずかに変化する。この変化によって指の位置を検出する。表面型静電容量方式では同時に2か所を指で触れた場合に位置を検出することは構造上難しいが, 導電膜に格子状のパターンをつくれば2か所を同時に検出することができる。これを「投影型静電容量方式」といい, 2つの指を用いた操作(拡大・縮小など)を取り入れることができる。静電容量方式は, 抵抗膜方式に比べて画面がクリアに見えるなどの利点があるが, 電気を通さない素材でできた手袋をしていると操作できない。

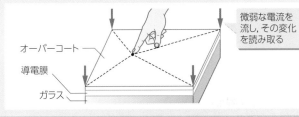

電磁気

# 3 電場と電位 基物

## A 電場と電気力線

電気的な力が及ぶ空間には **電場（電界）** が生じている。電場の中で正電荷を電場から受ける力の向きに少しずつ動かすと，1つの線を描く。この線に正電荷が動いた向きの矢印をつけたものを **電気力線** という。

### ■点電荷のまわりの電場

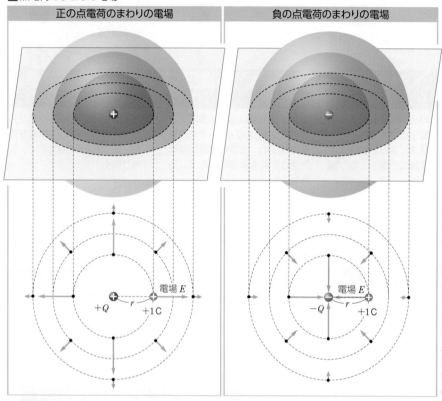

| 正の点電荷のまわりの電場 | 負の点電荷のまわりの電場 |
|---|---|

**点電荷のまわりの電場**

$$E = k\frac{Q}{r^2}$$

$E$〔N/C〕：電場の強さ
$k$〔N·m²/C²〕：クーロンの法則の比例定数
$Q$〔C〕：点電荷の電気量の大きさ
$r$〔m〕：点電荷からの距離

電場から+1C の点電荷（試験電荷）にはたらく力の向きを電場の向き，力の大きさを電場の強さ（単位N/C）と定める。
+$Q$〔C〕の正の点電荷のまわりに生じる電場の向きは，点電荷から遠ざかる向きとなる。また，電場の強さは，点電荷の電気量の大きさに比例し，点電荷からの距離 $r$〔m〕の2乗（$r^2$）に反比例する。
−$Q$〔C〕の負の点電荷のまわりに生じる電場の向きは，点電荷に近づく向きとなる。また，電場の強さは正電荷の場合と同様に表される。
点電荷から等距離の球殻上の点では，電場の強さは等しい。また，電場の向きは球殻に対して垂直となる（正電荷の場合は球殻に対して外向き，負電荷の場合は内向きになる）。

### ■電気力線

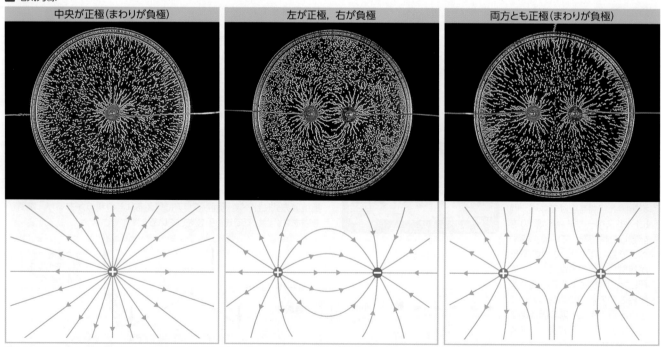

| 中央が正極（まわりが負極） | 左が正極，右が負極 | 両方とも正極（まわりが負極） |
|---|---|---|

細かい種子を含んだ液体で満たした容器に電極を置き，電極に静電気を与えると，誘電分極により種子が電気力線にそって並ぶ。

# B 電位と等電位面

静電気力は保存力であり，位置エネルギーを考えることができる。ある点に置いた電荷1C当たりの，静電気による位置エネルギーを，その点の **電位** という。電位が等しい点を連ねてできる面を **等電位面** という。

## ■電荷による電位のようすと等電位面

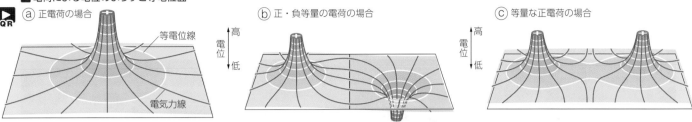

ⓐ 正電荷の場合　　　　ⓑ 正・負等量の電荷の場合　　　　ⓒ 等量な正電荷の場合

等電位線　等電位線　等電位線

高 電位 低

電気力線

電気力線は等電位面に垂直になり，等電位線(等電位面)の間隔が密な所ほど電場は強い。2点間の電位の差を **電位差** または **電圧** という。

### 点電荷のまわりの電位

$$V = k\frac{Q}{r}$$

$V$〔V〕：電位(基準点：無限遠)
$k$〔N·m²/C²〕：クーロンの法則の比例定数
$Q$〔C〕：点電荷の電気量
$r$〔m〕：点電荷からの距離

### Column 電気ウナギ　　日常

電気ウナギは，体の多くを尾が占めており，前部には大発電器官，後部には小発電器官とよばれる部位がある。大発電器官では800V程度の高電圧を発生し，パルス状の放電を起こすことができる。この電撃でエサとなる小魚を捕らえたり，身を守ったりしている。一方，後部の小発電器官では20V程度の電圧を発生し，周囲の状況を知るためのレーダーとして役立てている。

電気ウナギ

# C 接地・静電遮蔽

地球は導体と考えることができ，その電位を基準(0V)とすることが多い。導体を地球につなぐことを **接地(アース)** という。また，導体で囲まれた所は外部の電場の影響を受けない。これを **静電遮蔽** という。

## ■接地の利用例　日常

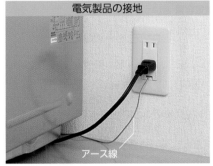

### 電気製品の接地

アース線

電気製品は内部で高電圧を利用するので，安全のためには外装部分を接地し，人への感電を防ぐとよい。

### 避雷針

雷は，雲と地面にたまった静電気が一気に放電する現象である。避雷針は，電気を大地に逃がすことで，落雷の被害を防いでいる。

### ガソリンスタンドの静電気除去シート

体内にたまった静電気によって放電が起こり，ガソリンに引火しないよう，体を接地して，静電気を逃がしている。

## ■静電遮蔽による電気力線のようす

電極(負)　電極(正)

導体でつくられた環状の負の電極の内部は，電場の影響を受けていないことがわかる。

## ■箔検電器を用いた静電遮蔽の実験

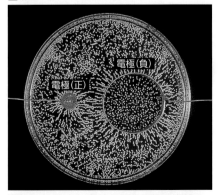

塩化ビニル管(負に帯電)
金網
箔は開かない

金網

金網で囲んだ箔検電器に負に帯電した塩化ビニル管を近づけても，静電遮蔽のために箔は開かない。

電磁気

# 4 コンデンサー 基 物

## A コンデンサーの充電

コンデンサー は，充電することによって電荷を蓄えることのできる装置である。特に，接近して置かれた1組の平行な金属板（極板）で形成されたコンデンサーを平行板コンデンサーという。

### ■コンデンサーの充電過程

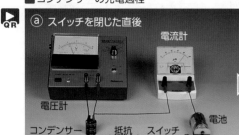

ⓐ スイッチを閉じた直後

電流計
電圧計
コンデンサー　抵抗　スイッチ
電池

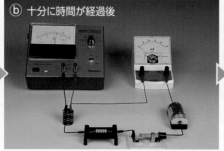

ⓑ 十分に時間が経過後

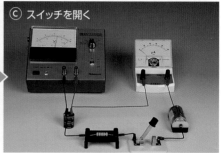

ⓒ スイッチを開く

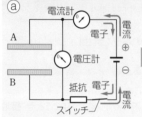

ⓐ
電流計
A
電子
電流
＋
電圧計
－
B
抵抗　電子
スイッチ
電流

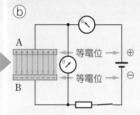

ⓑ
A
等電位
＋
B
等電位
－

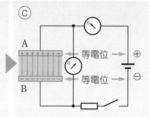

ⓒ
A
等電位
＋
B
等電位
－

ⓐスイッチを閉じると，電池は金属板Aの自由電子を金属板Bへ運び，Aは正に，Bは負に帯電する。このとき，電流はBからAに流れる。

ⓑA，Bの電気量が大きくなり，A，Bの電位がそれぞれ電池の正極，負極の電位と等しくなると，自由電子の移動が止まり，電流が0となる。

ⓒその後，スイッチを開いてもAの正電荷とBの負電荷は極板にとどまり続ける。

## B コンデンサーの電気容量

コンデンサーの極板に蓄えられる電気量は，極板間に加えられる電位差に比例する。このときの比例定数をコンデンサーの **電気容量** という。

### ■平行板コンデンサーの極板間の電場

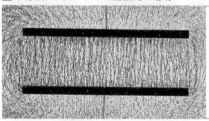

平行板コンデンサーの極板間には，2つの極板の電荷によって，一様な電場が生じている。

**コンデンサーの電気容量**

$$Q = CV, \quad C = \varepsilon \frac{S}{d}$$

$Q$〔C〕：コンデンサーの電気量
$C$〔F〕：コンデンサーの電気容量
$V$〔V〕：極板間の電位差
$\varepsilon$〔F/m〕：誘電率（ p.113）
$S$〔m²〕：極板の面積，$d$〔m〕：極板の間隔

### ■コンデンサーに蓄えられる電気量の違い

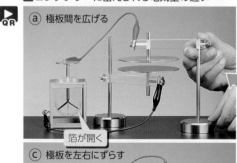

ⓐ 極板間を広げる

箔が開く

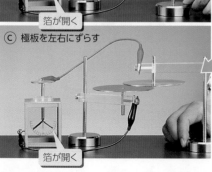

ⓒ 極板を左右にずらす

箔が開く

ⓐ，ⓑ 極板間隔を広げると箔が開き，逆に狭めると箔が閉じる。これは，極板間隔が狭いほうが，コンデンサーにより多くの電気をためておくことができ，よって箔には少量の電気しか移らないことを表している。

正に帯電させておく
コンデンサー
箔検電器

ⓒ 極板をずらすと箔が開く。これは，極板面積が小さくなるとコンデンサーに電気をためられる量が減り，箔に多くの電気が移ることを表している。

ⓓ 極板間に誘電体を挿入すると箔が閉じる。これは，誘電体の挿入により電気容量が大きくなることを示している（ p.113）。

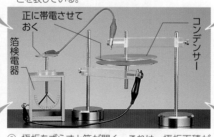

ⓑ 極板間を狭める

箔が閉じる

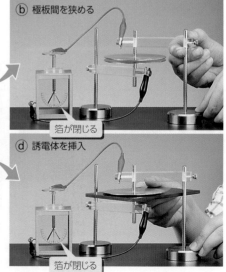

ⓓ 誘電体を挿入

箔が閉じる

コンデンサー：capacitor　　電気容量：electric capacity〔(electric) capacitance〕

# C コンデンサーと誘電体

コンデンサーの極板間に **誘電体**(不導体)を入れると, 電気容量が大きくなる。この電気容量の変化の度合いは, 誘電体の **誘電率**(または **比誘電率**)により定まる。

## ■ さまざまなコンデンサー

### アルミ電解コンデンサー

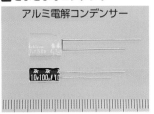

比較的大きな電気容量をもつ。リード線のうち長いほうを正極に接続する(極性のないものもある)。

### フィルムコンデンサー

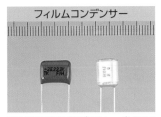

電気容量の精度が高い。ポリエチレンテレフタラートなどのプラスチックフィルムを誘電体とする。

## ■ アルミ電解コンデンサーの構造の例

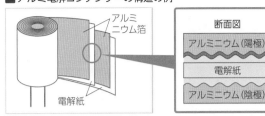

陽極のアルミニウム箔の表面に, 誘電体となる非常に薄い酸化皮膜を形成し, 陽極箔と陰極箔の間に電解紙を挿入して巻きこんだ構造をもつ。

### セラミックコンデンサー

比較的小さな電気容量をもつ。チタン酸バリウムなどのセラミックを電極で挟んだ構造をもつ。

### 積層セラミックコンデンサー(チップ型)

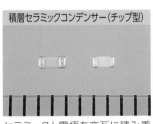

セラミックと電極を交互に積み重ねて, 電気容量を大きくしている。1mm 程度のものもある。

### 電気二重層コンデンサー

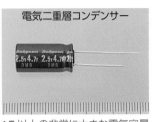

1F 以上の非常に大きな電気容量をもつものもある。一時的な電源などの用途に用いられる。

### 可変コンデンサー(バリコン)

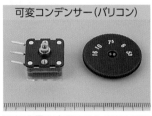

電気容量を変えることのできるコンデンサー。かつてはラジオの同調回路でよく用いられた。

# D コンデンサーの接続

2 つ以上のコンデンサーを接続したときの全体の電気容量を合成容量という。並列接続では各コンデンサーの電位差が等しく, 直列接続では各コンデンサーの電気量が等しい。

## ■ コンデンサーの並列接続と直列接続

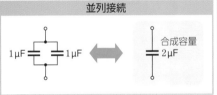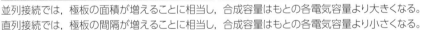

### コンデンサーの合成容量

並列接続　$C = C_1 + C_2$

直列接続　$\dfrac{1}{C} = \dfrac{1}{C_1} + \dfrac{1}{C_2}$

$C$[F]：合成容量
$C_1$, $C_2$[F]：それぞれの電気容量

並列接続では, 極板の面積が増えることに相当し, 合成容量はもとの各電気容量より大きくなる。
直列接続では, 極板の間隔が増えることに相当し, 合成容量はもとの各電気容量より小さくなる。

## ■ 並列接続と直列接続によって蓄えられる電気量の比較

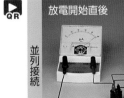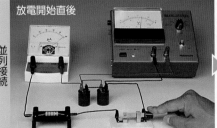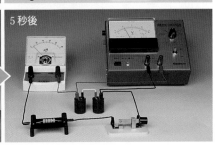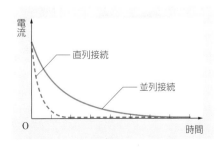

電気容量 220μF の等しい 2 つのコンデンサーを, 並列接続または直列接続して, 同じ電圧(1.5V)で充電した後に放電を行う(放電時の回路の抵抗値は同じ)。このとき, 並列接続の合成容量(440μF)は, 直列接続の合成容量(110μF)の 4 倍になるので, 蓄えられる電気量も 4 倍となる。このため, 並列接続のほうが直列接続より 4 倍長く放電が持続する。

誘電体：dielectric　誘電率：permittivity　比誘電率：dielectric constant [relative permittivity]

# ⑤ オームの法則 <sup>基</sup><sup>物</sup>

## A オームの法則

オームは，導体に流れる **電流** は，その導体の両端に加えた電圧（電位差）に比例することを発見した。これを **オームの法則** といい，その比例定数の逆数を **電気抵抗** または **抵抗** という。

### ■オームの法則

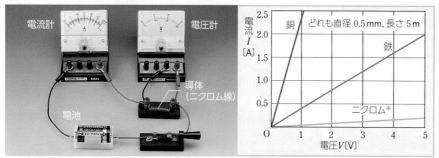

**オームの法則**

$$I = \frac{V}{R}, \quad V = RI$$

$I$〔A〕：電流，　$V$〔V〕：電圧，　$R$〔Ω〕：抵抗

導体に電池を接続し，導体に加わる電圧 $V$〔V〕と流れる電流 $I$〔A〕を測定すると，$V$ と $I$ は比例関係にあることがわかる。比例定数 $R$ が導体の抵抗値である。

※おもにニッケルとクロムからなる合金

### ■さまざまな抵抗器

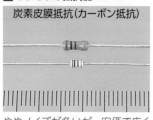

**炭素皮膜抵抗（カーボン抵抗）**

ややノイズが多いが，安価で広く用いられている。

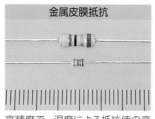

**金属皮膜抵抗**

高精度で，温度による抵抗値の変化も少ない。

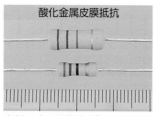

**酸化金属皮膜抵抗**

小型で大きな電力（🔵p.117）にも耐えられる。熱に強い。

**セメント抵抗**

巻線をセメントで固定した構造をもつ。大電力用に用いられる。

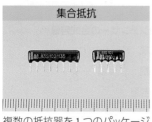

**集合抵抗**

複数の抵抗器を 1 つのパッケージにおさめたもの。

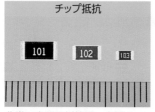

**チップ抵抗**

非常に小型の抵抗器。各辺 1 mm 以下のものもある。

**半固定抵抗**

ドライバーなどで抵抗値を変化させることができる。

**可変抵抗（ボリューム）**

つまみで軸を回転させるなどして，抵抗値を変化させることができる。

---

### 📖Column 抵抗器の抵抗値表示

大部分の小さい抵抗器では，下の写真のような色帯をつけて抵抗値を示している。

5 つの色帯のある抵抗器の場合，左から 1 ～ 3 番目の色帯は数値を表し，4 番目の色帯は乗数，5 番目の色帯は許容差を示す。

| 色 | 数値 | 乗数 | 許容差 |
|---|---|---|---|
| 黒 | 0 | $10^0$ | — |
| 茶 | 1 | $10^1$ | ±1% |
| 赤 | 2 | $10^2$ | ±2% |
| 橙 | 3 | $10^3$ | — |
| 黄 | 4 | $10^4$ | — |
| 緑 | 5 | $10^5$ | — |
| 青 | 6 | $10^6$ | — |
| 紫 | 7 | $10^7$ | — |
| 灰 | 8 | $10^8$ | — |
| 白 | 9 | $10^9$ | — |
| 金 | — | $10^{-1}$ | ±5% |
| 銀 | — | $10^{-2}$ | ±10% |
| 無色 | — | — | ±20% |

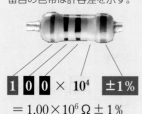

$$\boxed{1}\,\boxed{0}\,\boxed{0} \times 10^4 \quad \boxed{±1\%}$$

$$= 1.00 \times 10^6 \,Ω \pm 1\%$$

### 📖Column 人体と電気 <sup>日常</sup>

人体は電気が流れやすく，人体内部の抵抗は数百 Ω 程度，皮膚の抵抗は乾燥した状態では数千 Ω（数 kΩ）程度とされている。しかし，皮膚が汗ばんだり，水に濡れていたりすると，抵抗値は大幅に下がる。人体に電流が流れることにより，障害を受けることを感電という。感電による人体への影響は，電流値，電流の流れる時間，流れる部位などによって決まり，場合によってはやけどや死亡に及ぶこともある。感電を防ぐためには，電気製品を接地（🔵p.111）して電気を逃がすようにする，濡れた手で電気製品に触れない，などの対策が重要である。

| 電流値 | 人体への影響 |
|---|---|
| 0.5～1mA | 電気が流れたことを感じる程度。 |
| 5mA | 痛みを感じる。 |
| 10～20mA | 筋肉が収縮して，自力で動けない。 |
| 50mA | 心臓や呼吸器系への影響。心肺停止の可能性。 |

## 分析 B 抵抗率

導体の長さが 1m, 断面積が 1m² のときの抵抗値 ρ〔Ω・m〕を **抵抗率** という。抵抗率は材質によって異なる。

### 抵抗の長さと抵抗値にはどのような関係があるだろうか?

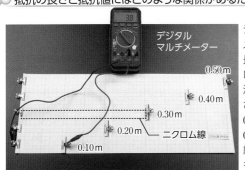

デジタルマルチメーターを用いて, 長さの異なるニクロム線の抵抗値を測定してみよう(長さが 0.10m, 0.20m, 0.30m, 0.40m, 0.50m のニクロム線, 直径はいずれも 0.20mm)。

### 抵抗の断面積と抵抗値にはどのような関係があるだろうか?

デジタルマルチメーターを用いて, 断面積の異なるニクロム線の抵抗値を測定してみよう(直径が 0.20mm, 0.30mm, 0.40mm, 0.50mm のニクロム線, 長さはいずれも 0.50m)。

※直径0.20mmのニクロム線は左の写真のものを使用。

### 実験結果の分析(長さと抵抗値の関係)

| 抵抗の長さ l〔m〕 | 抵抗値 R〔Ω〕 |
|---|---|
| 0.10 | 3.8 |
| 0.20 | 7.4 |
| 0.30 | 10.9 |
| 0.40 | 14.4 |
| 0.50 | 17.9 |

①抵抗(ニクロム線)の長さ l〔m〕と, デジタルマルチメーターから読み取った抵抗値 R〔Ω〕を, 表にまとめる。

### 実験結果の分析(断面積と抵抗値の関係)

| 抵抗の直径 r〔mm〕 | 抵抗値 R〔Ω〕 |
|---|---|
| 0.20 | 17.9 |
| 0.30 | 8.0 |
| 0.40 | 4.7 |
| 0.50 | 3.2 |

①抵抗(ニクロム線)の直径 r〔mm〕と, デジタルマルチメーターから読み取った抵抗値 R〔Ω〕を表にまとめる。

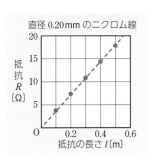

②横軸を抵抗の長さ l, 縦軸を抵抗値 R としたグラフをかく。このグラフから R が l に比例することがわかる。

抵抗の直径を r〔m〕とすると, その断面積 S〔m²〕は
$$S = \pi \cdot \frac{r}{2} \cdot \frac{r}{2}$$

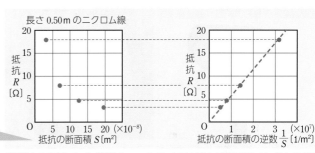

②抵抗の直径 r〔m〕(単位を mm から m に直す)から断面積 S〔m²〕を計算し, 横軸を断面積 S, 縦軸を抵抗値 R としたグラフをかく。
③②のグラフからは, 断面積 S と抵抗値 R の関係を見出しにくいので, 横軸を断面積 S の逆数としたグラフをかく。このグラフから R が S の逆数に比例すること, すなわち R が S に反比例することがわかる。

実験結果のグラフから, 同じ材質であれば, 抵抗値は抵抗の長さに比例し, 断面積に反比例することがわかった。

→ 右上のQRコードから実験に関する問題にチャレンジしてみよう!

### 抵抗率
$$R = \rho \frac{l}{S}$$

R〔Ω〕:抵抗, ρ〔Ω・m〕:抵抗率, l〔m〕:抵抗の長さ, S〔m²〕:抵抗の断面積

## C 抵抗率の温度変化 物

一般に, 導体では温度が上がると抵抗率が増加する。

### 温度による抵抗の大きさの違い

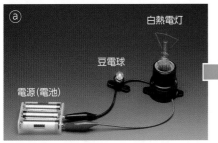 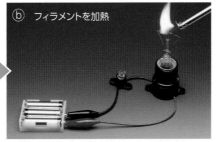

豆電球が光っている状態(ⓐ)で白熱電灯のフィラメントを加熱すると, 豆電球が暗くなる(ⓑ)。これは温度が上がるとフィラメントの抵抗が大きくなるためである。

### 導体の抵抗率と温度の関係

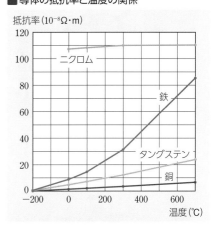

導体では一般に, 温度が上がると導体中の陽イオンの熱運動が活発になり, 抵抗率が上昇する。

抵抗率:resistivity

# 6 電気とエネルギー 基物

## A ジュール熱

$$Q = IVt = I^2Rt = \frac{V^2}{R}t$$

ジュールの法則

$Q$〔J〕：ジュール熱
$I$〔A〕：電流， $V$〔V〕：電圧
$t$〔s〕：時間， $R$〔Ω〕：抵抗

電熱線などの導体に電流が流れると，熱が発生する。ジュールはこの発熱量を詳しく調べ，電流，電圧，時間との関係を見出した。これを **ジュールの法則** といい，発生する熱を **ジュール熱** という。

### ■ シャープペンシルの芯に電流を流す

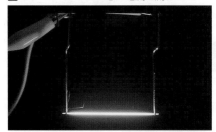

シャープペンシルの芯は，数Ω程度の抵抗値をもつ。10V程度の電圧を加えて電流を流すと，芯の油成分の煙が発生した後，ジュール熱によって温度が上昇して輝き，やがて燃えつきる。

### ■ ジュール熱の発生のようす

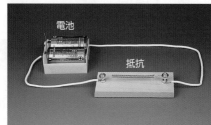

抵抗に電流を流し始めてから，抵抗の温度が上がっていくようすを，サーモグラフィーカメラで撮影したもの。スイッチを入れた後，ジュール熱が発生しているようすがわかる。

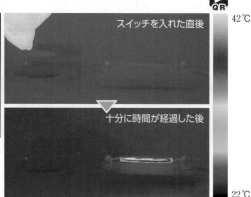

スイッチを入れた直後

十分に時間が経過した後

42℃

22℃

### ■ ジュール熱の利用例 日常

ドライヤー

衣類スチーマー

オーブントースター

電気ケトル

ジュール熱は，電気エネルギーから熱エネルギーを得る手段として，生活用品などに広く応用されている。

---

### Point ドライヤーの内部

ドライヤーは，電熱線で発生したジュール熱をモーターで回転させたファンによって生じる風で送り出している。

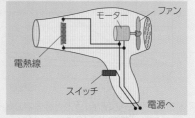

モーター
ファン
電熱線
スイッチ
電源へ

### Column 自動で止まる電気ケトル 日常

沸騰すると自動的にスイッチが切れる電気ケトルには，バイメタル（ p.63）が利用されていることが多い。沸騰で発生した蒸気がバイメタルに導かれるようになっており，その熱で温度が上昇するとバイメタルが曲がり，回路の接点が開く。これで回路が遮断されてスイッチが切れるというしくみである。

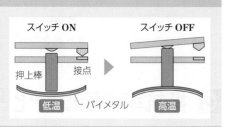

スイッチ ON
押上棒
接点
低温
バイメタル

スイッチ OFF

高温

### Zoom up ショート（短絡）

回路において，電位差のある2点間を導線などの抵抗が小さい導体で接続することをショート（短絡）という。例えば，図の電池と抵抗が接続された回路において，A点とB点を破線のように導線で接続すると，抵抗には電流が流れず，導線に非常に大きな電流が流れることになる。ジュール熱によって電池や導線が熱くなり，非常に危険である。

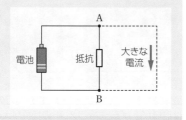

電池
抵抗
A
B
大きな電流

# B 電力量と電力

抵抗から発生するジュール熱は，抵抗に流れた電流がする仕事に等しい。電流がした仕事を **電力量**（単位 J），その仕事率を **電力**（単位 W）という。

## ■ 接続方法による電球の明るさの違い

**並列接続**

100 W の電球
40 W の電球
同じ電圧が加わる

**直列接続**

100 W の電球
40 W の電球
同じ電流が流れる

並列接続の場合，どちらの電球にも 100 V の電圧が加わり，

40 W の電球：$\dfrac{40\,\text{W}}{100\,\text{V}} = 0.4\,\text{A}$　　　100 W の電球：$\dfrac{100\,\text{W}}{100\,\text{V}} = 1\,\text{A}$

の電流が流れる（抵抗値はそれぞれ 250 Ω，100 Ω）。この場合，抵抗値の小さいほう（100 W の電球）が明るい。直列接続の場合，2 つの電球に共通の電流が流れるので，各電球には抵抗値に比例した電圧が加わる。よって，抵抗値の大きいほう（40 W の電球）の消費電力が大きく，明るく点灯する。

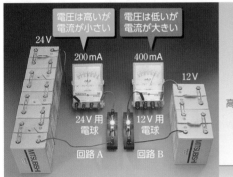

電圧は高いが電流が小さい
電圧は低いが電流が大きい
24 V
200 mA
400 mA
12 V
24 V 用電球
12 V 用電球
回路 A
回路 B

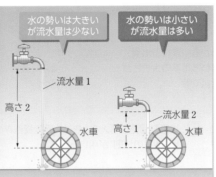

水の勢いは大きいが流水量は少ない
水の勢いは小さいが流水量は多い
流水量1
高さ2
水車
高さ1
流水量2
水車

## Point 電力量の単位

電力量の単位には，ジュール（J）のほか，ワット時（記号 Wh）やキロワット時（記号 kWh）が用いられる。1 Wh は，1 W（= 1 J/s）の電力（仕事率）で 1 時間に行う仕事である。1 時間は 3600 秒であるから

$$1\,\text{Wh} = 1\,\text{J/s} \times 3600\,\text{s} = 3.6 \times 10^3\,\text{J}$$

### 電力量と電力

**電力量**　$W = IVt = I^2Rt = \dfrac{V^2}{R}t$ 〔J〕

**電力**　$P = \dfrac{W}{t} = IV = I^2R = \dfrac{V^2}{R}$ 〔W〕

$I$〔A〕：電流，　$V$〔V〕：電圧
$t$〔s〕：時間，　$R$〔Ω〕：抵抗

## ■ 電力の考え方

流水で水車を回すとき，水の勢いを 2 倍にする場合と，流水量を 2 倍にする場合とでは，水車の仕事率は等しい。

電力の場合は，「水の勢い」が電圧，「流水量」が電流に対応する。

写真において，回路 A は回路 B より電圧が 2 倍大きく，電流は半分であるが

回路 A の電力 = 0.2 A × 24 V = 4.8 W
回路 B の電力 = 0.4 A × 12 V = 4.8 W

となり，両回路の電力は等しくなるので，電球は同じ明るさに輝く。

## ■ 白熱電球と LED 電球 環境

白熱電球
LED 電球

60℃
10℃

白熱電球は，内部にあるフィラメント（抵抗）に電流を流し，ジュール熱で高温になって放射される光を照明として利用している。供給される電力の多くが熱や赤外線として放出されるので，光エネルギーへの変換効率が低い。一方，発光ダイオード（♪ p.121）を利用した LED 電球は，白熱電球に比べて少ない電力で同等の明るさを得ることができる。

## ■ 電気製品の消費電力の目安 日常

| 電気製品 | 消費電力（W） | | |
|---|---|---|---|
| | 500 | 1000 | 1500 |
| 液晶テレビ | 210 | | |
| 冷蔵庫 | 250 | | |
| エアコン（冷房） | 580（立ち上がり時：1400） | | |
| エアコン（暖房） | 660（立ち上がり時：2000） | | |
| ドライヤー | | 1200 | |
| アイロン | | | 1400 |
| 電子レンジ | | | 1500 |

消費電力は，電気製品ごとに，また，使用モードによっても異なる。
（東京電力 HP「主な電気機器のアンペアの目安」をもとに作成）

## Column 電気製品の電気料金表示 日常

私たちは，使用した電力量（単位：kWh）に応じて電気料金を支払っている。例えば，1.2 kW のドライヤーを毎日 3 分（0.05 時間）使うとき，1 か月（30 日）間の使用電力量は 1.2 × 0.05 × 30 = 1.8 kWh となり，この電力量をもとに電気料金が計算される。

電気製品のカタログなどで，「1 か月の電気代は○○円」といった表示を見ることがある。この電気料金は「1 kWh 当たり 27 円」として決められている。

## ■ 待機時消費電力 環境

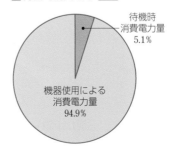

待機時消費電力量 5.1%
機器使用による消費電力量 94.9%

一般財団法人省エネルギーセンター「平成 24 年度 エネルギー使用合理化促進基盤整備事業（待機時消費電力調査）報告書」によると，家庭での消費電力量は，1 世帯当たり年間 4432 kWh で，そのうち待機時消費電力量（電気製品の主機能動作を行っていない状態の消費電力量）は 5.1 % を占める。こまめに電源を切り，節電を心がけることが重要である。

# 7 直流回路 \text{基}物

## A 抵抗の接続

2つ以上の抵抗を接続したときの全体の抵抗値を **合成抵抗** という。直列接続では各抵抗に流れる電流の大きさが等しく，並列接続では各抵抗に加わる電圧が等しい。

### ■ 抵抗の直列接続

#### 直列接続の合成抵抗

$$R = R_1 + R_2$$

$R〔Ω〕$：合成抵抗，$R_1, R_2〔Ω〕$：各抵抗の抵抗値

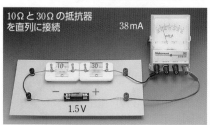

10Ωと30Ωの抵抗器を直列に接続　38mA

測定結果
$$R = \frac{1.5\,\text{V}}{0.038\,\text{A}} \fallingdotseq 40\,Ω$$

計算値
$$R = 10 + 30 = 40\,Ω$$

1.5 V

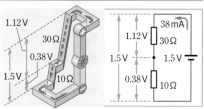

抵抗の接続は，左の図のような水流のモデルで考えるとよい。直列接続の場合，水路は1本道であるから，流れる水量，すなわち電流の大きさが両抵抗で等しい。

### ■ 抵抗の並列接続

#### 並列接続の合成抵抗

$$\frac{1}{R} = \frac{1}{R_1} + \frac{1}{R_2}$$

$R〔Ω〕$：合成抵抗，$R_1, R_2〔Ω〕$：各抵抗の抵抗値

10Ωと30Ωの抵抗器を並列に接続　200mA

測定結果
$$R = \frac{1.5\,\text{V}}{0.200\,\text{A}} = 7.5\,Ω$$

計算値
$$\frac{1}{R} = \frac{1}{10} + \frac{1}{30} = \frac{4}{30}$$
$$R = \frac{30}{4} = 7.5\,Ω$$

1.5 V

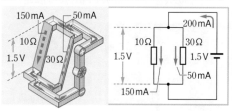

並列接続の場合は，水路の水位差，すなわち電圧が両抵抗で等しくなる。各抵抗に加わる電圧は電源電圧に等しい。

## B キルヒホッフの法則 物

複雑な回路を考えるときは，電気量保存の法則やオームの法則などをもとに拡張した **キルヒホッフの法則** が用いられる。

### ■ 回路網と水流による説明

**キルヒホッフの法則 I**
点 d に適用　　$I_1 + I_2 = I_3$

**キルヒホッフの法則 II**
経路1に適用　　$E_1 + E_2 = R_1 I_1 + R_3 I_3$　　…①
経路2に適用　　$E_3 = R_2 I_2 + R_3 I_3$　　…②
経路3に適用　　$E_1 + E_2 - E_3 = R_1 I_1 - R_2 I_2$　　…③
（③は①－②と同じである）

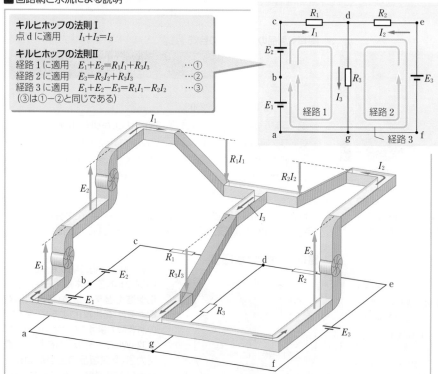

### キルヒホッフの法則

I　回路中の交点について
**流れこむ電流の和 = 流れ出る電流の和**

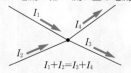

$$I_1 + I_2 = I_3 + I_4$$

II　回路中の一回りの閉じた経路について
**起電力の和 = 電圧降下の和**

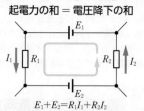

$$E_1 + E_2 = R_1 I_1 + R_2 I_2$$

■ Iでは，未知の電流の向きはどちらかに仮定して計算する。計算で求められる電流値が負になれば，仮定と反対の向きに電流が流れていることになる。

■ IIでは，初めに経路を1周する向きを決め，起電力は1周する向きに電流を流そうとする向きを正，電圧降下はIで仮定した電流が1周する向きに流れる場合を正，として考える。

図のような水流のモデルで考えると，キルヒホッフの法則 I は「流れこむ水の量と流れ出る水の量は等しい」，法則 II は「1周すると同じ水位（高さ）にもどってくる」ということを表している。

# C 電池の起電力と内部抵抗

電池は，電極間に電位差(**起電力**)をつくりだす。電池の両端の電圧は，流れる電流が増えると小さくなる。これは，電池が **内部抵抗** をもっているためである。

## ■ 内部抵抗の測定実験

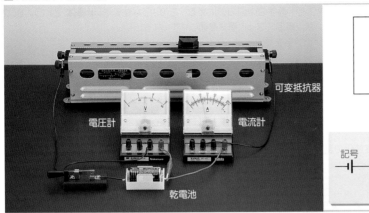

可変抵抗器

端子電圧 $V$ [V]

電流 $I$ [A]

乾電池

| 記号 | 実際には |
|---|---|

内部抵抗 $r$ [Ω]　起電力 $E$ [V]

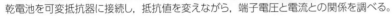

乾電池を可変抵抗器に接続し，抵抗値を変えながら，端子電圧と電流との関係を調べる。

## ■ 端子電圧と電流の関係

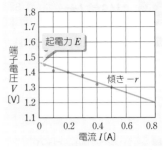

起電力 $E$

傾き $-r$

端子電圧 $V$ [V]

電流 $I$ [A]

端子電圧 $V$ [V] と電流 $I$ [A] の関係は，図のような直線になり

$$V = E - rI$$

と表される。$E$ [V] が電池の起電力，$r$ [Ω] が内部抵抗である。

# D 抵抗の測定

導体の抵抗値の測定では，電圧計や電流計が内部抵抗をもつため，正確に求めることは容易ではない。そこで，実際の抵抗値の測定には，**ホイートストンブリッジ** という回路がよく用いられる。

## ■ ホイートストンブリッジ

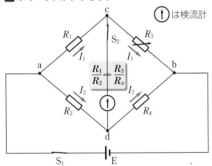

$\bigcirc$ は検流計

$$\frac{R_1}{R_2} = \frac{R_3}{R_x}$$

$R_1$, $R_2$ [Ω] の抵抗器に流れる電流をそれぞれ $I_1$, $I_2$ [A] とする。検流計に流れる電流が 0 のとき，$R_3$, $R_x$ [Ω] の抵抗器に流れる電流もそれぞれ $I_1$, $I_2$ [A] となる。また，c と d は等電位であるから

ac, ad の電圧について　$R_1 I_1 = R_2 I_2$

cb, db の電圧について　$R_3 I_1 = R_x I_2$

ゆえに　$\dfrac{R_1}{R_2} = \dfrac{R_3}{R_x}$

この式より，$R_x$ を求める。

## ■ メートルブリッジ

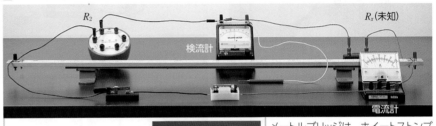

検流計

$R_2$　$R_x$(未知)

電流計

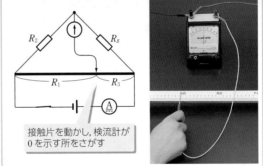

接触片を動かし，検流計が 0 を示す所をさがす

メートルブリッジは，ホイートストンブリッジを簡易にしたもので，1 本の抵抗線を抵抗値 $R_1$ と $R_3$ の 2 つの抵抗器の役目に使う。実際の回路は，ホイートストンブリッジと異なるようにみえるが，回路図に直して考えると，同じであることがわかる。

電磁気

## Column 三路スイッチ

日常

階段の照明には，スイッチが 1 階と 2 階の 2 か所にあり，どちらからも ON と OFF を切り替えられるものがある。これには三路スイッチとよばれるスイッチが利用されている。

図の@のように，照明が OFF の状態で 1 階のスイッチを押すと，回路がつながって照明が点灯する(同図ⓑ)。そして，階段を上がって 2 階のスイッチを押すと回路が遮断されて再び照明を OFF の状態にすることができる(同図ⓒ)。

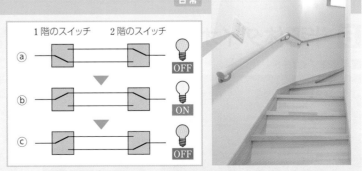

1 階のスイッチ　　2 階のスイッチ

ⓐ OFF

ⓑ ON

ⓒ OFF

---

起電力：electromotive force　　内部抵抗：internal resistance　　ホイートストンブリッジ：Wheatstone bridge

# 8 半導体 基 物

## A 半導体

ケイ素(Si)やゲルマニウム(Ge)の単体は，抵抗率が導体と不導体の中間の値にある。このような物質を **半導体** という。Si や Ge の単体(真性半導体)は，低温では電気を通しにくいが，高温になると電気を通しやすくなる。

### ■さまざまな物質の抵抗率(常温)

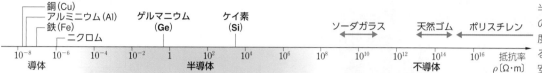

半導体の抵抗率は，半導体の種類，不純物の濃度，温度などによって大きく異なるので，ここでは一例を目安として示した。

### ■シリコンインゴットとウェハ

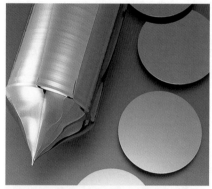

半導体の材料としては，ケイ素(Si)やゲルマニウム(Ge)の単体や，ヒ化ガリウム(GaAs)などの化合物が用いられる。
写真は，高純度のケイ素の塊である「シリコンインゴット」と，それを薄くスライスした「シリコンウェハ」である。シリコンウェハからさまざまな半導体デバイスが作られる。

### ■抵抗率の温度変化の測定

**導体の抵抗率の温度変化**

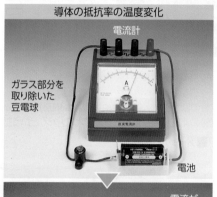

電流計

ガラス部分を取り除いた豆電球

電池

ライターでフィラメントを加熱

電流が減少

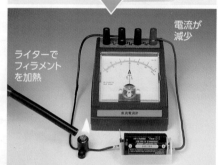

**半導体の抵抗率の温度変化**

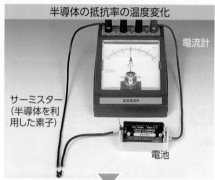

電流計

サーミスター(半導体を利用した素子)

電池

氷水でサーミスターを冷やす

電流が減少

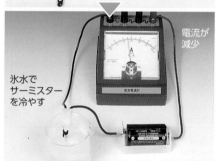

導体は，温度が上がると抵抗率が増加し，半導体は，温度が下がると抵抗率が増加する。

### ■n 型半導体と p 型半導体

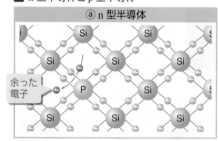

ⓐn 型半導体

余った電子

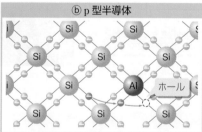

ⓑp 型半導体

ホール

価電子(原子どうしの結合に関係する電子)が 4 個である Si や Ge に微量のリン(P)やアルミニウム(Al)を混ぜると，電気を通しやすくなる(不純物半導体)。
ⓐ価電子が 5 個であるリン(P)を混ぜると，結合からはみ出した電子が電流の担い手(**キャリア**)となる。
ⓑ価電子が 3 個であるアルミニウム(Al)を混ぜると，共有結合する電子が不足し，電子のない箇所(**ホール，正孔**)があたかも正の荷電粒子のようにふるまい，キャリアとなる。

## B 半導体ダイオード

p 型と n 型の半導体を接合(pn 接合)し，両端に電極をつけたものを **半導体ダイオード** という。電極間の電圧を加える向きに応じて，電流が流れたり流れなかったりする特徴をもつ。

### ■半導体ダイオード

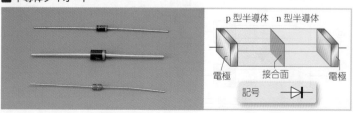

p 型半導体　n 型半導体

電極　接合面　電極

記号　—▷|—

半導体ダイオードは，p 型半導体と n 型半導体を隣接させ，両端に電極を付けた構造をしている。電圧の加える向きによって，電流の流れ方が異なり，一方向にのみ電流を流す作用(整流作用)をもつ。
　**順方向**(p 型が正，n 型が負)：電流が流れ続ける。
　**逆方向**(p 型が負，n 型が正)：電流が流れない。
左の写真は，整流作用のために電源回路や電子回路などで用いられている汎用の半導体ダイオードである。

## ■ 整流回路

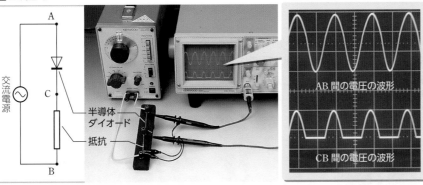

半導体ダイオードには順方向のみ電流が流れるため，電流の向きが周期的に変化する交流（❍ p.134）をダイオードに流すと，正の電圧のみが現れるようになる（整流作用）。

### トンネルダイオード 歴史

江崎玲於奈が発明し，「エサキダイオード」ともよばれる半導体ダイオード。電子がある確率でエネルギーの障壁を乗りこえる「トンネル効果」により，順方向電圧を高くすると電流が減少する，という特性をもつ。江崎はこの功績により，1973 年にノーベル物理学賞を受賞した。

江崎玲於奈

## ■ 発光ダイオード

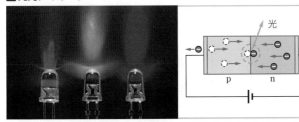

発光ダイオード（LED）は，pn 接合をもつ半導体素子である。pn 接合に順方向の電圧を加えると，接合面で電子とホールが再結合するが，このときエネルギーが光として放射される。
発光ダイオードから放射される光は単色であり，その色（波長）は半導体の種類によって決まる。赤色，緑色，青色の発光ダイオードの組合せによって白色を含むさまざまな色を表現することが可能になっている。

## ■ 太陽電池 日常

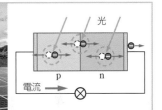

発光ダイオードとは逆に，入射してきた光エネルギーから電気エネルギーをつくりだすのが太陽電池である。
ケイ素（Si）を用いた半導体や，ヒ化ガリウム（GaAs）などの化合物半導体の pn 接合に光が入射すると，電子が励起され，自由電子とホールの対が生成される。電子は n 型へ，ホールは p 型へ移動し，p 型が正極，n 型が負極の電池となる。

## ■ 白色発光ダイオードの 3 つの発光原理

ⓐ黄色の蛍光体による黄色光と，青色光の混合で白色光をつくる一般的な方法。ⓑ 3 原色の蛍光体を用いて白色光をつくる。ⓒ 3 原色の LED で白色光をつくる。ディスプレイなどで用いられる。

## ■ 発光ダイオードの結晶の例

| 結晶の種類 | 色 |
| --- | --- |
| GaAs | 赤外 |
| AlGaAs | 赤外〜赤 |
| GaP | 緑 |
| InGaN | 青〜紫外 |

発光ダイオードの色は，用いる結晶の種類によって決まる。

### 青色発光ダイオード 歴史

1980 年代前半の時点で，すでに赤色，緑色の発光ダイオード（LED）が開発されていた。しかし，青色 LED の材料と目されていた窒化ガリウム（GaN）は，サファイア基板上に結晶を成長させることがきわめて難しく，当時は 20 世紀中の実現は不可能ではないかと

赤﨑勇　天野浩　中村修二

考えられていた。そのような中，赤﨑と天野は，サファイア基板と窒化ガリウムの間に緩衝層を設けることで，結晶の成長に成功し，1989 年，青色 LED を世界で初めて実現した。また，1993 年に，中村は，高輝度で高効率の青色 LED の製造に成功し，ついに光の 3 原色（赤・緑・青）がそろうこととなった。これらの功績で，3 名は 2014 年にノーベル物理学賞を受賞した。
青色 LED の発明を受け，1990 年代には白色 LED の市販も始まった。明るく，消費電力が小さい LED 電球は，白熱電球にかわって急速に普及が進んでいる。

### トランジスター

3 個の不純物半導体を接合した素子で，電気信号を増幅するはたらき（増幅作用）をもつ。現在では，きわめて小さい基板上に多数の素子が配置された集積回路（IC）の中で用いられることが多い。

# 9 磁場 墓物

## A 磁気力

棒磁石で砂鉄を引きつけると，両端付近に多く付着する。この部分を **磁極** という。また，引きつける力（磁気力）の大きさは **磁気量** による。磁極には，**N極**，**S極** の２種類があり，同じ磁石では両極の強さは等しい。

### ■磁石の性質

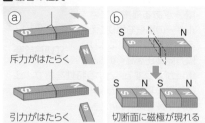

ⓐ同種では斥力，異種では引力がはたらく。
ⓑ棒磁石を切断すると，切断面に磁極が現れる。

### ■磁極の磁気力

砂鉄は磁極付近に多く付着する。

### ■磁気力の違い

鉄球を引きつけるようすから，磁気力の強さが分かる。ネオジム磁石は強力な磁気力によって多くの鉄球を引きつける。

### ■さまざまな磁石

アルニコ磁石

鉄を主成分とし，アルミニウム，ニッケル，コバルトを含む合金の磁石。

フェライト磁石

酸化鉄を主成分とする磁石。安価で，日常的に広く利用されている。

サマリウムコバルト磁石

コバルトを主成分とし，サマリウム(Sm)を含む強力な磁石。

ネオジム磁石

鉄を主成分とし，ネオジム(Nd)を含む，最も強力な磁石。

## B 磁場と磁力線

磁気力が及ぶ空間には **磁場（磁界）** が生じているという。磁場の中に小磁針を置き，N極のさす向きに少しずつ動かすと，1つの線を描く。この線に小磁針のN極の向きに矢印をつけたものを **磁力線** という。

### ■磁石のまわりの磁力線のようす

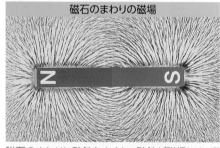

磁石のまわりの磁場

異極間の磁場

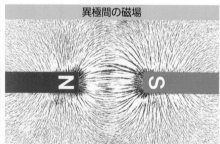

同極間の磁場

磁石のまわりに砂鉄をまくと，砂鉄が磁場により磁気力を受け，磁力線にそって分布する。

---

### Column 磁石の開発と日本人　歴史

磁石の開発の歴史の中で日本人の貢献は非常に大きい。
本格的な人工磁石は，東北大学の本多光太郎が1917年に発明した鉄鋼による磁石「KS鋼」に始まる。その後，東京大学の三島徳七によって性能を高めた「MK鋼」が1931年につくられた。本多はさらに改良を重ね，「新KS鋼」を発明した。これらの技術を受け継いで，アメリカで「アルニコ磁石」が生まれた。
一方，1930年には東京工業大学の加藤与五郎，武井武によって，金属

本多光太郎

ではなく金属酸化物を用いた「コバルトフェライト磁石」が発明された。この磁石は現在広く使われている「フェライト磁石」のさきがけとなった。
1960年代には，アメリカで「サマリウムコバルト磁石」という，強力な磁石が発明された。しかし，コバルトには資源供給が少ないという難点があった。そのような中，住友特殊金属（当時）の佐川眞人は，豊富に存在する鉄を用いた磁石の研究を行い，1982年には，鉄，ネオジム，ホウ素から構成される，非常に強力な磁石を発明した。
小型で強力な磁力を得られるネオジム磁石は，機器の小型化や高性能化を実現するうえで欠かせないものになっている。

---

磁極：magnetic pole　磁気量：magnetic charge　N極：north pole　S極：south pole　磁場（磁界）：magnetic field

## ■ 磁鉄鉱のまわりに生じる磁場

磁鉄鉱は，天然に産出される磁石である。磁鉄鉱のまわりに方位磁針を置くと，磁鉄鉱の磁場により，針はさまざまな方向を向く。

## 磁気共鳴画像法（MRI）

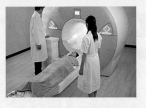

体の内部を画像化する技術の一つに磁気共鳴画像法（MRI：Magnetic Resonance Imaging）がある。人体に強力な磁場を加え，さらに振動磁場を加えると，体内の水素原子核が核磁気共鳴という現象を起こす。振動磁場を止めたときの水素原子核の応答をとらえることで体内のようすを画像化することができる。

## C 磁化

鉄が磁石に引きつけられるのは，磁石の磁場によって鉄が磁石の性質を強く帯びるためである。このように磁石の性質を帯びることを **磁化** という。磁化のようすは物質によって異なり，**強磁性体**，**常磁性体**，**反磁性体** に分類される。

### ■ 磁化のしくみ（強磁性体）

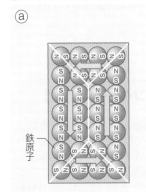

鉄原子は小さな磁石と考えることができる。通常の鉄では，鉄原子が向きをそろえた区域（磁区という）をつくっているが，隣接する区域のN極とS極が隣りあうため，全体としては磁気を帯びていない（ⓐ）。鉄に磁石を近づけると，鉄原子の向きがそろい，磁石の性質を帯びる（ⓑ）。

### ■ 磁性体の種類

| 強磁性体 | 常磁性体 | 反磁性体 |
|---|---|---|
| 磁場の向きに強く磁化される | 磁場の向きに弱く磁化される | 磁場と逆向きに弱く磁化される |

### ■ 磁化のモデル実験

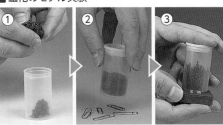

くだいた磁石のかけらをまとめた塊（①）は，磁石の向きがふぞろいのため，クリップ（鉄）に近づけても，引きつけない（②）が，強力な磁石の磁場で磁石の向きをそろえる（③）と，クリップを引きつける（④）。

### ■ 磁性体の利用例 日常

ハードディスク　切符

磁性体は，磁気記録の用途に用いられることが多い。かつては，ビデオテープやカセットテープなどでも，幅広く利用されていたが，現在はデジタル方式の記録媒体にとってかわられつつある。　切符の裏面に砂鉄▶を振りかけたようす

## 磁性流体

磁性流体とは，磁性を帯びた10nm程度の超微粒子を水などの溶媒中に分散させたコロイド溶液のことをいう。1960年代，NASAによって無重量状態の中での宇宙船内部の液体燃料の移送や，宇宙服の可動部のシール材として開発された。磁性流体の液滴に磁場を加えると，写真のように液体表面にスパイク状の突起が現れる。

提供：株式会社フェローテックマテリアルテクノロジーズ

## 超伝導物質による磁気浮上

一般に，金属の電気抵抗は温度が下がると減少するが，ある種の物質は，ある温度以下になると，電気抵抗が急に0になる。この現象を超伝導（超電導）という。超伝導物質は，その内部から磁場を排除しようとする性質をもち，磁石を近づけると反発力が生じる。写真のように，液体窒素（−196℃）に超伝導物質をひたし，その上に磁石をのせると，反発力により磁石は浮上する。

# 10 電流のつくる磁場 <sub>基</sub><sub>物</sub>

## A 直線電流がつくる磁場

電流はその周囲に磁場をつくる。十分に長い導線を流れる直線電流がつくる磁場は，電流を中心にした同心円状になる。また，磁場の向きは **右ねじの法則** によって求められる。

### ■ 直線電流がつくる磁場

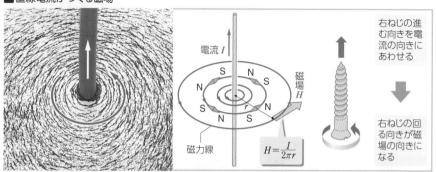

電流 $I$

磁力線

右ねじの進む向きを電流の向きにあわせる

右ねじの回る向きが磁場の向きになる

$H = \dfrac{I}{2\pi r}$

磁場 $H$

**直線電流がつくる磁場**

① **磁力線** 電流(導線)に垂直な平面内で，電流を中心とする同心円となる。

② **磁場の向き** 右ねじの進む向きに電流が流れるとき，右ねじの回る向きとなる(右ねじの法則)。

③ **磁場の強さ** $H = \dfrac{I}{2\pi r}$

$H$〔A/m〕：磁場の強さ
$I$〔A〕：電流， $r$〔m〕：電流からの距離

まっすぐな導線と垂直な厚紙の上に砂鉄をまき，電流を流すと，砂鉄は電流がつくる磁場によって力を受け，磁場(磁力線)にそって並ぶようになる。

### ■ 地球の磁場と電流がつくる磁場の重ねあわせ

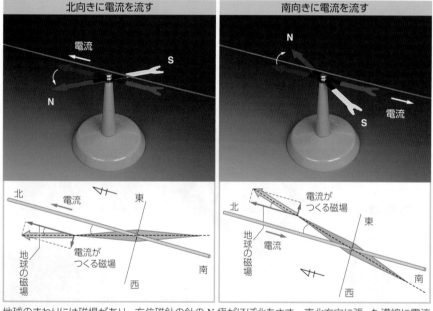

北向きに電流を流す

南向きに電流を流す

地球のまわりには磁場があり，方位磁針の針のN極がほぼ北をさす。南北方向に張った導線に電流を流すと，方位磁針の針は，地球の磁場と電流のつくる磁場とを重ねあわせた磁場の向きに振れる。

### Zoom up アンペールの法則

電流がつくる磁場の強さを，任意の閉じた経路にそって足しあわせる(正確には，経路にそって積分する)と，その経路の内側を通過する電流の大きさに等しくなる。これを「アンペールの法則」という。直線電流がつくる磁場の場合，大きさ $I$〔A〕の電流から距離 $r$〔m〕の円の経路で考えると，円周が $2\pi r$〔m〕であり図形の対称性から磁場の強さ $H$〔A/m〕は一定なので

$$2\pi r \times H = I$$

となる。この式より，直線電流がつくる磁場の強さの式

$$H = \frac{I}{2\pi r}$$

が得られる。

電流 $I$

磁場 $H$

### ■ 電流がつくる磁場と方位磁針の振れる向き

電流を流す前

電流を流しているとき

電流を流す前，方位磁針はすべて北(写真の上側)を向いているが，電流を流すと，方位磁針の針は電流がつくる磁場の影響を受ける。導線の上(A)と下(B)の方位磁針のN極は，それぞれ右向き，左向きに力を受けて針が振れる。一方，導線の左と右の方位磁針のN極は，それぞれ上向き，下向きに力を受けるが，左右方向には力を受けないため，針は北をさしたままとなる。

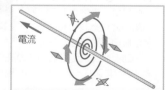

電流

# B 円形電流がつくる磁場

円形の導線に流れる電流は，短い棒磁石と似たような磁場をつくる。この磁場は，短い直線電流による磁場の重ねあわせとして考えることができる。

## ■円形電流がつくる磁場

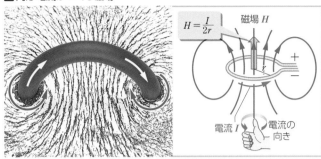

$$H = \frac{I}{2r}$$

磁場 $H$

電流 $I$　電流の向き

### 円形電流がつくる磁場

①**磁力線**　コイル面上では，面に対し垂直となる。
②**磁場の向き**　右手の親指以外の指先の向きに電流が流れるとき，親指の向きに磁場ができる。
③**中心の磁場の強さ**　$H = \dfrac{I}{2r}$

　$H$〔A/m〕：磁場の強さ，　$I$〔A〕：電流，　$r$〔m〕：円形電流の半径

### 🔍 Zoom up　地球の磁場（地磁気）　日常

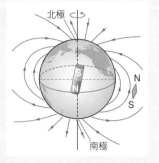

北極

南極

方位磁針の N 極が北を向くのは，地球自身が大きな磁石（北極側がS極，南極側がN極）となっているためである。しかし，地球の内部に固体の磁石があるわけではない。

現在，地球内部の外核とよばれる部分は，高温の流体であると考えられている。外核に存在する液体の鉄が環状に運動することによって，それが円形電流となり，磁場が生じていると考えられている。

地磁気には，数10年単位での変化があり，これは，外核内の流体運動が変化するためと考えられている。

# C ソレノイドの電流がつくる磁場

導線を密に巻いた十分に長い円筒状コイルを **ソレノイド** という。ソレノイドは，中心軸が共通な円形電流が多数並んでいるものとみなせる。

## ■ソレノイドがつくる磁場

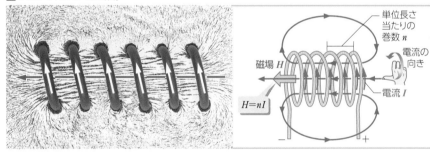

単位長さ当たりの巻数 $n$

電流の向き

磁場 $H$

$H = nI$

電流 $I$

### ソレノイドの電流がつくる磁場

①**磁力線**　ソレノイドの内部では，中心軸と平行になり，一様な磁場となる。
②**磁場の向き**　右手の親指以外の指先の向きに電流が流れるとき，親指の向きに磁場ができる。
③**磁場の強さ**　$H = nI$
　$H$〔A/m〕：磁場の強さ
　$I$〔A〕：電流
　$n$〔1/m〕：単位長さ当たりの巻数

電磁気

---

## 📖 Column　電磁石の利用　日常

ソレノイド内に鉄心などの強磁性体を入れたものを「電磁石」という。鉄心はソレノイドがつくる磁場によって磁化され，磁石となる。電磁石では，電流による磁場と磁石による磁場が重なるため強力な磁場が得られる。また，電流が流れていないときは磁気力を0に近くできるので，鉄スクラップなどを移動するための建設機械などに利用されている。

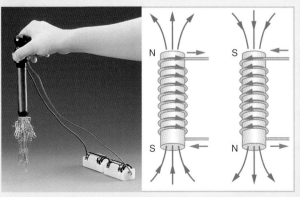

N　S

S　N

電磁石を利用した重機

# 11 電流が磁場から受ける力 <sup>基</sup><sup>物</sup>

## A 直線電流が受ける力

磁場の中に導線を置いて電流を流すと，導線が力を受ける。つまり，電流は磁場から力を受ける。力の向きは，**フレミングの左手の法則** により求めることができる。

### ■フレミングの左手の法則

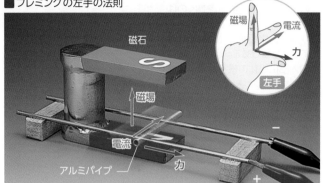

アルミパイプに電流を流すと，パイプはレール上を動きだす。これは，パイプに流れている電流が磁石の磁場から力を受けていることを表している。直線電流が磁場から受ける力の向きは，左手の3本の指を互いに直角に開き，中指を電流，人差し指を磁場の向きに合わせると，親指の向きになる（**フレミングの左手の法則**）。

**電流が磁場から受ける力**

$$F = IBl \sin\theta$$

$F$〔N〕：力の大きさ，　$I$〔A〕：電流
$B$〔T〕：磁束密度の大きさ
$l$〔m〕：導線の長さ，　$\theta$：磁場と電流がなす角

### Column　直流モーター

模型用の直流モーターは，回転できるようにしたコイルを磁石の間に配置した構造をもつ。コイルに電流を流すと，コイルは，磁石による磁場から力を受け，この力によって回転する。
コイルが半回転すると，電流に対する磁場の向きが反転し，回転を妨げる向きに力がはたらいてしまう。これを防ぐため，整流子とブラシというしくみにより，同じ回転方向に力がはたらき続けるようになっている。

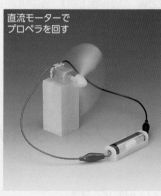

直流モーターでプロペラを回す

### Column　リニアモーターカー <sup>技術</sup>

JR東海によってリニア中央新幹線の建設が進められているが（2022年現在），実はリニアモーターカー自体はすでに実用化されている。例えば，1991年に運行を開始した東京都営地下鉄の大江戸線はリニアモーターカーである。リニアモーターカーというと，磁力で浮上して走行する印象があるかもしれないが，必ずしもそうではない。大江戸線は浮上せずに車輪で走行するリニアモーターカーである。
リニアモーターカーは，リニアモーターにより駆動される車両である。リニアモーターは，回転式モーターを切り開いて直線状にしたような構造である。リニアモーターを用いた車両は，車両と地上（または側壁）のそれぞれが磁力をもち，その相互作用で走行する。大江戸線はリニアモーターで駆動力を得て車輪で走行している（鉄車輪支持式）。
リニア中央新幹線はリニアモーターで駆動力を得たうえで，磁力で浮上して走行するリニアモーターカーである（磁気浮上式）。磁気浮上には，車両の磁石（超電導磁石）が通過する際，側壁の8の字の形をしたコイルが電磁石となることを利用している（電磁誘導，● p.130）。8の字のコイルは，上下のコイルに逆周りの電流が流れるため，逆向きの電磁石となる。例えば，右の図のように車両の磁石が側壁のコイルの中央より下を通過すると，下側のコイルは車両の磁石と同極となるが，上側のコイルには下側のコイルと逆回りの電流が流れるので，車両の磁石と異極となる。これらの力を受けて車両が浮上する。

■単純化したリニアモーターのイメージ

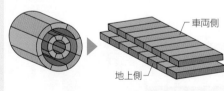

回転式モーター　　リニアモーター

車両側
地上側

■N極　　■S極

■都営大江戸線

■磁気浮上式のリニアモーターカー

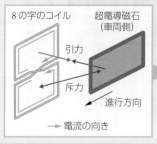

8の字のコイル　超電導磁石（車両側）
引力
斥力
進行方向
→ 電流の向き

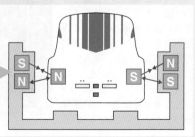

## 電流計と電圧計の原理

実験でよく用いる電流計と電圧計は，電流が磁場から受ける力を利用して電流値や電圧値を測定している。

電流計の指針には，可動式のコイルとひげゼンマイがつながっており，ここに電流が流れる。コイルのまわりには磁石があり，電流が流れるとコイルが磁石から力を受けて回転し，ひげゼンマイの復元力とつりあう角度まで指針が振れる。

電流計の内部抵抗を $r〔Ω〕$ とすると，$I〔A〕$ の電流が流れたときに電流計の端子間の電位差は $rI〔V〕$ となる。したがって，目盛り表示を $r$ 倍することで，この計器は電圧計として使うことができる。

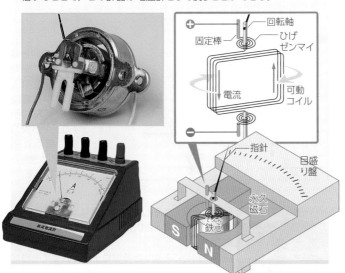

## Column 電流てんびん

電流てんびんは，電流が磁場から受ける力の大きさより，流れている電流を測定することのできる装置である。

①ライダーとよばれる針金のおもりをのせた電流てんびんと，ソレノイドを直列に接続し，電源装置より電流を流す。

②ライダーの位置を調節し，電流てんびんが水平になる所をさがす。

③つりあいの状態にあるとき，電流てんびんは，図の右側では磁場による力，左側ではライダーの重力による力を受けている。よって，力のモーメントの和が 0 になることと，電流が磁場から受ける力「$F = IBl$」を用いることで，電流 $I$ が求められる。

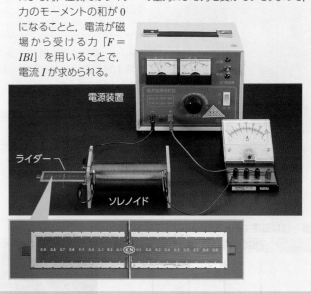

# B 平行電流が及ぼしあう力

2 本の平行な長い導線に流れる電流は，それぞれの電流が他方の電流の位置に磁場をつくるため，力を及ぼしあう。

■ 平行電流が及ぼす力

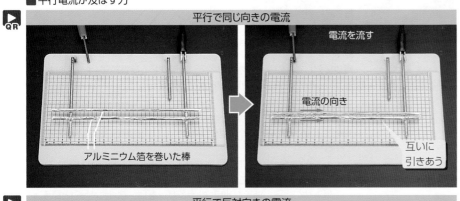

自由に動ける状態にした 2 本のアルミニウム箔を巻いた棒を平行に置き，同じ向き（左→右）に電流を流すと，棒は互いに引きあう。

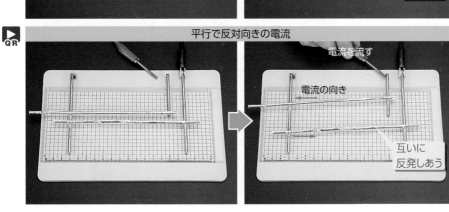

上と同様の実験を，電流を互いに反対向きにして行う。この場合，棒は互いに反発しあう。

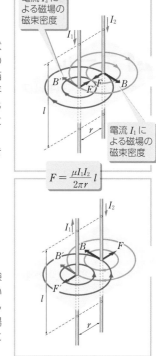

$$F = \frac{\mu I_1 I_2}{2\pi r} l$$

# 12 ローレンツ力 基物

## A ローレンツ力

電流が磁場から受ける力は，動いている電子が受ける力の総和と考えることができる。一般に，電子に限らず荷電粒子が磁場中を動いていると，磁場から力を受ける。この力を **ローレンツ力** という。

### ■ローレンツ力

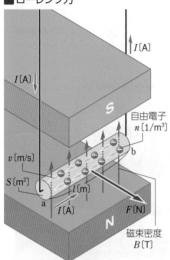

磁束密度 $B$〔T〕の磁場中に垂直に置かれた長さ $l$〔m〕の導線 ab に電流 $I$〔A〕を流すとき，磁場から受ける力の大きさ $F$〔N〕は

$$F = IBl \text{〔N〕} \quad (\textcircled{J}\text{ p.126})$$

電子の電気量を $-e$〔C〕，速さを $v$〔m/s〕，導線の断面積を $S$〔m²〕，導線 1 m³ 当たりの自由電子の数を $n$〔1/m³〕とすると

$$I = envS \text{〔A〕}$$

導線 ab の中の自由電子の数 $N$ は

$$N = nSl$$

以上より，電子1個にはたらくローレンツ力の大きさ $f$〔N〕は

$$f = \frac{IBl}{N} = \frac{(envS)Bl}{nSl}$$
$$= evB \text{〔N〕}$$

**ローレンツ力**

$$f = qvB$$

$f$〔N〕：力の大きさ， $q$〔C〕：電気量の大きさ， $v$〔m/s〕：速さ
$B$〔T〕：磁束密度の大きさ

### ■ローレンツ力の向き

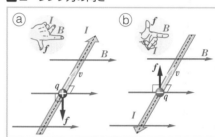

ローレンツ力の向きは，フレミングの左手の法則（ $\textcircled{J}$ p.126）で示される。電流の向き（中指の向き）は，正の荷電粒子（ⓐ）では粒子の運動の向き，負の荷電粒子（ⓑ）では粒子の運動と反対の向きに定める。

### ■一様な磁場中の荷電粒子の運動

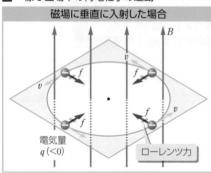

磁場に垂直に入射した場合

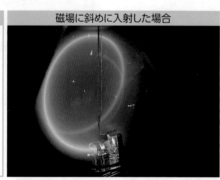

磁場に斜めに入射した場合

磁場に垂直に入射した荷電粒子は，ローレンツ力（大きさ $f = |q|vB$〔N〕）を向心力とした等速円運動をする。

磁場に斜めに入射した荷電粒子は，磁場に垂直な方向には等速円運動，磁場に平行な方向には等速直線運動をするので，合成すると，粒子の運動の軌道はらせん状になる。

## B ホール効果

電流が流れている導体や半導体の板に，電流に対して垂直な磁場を加えると，電流を担う荷電粒子（キャリア）がローレンツ力を受け，磁場と電流に垂直な方向に電位差が生じる。この現象を **ホール効果** という。

### ■ホール効果の原理（キャリアが負の場合）

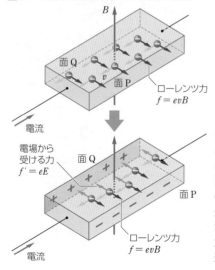

自由電子はローレンツ力を受けて，面 P 側に集まる。この結果，面 P は負に，面 Q は正に帯電し，Q → P の向きの電場が生じる。電子は，この電場による力とローレンツ力がつりあった時点で直進するようになる。

### Column ホールセンサー 日常

ホール効果は磁気に反応して起こる現象なので，磁気を検出するセンサーとして利用することができる。
半導体のホール効果を利用したセンサーを「ホールセンサー」という。二つ折りのノート型パソコンでは，たたんだとき重なる場所の片方にホールセンサー，他方に小さい磁石を入れているものがある。ホールセンサーが磁気を検出したときに，電源スリープ状態になる。同じように，冷蔵庫の扉にもホールセンサーと磁石が使われているものがある。

## Zoom up　サイクロトロンとシンクロトロン

原子核反応などの大型実験に必要な，高速の粒子を生成する装置を **加速器** という。**サイクロトロン** と **シンクロトロン** は，荷電粒子がローレンツ力によって円軌道を描くことを利用した加速器である。

### サイクロトロン

中空の電極（これをディー（D）という）を対向させて置き，垂直に磁場を与える。荷電粒子は電極中で円軌道を描くが，両電極のギャップに周期的に正負の変わる交流電圧を与えておくと，荷電粒子はギャップを通るたびに加速される。

高周波電源　イオン源
磁場　ギャップ

#### ■世界最初のサイクロトロン

直径 10 cm ほどで，水素分子イオンを 80 keV（$1.3 \times 10^{-14}$ J）まで加速できた。

■理化学研究所和光地区に展示されているサイクロトロン

### シンクロトロン

サイクロトロンでは粒子が速くなると軌道半径が大きくなるが，シンクロトロンでは，磁場の強さと加速電圧の振動数を調整しながら変化させ，軌道半径を一定に保ちながら加速することができる。粒子は，円軌道を周回するたびに高周波加速空洞を通過し，加速される。それにあわせて偏向電磁石の磁場を強くして，同じ円軌道を回るように調節する。

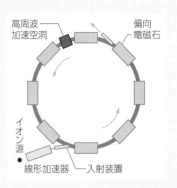

高周波加速空洞　偏向電磁石
イオン源　線形加速器　入射装置

■茨城県東海村にある大強度陽子加速器施設（J-PARC センター）にあるシンクロトロンの偏向電磁石と高周波加速空洞
（提供：J-PARC センター）

偏向電磁石

高周波加速空洞

電磁気

---

## Column　シンクロトロン放射と超新星残骸

### シンクロトロン放射

高速で運動する荷電粒子が加速度運動をすると，荷電粒子は電磁波を放射する。これを **シンクロトロン放射** という。兵庫県にある SPring-8 では，磁場によるローレンツ力を受けて円運動（またはらせん運動）をする荷電粒子が放射するシンクロトロン放射光を，物質の構造解析などに利用している。

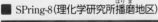

■SPring-8（理化学研究所播磨地区）

### 超新星残骸と宇宙線加速

右上の写真は，超新星残骸「SN1006」の放射する X 線をとらえた画像である。SN1006 は，西暦 1006 年に爆発が観測された超新星（恒星の爆発現象）の残骸で，人類史上最も明るく輝いた超新星であったといわれている。日本でも，藤原定家が「明月記」にその記録を残している。SN1006 の放射する X 線は，おもに高エネルギー（高速）に加速された電子が磁場によるローレンツ力を受けて出すシンクロトロン放射であると考えられている。つまり，SN1006 の出す X 線は，超新星残骸の衝

撃波により，電子が非常に高エネルギーに加速されていることを表している。超新星残骸は，宇宙に存在する超巨大スケールの加速器である，といういい方もできる。

SN1006 の観測結果は，宇宙物理学における謎である「宇宙線加速」に一つの解決を与える。「宇宙線」とは，宇宙を飛び交っている超高エネルギー粒子である。宇宙線は 1912 年に発見されたものの，宇宙にある何がこのような高エネルギーの粒子をつくりだしているのかは長年の謎であったが，超新星残骸が宇宙線加速に少なからず寄与していることが明らかになったのである。

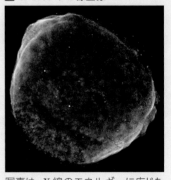

■SN1006 の X 線画像

NASA/CXC/Rutgers/J.Hughes et al.

写真は，X 線のエネルギーに応じた色をつけている。左上と右下の青白い部分が，シンクロトロン放射による X 線に対応する。

---

# 13 電磁誘導 基 物

 **A 電磁誘導** 回路を貫く磁束が変化すると，回路に電圧が生じる。この現象を **電磁誘導** といい，生じた電圧を **誘導起電力** という。また，誘導起電力によって回路に流れる電流を **誘導電流** という。

🔍 コイルを貫く磁束の変化と，誘導電流の向きにはどのような関係があるか？ 分析

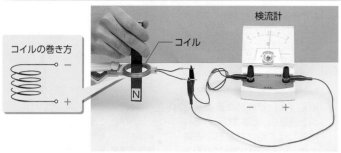

検流計につないだコイルに棒磁石のN極やS極を上から近づけたり，遠ざけたりしてコイルを貫く磁束を変化させたときに流れる誘導電流の向きを調べてみよう。

### レンツの法則

誘導起電力は，それによって流れる誘導電流のつくる磁束が，外から加えられた磁束の変化を打ち消すような向きに生じる。

### ファラデーの電磁誘導の法則

$$V = -N\frac{\Delta\Phi}{\Delta t}$$

$V$〔V〕：誘導起電力，　$N$：コイルの巻数
$\Delta\Phi$〔Wb〕：磁束の変化，　$\Delta t$〔s〕：時間

## 📈 実験結果の分析

| | コイルを貫く磁束の変化 | 検流計の針の振れ | 誘導電流の向き |
|---|---|---|---|
| N極を近づける | 下向きの磁束が増加 | 右 | 上向きの磁束をつくる向き |
| N極を遠ざける | 下向きの磁束が減少 | 左 | 下向きの磁束をつくる向き |
| S極を近づける | 上向きの磁束が増加 | 左 | 下向きの磁束をつくる向き |
| S極を遠ざける | 上向きの磁束が減少 | 右 | 上向きの磁束をつくる向き |

誘導電流は，外から加えられた磁束の変化を打ち消すような磁束をつくる向きに流れる。

→ 右上のQRコードから実験に関する問題にチャレンジしてみよう！

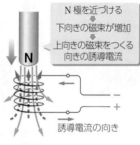 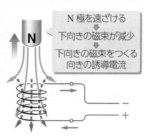

**Point 誘導起電力の正負**

磁場（磁束）の正の向きを定め，その向きに進むように右ねじが回る向きを，誘導起電力の正の向きとする。

### ■ 磁場にコイルを出し入れするときの誘導電流の向き

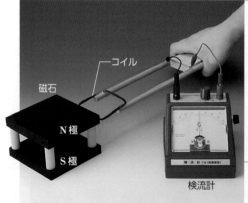

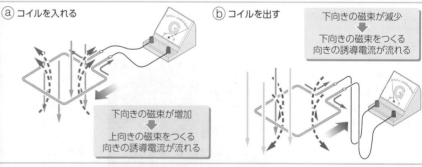

コイルを磁場の中に入れたり出したりする場合にも，コイルに誘導起電力が生じ，誘導電流が流れる。この場合，磁場が時間とともに変化しないが，コイルを貫く磁束が変化しており，ファラデーの電磁誘導の法則が適用できることが知られている。

### Column 非接触ICカード 日常

鉄道の乗車券などに利用されている「非接触ICカード」は，ICチップとアンテナコイルより構成されている。カードを改札口などのリーダー部分にかざすと，リーダーから出る電波のつくる磁場により，アンテナコイルに誘導電流が流れ，それによって情報のやりとりが行われる。電力はリーダー部分が供給するため，カードには電池が不要である。

# B 渦電流

コイルの場合と同様に，金属板に磁石を近づけたり金属板上で磁石を動かしたりすると，金属板に誘導電流が流れる。これを 渦電流 という。渦電流によって，磁石には運動を妨げる向きに磁気力がはたらく。

## ■ 渦電流の発生原理

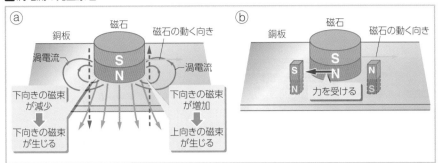

渦電流によって生じる磁場は，ⓑのような小磁石によって生じる磁場と同じである。よって，上の磁石はこの小磁石から力を受けると考えることもできる。

## ■ 渦電流の実験

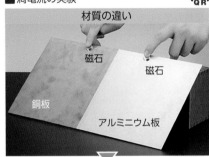

アルミニウムよりも銅のほうが抵抗率が小さい。このため，金属板を貫く磁束の変化が小さくても渦電流の効果が現れ，同じ厚さでも銅板のほうがゆっくり落ちる。

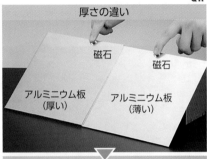
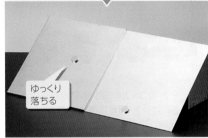

厚いほうが電流が流れやすい。このため，金属板を貫く磁束の変化が小さくても渦電流の効果が現れ，厚い板のほうがゆっくり落ちる。

## ■ 渦電流によるブレーキ

回転しているアルミニウムの鍋ぶたにネオジム磁石を近づけると，ふたに渦電流が生じ，ふたにブレーキがかかってやがて回転が止まる。

## ■ アルミニウムの管に磁石を落とす実験

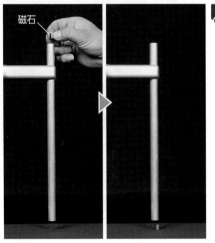

鉛直に立てたアルミニウムの管の中に磁石を入れると，ゆっくりと落下する。

電磁気

## Column 電磁調理器　日常

電磁調理器(IH調理器)は，誘導加熱(induction heating)とよばれる，渦電流による加熱方法を利用した調理器である。
電磁調理器のトッププレートの下にあるコイルに，数十kHzの交流電流(▶p.134)を流すと，それにより時間的に変化する磁場が発生する。トッププレートの上に，電気を通す物質(通常は金属)でできた鍋を置くと，電磁誘導により金属中に渦電流が流れる。この金属自身の電気抵抗を利用し，ジュール熱で加熱する。ガスコンロや，電熱線を用いた電気コンロのように，調理器ではなく鍋自体が発熱するので，エネルギーの効率がよい。

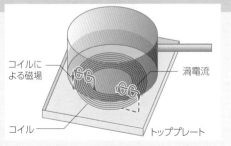

# 14 自己誘導と相互誘導 基物

## A 自己誘導

コイルに流れる電流が変化すると，その電流のつくる磁場が変化し，コイルを貫く磁束も変化するので，コイル自身に磁場の変化を打ち消す向きの誘導起電力が生じる。これをコイルの **自己誘導** という。

### ■コイルを流れる電流の変化

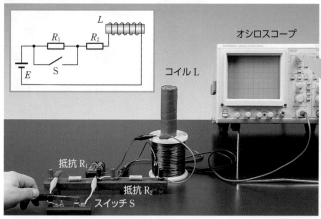

**オシロスコープ画面**
（コイルに流れる電流変化を表す）

**自己誘導**

$$V = -L \frac{\Delta I}{\Delta t}$$

$V$〔V〕：誘導起電力
$L$〔H〕：自己インダクタンス
$\Delta I$〔A〕：電流の変化， $\Delta t$〔s〕：時間

スイッチ S を閉じるとき（①），コイルを流れる電流が増加するので，コイルを貫く磁束が増加し，それを打ち消す向きに誘導起電力が生じる。このため，回路に流れる電流の大きさは瞬時には変わらない。一方，スイッチ S を開くときは（②），コイルを流れる電流が減少するので，コイルを貫く磁束が減少し，それを打ち消す向きに誘導起電力が生じる。

### ■乾電池でネオン管を点灯させる

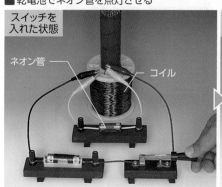

スイッチを入れた状態

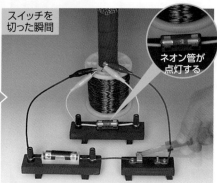

スイッチを切った瞬間

ネオン管が点灯する

写真のネオン管を点灯させるには，およそ 70 V 以上の電圧を加える必要があり，起電力 1.5 V の電池を単に接続しただけでは点灯しない。そこで，コイルをネオン管と並列に接続して電流を流し，スイッチを切る。その瞬間，コイルの自己誘導により左回りの電流を流そうとする大きな誘導起電力が発生し，ネオン管の右側の電極から電子が放出されて輝く。

## B 相互誘導

鉄心に 2 つのコイルを巻き，一方のコイルに流れる電流を変化させると，他方のコイルを貫く磁束が変化するため，このコイルにも誘導起電力が生じる。これを **相互誘導** という。

### ■相互誘導

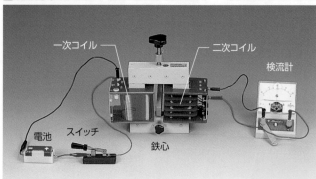

**相互誘導**

$$V_2 = -M \frac{\Delta I_1}{\Delta t}$$

$V_2$〔V〕：一次コイルの電流の変化によって二次コイルに生じる誘導起電力
$M$〔H〕：相互インダクタンス
$\Delta I_1$〔A〕：一次コイルの電流の変化， $\Delta t$〔s〕：時間

写真のような回路で，一次コイルの回路のスイッチを開閉して電流を流したり断ったりする。スイッチを入れて一次コイルに電流を流す場合は，それによって生じる磁束の増加を打ち消すように，二次コイルに誘導電流が流れる。一次コイルのスイッチを切って電流を断つ場合は，それまであった磁束が消えるのを補うように，二次コイルに先ほどとは逆の向きに電流が流れるような誘導起電力が生じる。このように，一次コイルに電流を流すときと，電流を断つときでは，それぞれ逆向きの誘導電流が流れる。

### ■変圧器

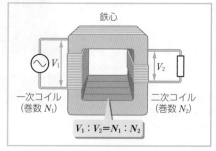

鉄心

一次コイル（巻数 $N_1$）

二次コイル（巻数 $N_2$）

$$V_1 : V_2 = N_1 : N_2$$

**変圧器（トランス）** は，相互誘導を利用して交流の電圧を変える装置である。変換される交流電圧（→p.134）の比は，コイルの巻数の比に等しい。

自己誘導：self-induction　　自己インダクタンス：self-inductance　　相互誘導：mutual induction　　相互インダクタンス：mutual inductance

## ■ 相互誘導を利用した実験

### ⓐ点灯する電球

鉄心
二次コイル
一次コイル
交流電源

### ⓑ浮遊するコイル

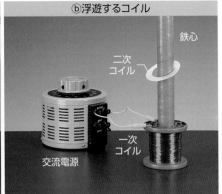

鉄心
二次コイル
一次コイル
交流電源

ⓐ二次コイルに電球をつけ，一次コイルに交流電流を流すと，相互誘導により二次コイルにも誘導電流が流れるため，電球が光りだす。

ⓑ二次コイルとして，軽いアルミニウムの板を用いる。二次コイルに流れる誘導電流は，一次コイルを流れる電流がつくる磁場と逆向きの磁場を生じるため，反発して浮遊する。

---

## Column 送電 　　　　　　　　　　　　　　　　　日常

### 交流送電のメリット

通常，発電所でつくられた交流の電気は，変圧器で高電圧にして送電し，消費地で再度変圧器で低電圧に下げて利用している（一部，直流送電も行われている）。高電圧の送電は，同じ電力を送電する場合に送電線を流れる電流が小さくなり，送電時にジュール熱として失われる電力（電力損失）を小さくおさえられる，というメリットがある。

### ■ 送電過程の例

水力発電所

送電線
27万5千V～50万V
に電圧を上げて送電

出典：東京電力ホールディングス

変電所
超高圧変電所
一次変電所
中間変電所
配電用変電所

鉄道の変電所
大きな工場 など

柱上変圧器
6600Vを変換

家庭，小工場
　　　　　など
（100Vまたは200V）

### 東日本と西日本の交流周波数

発電所から送られてくる交流の周波数は，東日本では50Hz，西日本では60Hzと異なっている。明治時代に電力網の整備が始まった際，東日本ではドイツ製の発電機を，西日本ではアメリカ製の発電機を採用したため，このような違いが生じた。

このため，例えば，西日本で発電した電気を東日本に送るには周波数を変換しなくてはならないが，2011年時点では周波数変換所は3か所（佐久間，新信濃，東清水）しかなく，多くの電力をやりとりすることが困難だった。同年，福島第一原子力発電所事故に伴う東日本の電力不足が深刻な問題となったが，西日本からの電力供給が困難だったのは，この周波数の違いのためである。この経験を受けて，周波数変換設備の増強が検討され，2021年には飛騨変換所の運用が開始された。

### ■ 東日本と西日本の交流周波数と周波数変換所

境界付近で周波数が混在している地域もある。

50Hz
60Hz
新信濃
飛騨
佐久間
東清水

● 周波数変換所

電磁気

---

## Zoom up 超電導ケーブル 　　　　　　　　　　　技術

発電所でつくられた電気を送電するとき，電線には電気抵抗があるため，電力の一部はジュール熱（ p.116）として失われてしまう。これを送電ロスという。エネルギーを有効に活用するため，送電ロスを少なくすることが課題となっている。

その手段の1つとして超電導ケーブルが注目されている。超電導（超伝導，　 p.123）は，ある種の金属の温度を下げていくと，電気抵抗が0になる現象である。電線に使われている超電導物質を超電導の状態に保つことができれば送電ロスを減少させることが可能になる。

日本でも液体窒素を冷却材料とした超電導ケーブルの研究・開発が進められている（　 p.162）。実用化に向けて，コストの低減や安全性の向上などが検討されている。

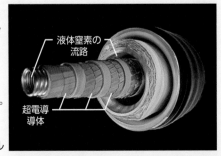

液体窒素の流路
超電導導体

■ 超電導ケーブル

# 15 交流 基 物

## A 交流と直流

電池から得られる電気のように電圧，電流の向きがいつも変わらない電気を **直流(DC)** という。一方，電圧，電流の向きが周期的に変わる電気を **交流(AC)** という。

### ■ 交流と直流の電圧変化の比較

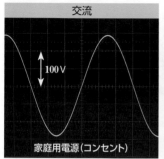

交流

100 V

家庭用電源(コンセント)

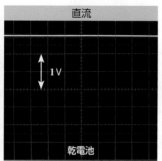

直流

1 V

乾電池

**交流電圧**

$$V = V_0 \sin \omega t$$

$V$ [V]：交流電圧， $V_0$ [V]：交流電圧の最大値
$\omega$ [rad/s]：角周波数， $t$ [s]：時間

交流電源と直流電源の出力電圧を，オシロスコープで見たときの写真。直流電圧は同じ電圧であり続けるのに対し，交流電圧はその大きさと向きが周期的に変化していることがわかる。

### ■ 交流の発生 物

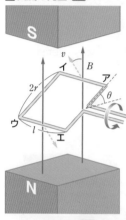

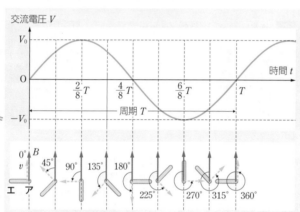

交流電圧 $V$

$V_0$

O

$\frac{2}{8}T$　$\frac{4}{8}T$　$\frac{6}{8}T$　$T$　時間 $t$

$-V_0$

周期 $T$

0° $B$　45°　90°　135°　180°　225°　270°　315°　360°
$v$
エ ア

一様な磁場の中でコイルを一定の速さで回転させると，コイルに交流電圧が発生する。図で，長さ $l$ [m]の辺アイは，速さ $v$ [m/s]で磁束密度 $B$ [T]の磁場を横切る。コイルの回転角を $\theta$ とすると，このときに辺アイに生じる誘導起電力は，$vBl\sin\theta$ [V]である(ア→イ→ウ→エの向きを正とする)。辺ウエにも，同じ符号で同じ大きさの誘導起電力が生じる。また，辺イウと辺エアは磁場を横切らずに回転するため誘導起電力は生じない。したがって，コイル全体に生じる誘導起電力 $V$ [V]は　$V = 2vBl\sin\theta$ となる。

### ■ 交流の実効値 物

交流電源
(12 V, 0.4 A)
直流電源
(12 V, 0.4 A)

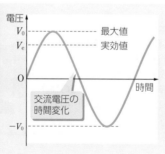

電圧

$V_0$
$V_e$

O

$-V_0$

最大値
実効値

時間

交流電圧の時間変化

**交流の実効値**

$$V_e = \frac{1}{\sqrt{2}} V_0, \quad I_e = \frac{1}{\sqrt{2}} I_0$$

$V_e$ [V]，$I_e$ [A]：交流電圧と交流電流の実効値
$V_0$ [V]，$I_0$ [A]：交流電圧と交流電流の最大値

右側の電球は直流で，左側の電球は交流で点灯し，同じ明るさである。直流と電力が等しくなるように定めた交流電圧と交流電流の値を，交流の **実効値** という。

## Point　実効値の意味

交流では電圧と電流の値が時間的に変化するので，消費電力 $P = IV$ も $0 \sim I_0 V_0$ [W]の間で周期的に変化する($V_0$ [V]，$I_0$ [A]は電圧と電流の最大値)。その時間平均 $\overline{P}$ [W]は $\overline{P} = \frac{1}{2} I_0 V_0$ となる。よって，電圧と電流の実効値を

$$V_e = \frac{1}{\sqrt{2}} V_0, \quad I_e = \frac{1}{\sqrt{2}} I_0$$

と決めれば

$$\overline{P} = I_e V_e$$

となり，直流の場合と同様に電力を考えることができる。

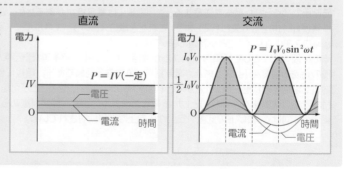

直流

電力

$IV$

$P = IV$(一定)

電圧
電流

O　時間

交流

電力

$I_0 V_0$

$\frac{1}{2} I_0 V_0$

$P = I_0 V_0 \sin^2 \omega t$

O　時間

電流　電圧

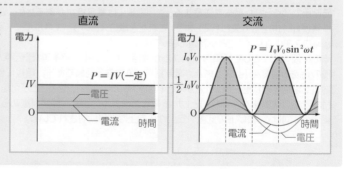

## AC アダプター

日常

パソコンや，携帯電話の充電などでは，家庭用電源に届く交流を「AC アダプター」により直流に変換して利用している。その原理は
①整流　半導体ダイオードの整流作用(◐ p.121)によって，正の向きの電流だけ取りだす。図のように 4 つのダイオードを接続すると，負の電流を正に変えることができる（全波整流）。
②平滑　電荷をコンデンサーに蓄えてから放出することによって，波形を平滑にする。
これに加え，AC アダプター内の変圧器(◐ p.132)で電圧を適切な値にまで下げている。以前は，変圧器で電圧を下げてから整流を行うタイプが主流であったが，最近の充電器などでは，平滑化された後にスイッチング回路でパルス波の交流に変換してから小型の変圧器に通し，再度，整流・平滑を行うしくみにすることで，AC アダプターの小型化・軽量化を実現している。

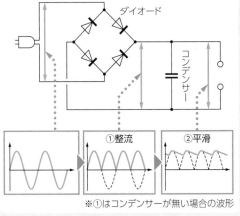
※①はコンデンサーが無い場合の波形

Zoom up
## 三相交流

### 単相交流と三相交流
一様な磁場内でコイルを回転させるか，コイルの中で磁場（磁石）を回転させると，コイルに交流電圧が発生する。実際の発電では，3 個のコイルを回転する磁石のまわりに 120°ずつずらして配置した発電機を利用している。各コイルには，位相が $120°\left(\frac{2}{3}\pi\right)$ ずつずれた交流電圧が発生する。これを「三相交流」という。三相交流に対し，1 つのコイルで得られる 1 系統の交流のことを「単相交流」という。三相交流は，1 回の磁石の回転で 3 系統の交流電圧を取り出せるので，発電効率がよい。

### 三相交流の送電
発電所で得られた電気を一般家庭などに送電するには，電気の通る回路をつくる必要がある。したがって，通常は 1 系統当たり 2 本の送電線が必須である。三相交流では計 6 本の送電線が必要なのだが，実際は 3 本の送電線で送られている。これは，3 系統の交流波形を重ねあわせると常に 0 になることが理由である。各系統の送電線のうちの片方(計 3 本)をまとめあげると電流が流れなくなるため，これらの電線は不要となり，結果的に 3 本の送電線で 3 系統の交流波形を送ることが可能となる。つまり，三相交流は単相交流に比べ，送電のコストを低くおさえられる，というメリットもある。

### 三相交流誘導電動機と VVVF インバータ
一般家庭などでは，直前の柱上変圧器により 100 V または 200 V の単相交流になった電気が届けられる。一方，工場などでは，三相交流を引きこんで，その位相差によってモーターを回す「三相交流誘導電動機」というものを利用している所もある。三相交流誘導電動機は，回転子のまわりに複数の固定子コイルを配置した構造をしている。固定子コイルに三相交流を流すと，磁場が周期的に変わる電磁石となり，この効果によって回転子を回すことができる。
新幹線や電車でも，三相交流誘導電動機を利用している。新幹線や電車の送電は，単相交流または直流であるので，電車側にある「VVVF インバータ」（VVVF は variable voltage variable frequency の略）とよばれる装置で三相交流をつくり，モーターへ送っている(交流電化区間の場合は，一度，コンバータで直流に変換してから VVVF インバータに電気を送っている)。

■三相交流発電機の原理と三相交流の波形
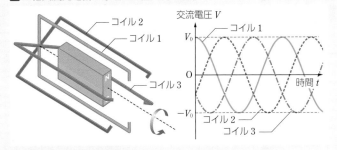

■三相交流の送電線
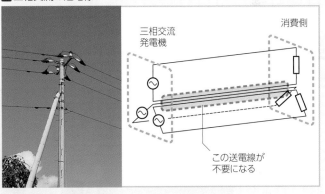

■三相交流誘導電動機
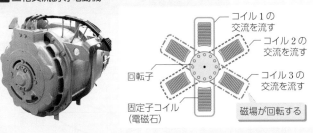

電磁気

# 16 交流回路と電磁波 <sup>基</sup><sup>物</sup>

## A 交流回路 <sup>物</sup>

交流電源に抵抗，コイル，コンデンサーをつなぐと，抵抗に加わる電圧は電流と同位相であるが，コイルに加わる電圧の位相は電流より $\frac{\pi}{2}$ だけ進み，コンデンサーに加わる電圧の位相は電流より $\frac{\pi}{2}$ だけ遅れる。

### ■コイルに加わる交流電圧

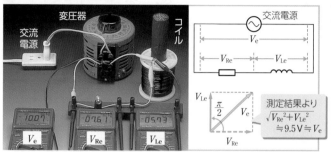

測定結果より
$$\sqrt{V_{Re}^2 + V_{Le}^2} \fallingdotseq 9.5\,V \fallingdotseq V_e$$

抵抗，コイルに加わる電圧の実効値（$V_{Re}$, $V_{Le}$）の和は，交流電源の電圧の実効値（$V_e$）とは等しくならない。測定した，$V_{Re}$, $V_{Le}$, $V_e$ は，図の矢印のような関係がある。電圧の瞬間値 $V_R$, $V_L$, $V$ の位相は互いにずれており，$V_L$ の位相は $V_R$ の位相より $\frac{\pi}{2}$ だけ進んでいる。コイルを流れる電流 $I_L$ は $I_R = \frac{V_R}{R}$ と等しいので，$V_R$ と位相が同じになる。

### ■コンデンサーに加わる交流電圧

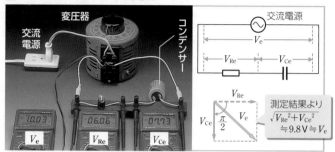

測定結果より
$$\sqrt{V_{Re}^2 + V_{Ce}^2} \fallingdotseq 9.8\,V \fallingdotseq V_e$$

抵抗，コンデンサーに加わる電圧の実効値（$V_{Re}$, $V_{Ce}$）の和は，交流電源の電圧の実効値（$V_e$）とは等しくならない。測定した，$V_{Re}$, $V_{Ce}$, $V_e$ は，図の矢印のような関係がある。電圧の瞬間値 $V_R$, $V_C$, $V$ の位相は互いにずれており，$V_C$ の位相は $V_R$ の位相より $\frac{\pi}{2}$ だけ遅れている。コンデンサーを流れる電流 $I_C$ は $I_R = \frac{V_R}{R}$ と等しいので，$V_R$ と位相が同じになる。

---

### **Point** コイルとコンデンサーのリアクタンス

コイルに交流が流れると，自己誘導によって，電流の変化を打ち消すような向きに誘導起電力が生じ，電流が流れにくくなる。つまり，コイルが交流に対して抵抗のはたらきをする。この抵抗値を表す量をコイルの **リアクタンス** という。リアクタンスは，コイルの自己インダクタンスが大きいほど，交流の周波数が大きいほど大きくなる。

コンデンサーに交流電圧を加えると，電圧の向きが変わるたびにコンデンサーは充電・放電をくり返す。このとき，コンデンサーの両端には電圧が生じており，コンデンサーは抵抗のはたらきをする。この抵抗値を表す量をコンデンサーの **リアクタンス** という。リアクタンスは，コンデンサーの電気容量が小さいほど，交流の周波数が小さいほど大きくなる。

**コイルとコンデンサーのリアクタンス**

$$X_L = \omega L, \quad X_C = \frac{1}{\omega C} \quad (\omega = 2\pi f)$$

$X_L$〔Ω〕：コイルのリアクタンス
$X_C$〔Ω〕：コンデンサーのリアクタンス
$L$〔H〕：自己インダクタンス，$C$〔F〕：電気容量
$\omega$〔rad/s〕：角周波数，$f$〔Hz〕：周波数

---

## B 共振と電気振動 <sup>物</sup>

抵抗，コイル，コンデンサーからなる回路に交流電圧を加えるとき，特定の周波数で大きな電流が流れる現象を **共振** という。また，充電したコンデンサーをコイルを通して放電すると，一定の周期で向きの変わる電流が流れ続ける現象を **電気振動** という。

### ■共振回路

抵抗 $R$〔Ω〕
コンデンサー $C$〔F〕
交流電源
コイル $L$〔H〕

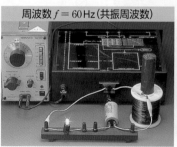
周波数 $f = 60\,Hz$（共振周波数）

周波数 $f = 100\,Hz$

図のような回路に交流電圧を加えると，特定の周波数（共振周波数）にしたときに，大きな電流が流れる。写真では $f = 60\,Hz$ のとき，豆電球が明るく点灯している。共振周波数 $f_0$〔Hz〕は，コイルの自己インダクタンスを $L$〔H〕，コンデンサーの電気容量を $C$〔F〕とすると

$$f_0 = \frac{\omega_0}{2\pi} = \frac{1}{2\pi\sqrt{LC}}$$

と表される（$\omega_0$〔rad/s〕は共振が起こるときの角周波数）。

### ■振動回路

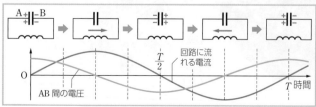

電気振動の周波数（固有周波数）$f$〔Hz〕は，コイルの自己インダクタンスを $L$〔H〕，コンデンサーの電気容量を $C$〔F〕とすると

$$f = \frac{\omega}{2\pi} = \frac{1}{2\pi\sqrt{LC}}$$

と表される（$\omega$〔rad/s〕は角周波数）。

### ■電気振動の減衰

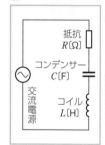

回路内の抵抗によって振動はしだいに弱まっていく。

# C 電磁波

電磁波 は，電場と磁場の変化が互いに影響して空間を伝わる横波である。電磁波についても他の波と同様，反射・屈折・回折・干渉などの性質を示す。

## ■ 電磁波の伝播のようす

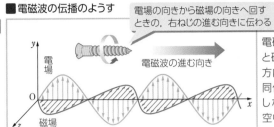

電場の向きから磁場の向きへ回すときの，右ねじの進む向きに伝わる

電磁波は電場と磁場が進行方向に垂直に同位相で振動しながら，真空中を光の速さで伝わる。

## ■ 電磁波の分類

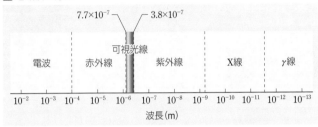

$7.7×10^{-7}$　　$3.8×10^{-7}$

可視光線

電波　赤外線　　紫外線　　X線　　γ線

波長(m)

紫外線，X線，γ線は，波長(振動数)のみでは明確に区別されない。

## ■ 電磁波の検出実験

ネオン管

電磁波検出器（ループ型）

誘導コイル

火花発振器

火花発振器の金属棒のすき間に誘導コイルで高電圧を加えると，すき間に火花が飛び，電場と磁場の変化を生じる。これが電磁波となり空間を伝わる。ヘルツ(ドイツ)は，直線型とループ型の電磁波検出器のすき間に火花が生じることを発見し，電磁波を検出した。上の写真では，ネオン管を用いて電磁波を検出している。

---

## Column　ワイヤレス給電　　技術

ワイヤレス給電は，携帯電話などの機器にワイヤ(電線)を接続せずに電気を供給する技術である。ワイヤレス給電は大きく「非放射型」と「放射型」に分けられる。「非放射型」は近い距離で給電を行うものであり，電磁誘導方式や磁界共鳴方式などがある。いずれの方式も電磁誘導(♪ p.130)の原理が基本となる。
電磁誘導方式では，送電側のコイルに交流電流を流して磁束振動を生じさせ，その磁束振動が受電側のコイルを貫くことで交流電流が流れる。
磁界共鳴方式では共振回路を利用する。送電側のコ

電磁誘導方式　　磁界共鳴方式

受電側　電流　送電側　受電側

コイル

送電側　　共振回路　電流

イルを含む共振回路に交流電流を流すことで発生した磁場の振動が，同じ共振周波数をもつ受電側の共振回路に伝わり電流が流れる。
「放射型」は離れた距離でも給電が可能であり，電磁波を利用したものなどがある。送電側の電流を電磁波に変換して伝送し，受電側はそれを受信し電流に変換する。「非放射型」に比べて給電効率が低い点が課題である。

---

## Zoom up　電磁波と天文学

宇宙にあるさまざまな天体は，電波からγ線にわたる，多種多様な電磁波を放射している。天文学では，あらゆる波長域での観測を行うことにより，可視光線だけでは知り得ないような宇宙のようすを解き明かしている。
写真は，「かに星雲」とよばれる超新星残骸を，赤外線・可視光線・X線で観測したようすである。赤外線や可視光線では，超新星爆発による影響で高温になった物質からの放射が見られる。一方，X線では，超新星爆発の際に残った「中性子星」とよばれる天体からの放射が目立つ。

### ■ かに星雲(赤外線，X線画像の色は着色されたもの)

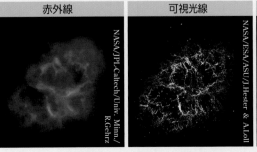
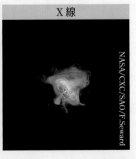

赤外線　NASA/JPL-Caltech/Univ. Minn./R.Gehrz

可視光線　NASA/ESA/ASU/J.Hester & A.Loll

X線　NASA/CXC/SAO/F.Seward

---

電磁波：electromagnetic wave　　電波：radio waves　　赤外線：infrared　　可視光線：visible spectrum　　紫外線：ultraviolet
X線：X-rays　　γ線：γ-rays

電磁気

# 7 オーロラと宇宙天気

電気通信大学教授

ほそかわ　けいすけ
## 細川　敬祐

アラスカやカナダ，北欧など緯度の高い地方の夜空を美しく彩るオーロラは，荷電粒子が，地球の磁気（地磁気）に導かれて大気へと降りこんでくることで生じる大規模な発光現象である。本特集では，太陽から吹き出す荷電粒子の風がどのようにして地球の大気に侵入し，どのようにしてオーロラを光らせているのかについて述べる。また，オーロラに代表される宇宙・大気環境の乱れが，われわれの社会生活にどのような影響を及ぼすのかについて考える。

## オーロラとは？

極夜の空を彩るオーロラの写真を誰もが一度は目にしたことがあるだろう。オーロラは，何が，どこで，どのようにして光っているのだろう？ オーロラの中で，緑色や赤色，ピンク色の光を放っているのは，酸素原子や窒素分子などの大気である。図1のように，宇宙空間から降りこんできた電子や陽子などの荷電粒子（多くの場合は電子）が，高さ100〜300kmに存在する原子・分子に衝突して，エネルギーの高い状態（励起状態）へと変化させる。励起状態から，エネルギーの低い状態にもどるときに，余ったエネルギーが光（オーロラ）として放出される。オーロラは惑星に大気が存在していることの証である。水星のようなほとんど大気がない惑星にはオーロラは存在しない。

## オーロラの色

オーロラはなぜ，緑や赤，ピンクなどいろいろな色で光るのだろう？ 励起状態の原子・分子が，よりエネルギーの低い状態に遷移するとき，エネルギーの差がオーロラの光として放出される。原子・分子が取ることができる励起状態には多くの種類があるため，光として放出されるエネルギーの大きさもいろいろな値を取り得る。エネルギーの差が大きいほど，短い波長の光を出すことが知られているため（ p.149），どのような状態の間を遷移するかによって，出てくる光の波長，つまり色（ p.90）が決まる。最も代表的なオーロラの光である緑色の光は，高さ100kmくらいに存在する酸素原子が励起されて光っている。また，赤いオーロラは，200km以上の高度で，やはり酸素原子が励起されて光っている。同じ酸素原子でも，状態遷

移の過程が異なれば，放出されるエネルギーが違い，出てくる光の色（波長）が変わる。

## オーロラ電子の源

オーロラはなぜ，緯度の高い地方にだけ現れるのだろう？ これには地球のもつ磁場（地磁気 p.125）の形が大きく関係している。地磁気は太陽から吹きつける荷電粒子の風によって吹き流されて，図2のように太陽と反対の方向に尾を引く "こいのぼり" のような形をしている。この地磁気の勢力が及ぶ範囲を磁気圏とよぶ。

磁気圏の尾の部分には，エネルギーの高い荷電粒子（オーロラ電子）がたまっている場所があり，そこから磁力線を地球の方向へとたどっていくと，南北両半球の緯度の高い地方へと行き着く。磁場の中を運動する荷電粒子は，その速度と磁場の両方に垂直な方向にローレンツ力を受け，磁力線に巻きついてらせん運動をする（ p.128）。荷電粒子は，磁力線にそっては動きやすく，磁力線を横切っては動きにくいという性質をもつ。この性質のために，磁気圏尾にたまっているオーロラ電子は，磁力線にそって地磁気に導かれるようにして高緯度地方へと降りこみ，オーロラを光らせることができる。オーロラが高緯度にのみ現れるのは，磁気圏尾に存在する "オーロラ電子の源" と地磁気によって強くつながっているからである。

つまり，オーロラは惑星が固有の磁気をもっていることの証であるともいえる。金星は大気は存在するが磁気をもたないため，地球で見られるようなはっきりとしたオーロラは存在しない。木星や土星には大気と磁気の両方が存在するため，その高緯度の領域にオーロラが見られる。

### ■図1　オーロラが光るしくみ

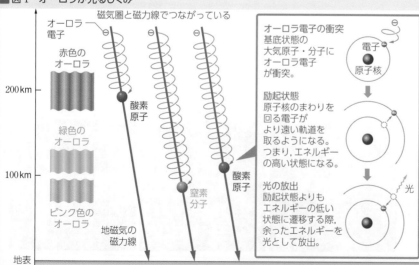

■ 図2　太陽風と地球磁気圏

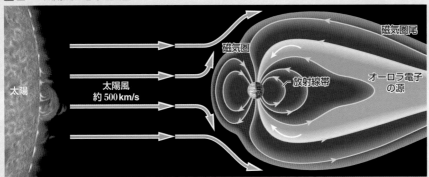

太陽　太陽風　約500km/s　磁気圏　放射線帯　磁気圏尾　オーロラ電子の源

■ 図3　太陽の爆発と地球磁気圏・オーロラ

SOHO(ESA & NASA)

## 太陽からの風

　磁気圏尾に存在するオーロラ電子はどこからやってきて，どのようにしてオーロラを光らせるために必要なエネルギーを得ているのだろうか？ その起源は太陽である。

　太陽からは電子や陽子などで構成される荷電粒子の風が吹き出している。この風のことを太陽風とよぶ。太陽風は平均秒速 500 km という猛烈なスピードで地球に吹き付けている。そのような高速の風が地球に吹き付けた場合，われわれの日常生活にも大きな影響があるように感じられるが，太陽風の粒子も電荷をもっているため，地磁気を横切って運動することができない。このため，図2の右側に示すように，地磁気がバリアとなって，太陽風が地球の表層に直接吹き付けることを防いでいるのである。

　このバリアが常に完璧にはたらいて太陽風のエネルギーが磁気圏に入りこむのを防いでいれば，オーロラが光ることはないのかもしれない。しかし，磁気圏と太陽風が接している場所で起こる磁気的な現象によって，地磁気のバリアが部分的に破れる場合がある。そのような場合，磁気圏に吹き付ける太陽風は，磁気圏の中に荷電粒子を侵入させ，磁気圏内部の粒子のエネルギーを高める。そのようにして磁気圏尾に蓄積されたエネルギーが解放され，オーロラ電子を大気に注ぎこむことによって，爆発的に美しいオーロラの舞いがつくられるのである。

## 磁気嵐

　地球近傍の宇宙環境の乱れはオーロラだけではない。図3のように，太陽表面でフレアとよばれる爆発現象が起こると，普段よりも密度が濃く，スピードが速い太陽風が吹き出す。そのようなとき，磁気圏全体がさらに規模の大きな

乱れである磁気嵐という状態になる。

　磁気嵐が起こると，磁気圏では電場・磁場が大きく乱れ，エネルギーの高い荷電粒子がつくられる（図2中の放射線帯）。それらの高エネルギー粒子が人工衛星に衝突することによって衛星に搭載されている電子機器に障害が起き，衛星がその機能を喪失することがある。

　磁気嵐中には，オーロラがくり返し発生し，100 km 上空に強い電流が流れる。1989 年 3 月に起こった磁気嵐のときには，このオーロラ電流によって地表につくられる磁場が急激に変化し，ファラデーの電磁誘導の法則（◗ p.130）に従って，地面に大きな誘導電流が流れた（図4）。これを地磁気誘導電流とよぶ。地磁気誘導電流は，アースを通して発電所や変電施設に流れこみ，アメリカやカナダにある発電所や変電施設の機器を故障させた。

　磁気嵐のときの大気の乱れは高緯度地方だけに限らない。中低緯度地方でも，大気中の電子の数が通常の何倍にも達する。現在，カーナビゲーションなどに使われている全地球測位システム（Global Positioning System：GPS）が，人工衛星から送られてくる情報を使って現在位置や時刻を把握するために広く活用されている。GPS は，大気中の電子の数が増えたり，乱れたりすると，位置や時刻を正確に決定することができなくなる。近年，GPS は航空機の誘導などにも用いられるようになっているが，巨大な磁気嵐が起こると大気中の電子数の乱れが続き，長時間にわたって GPS による航空機や船舶の誘導が行えない状態が続く。

## 宇宙の天気予報

　地球近くの宇宙環境の乱れを天気に例えると，オーロラ嵐は雨，磁気嵐は台風のようなものかもしれない。通常の降雨ではわれわれの

■ 図4　地磁気誘導電流が発生するしくみ

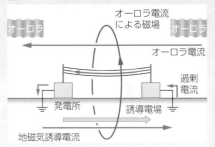

オーロラ　オーロラ電流による磁場　オーロラ　オーロラ電流　過剰電流　発電所　誘導電場　地磁気誘導電流

社会生活に大きな影響はないが，台風が来ると河川の氾濫や土砂崩れなどの大きな災害が起こる。そのため，台風が近づいてくると，その進路や，降水量，風の強さに関する予報が行われる。

　磁気嵐の場合も状況は同じで，磁気嵐が起こると，磁気圏の高エネルギー荷電粒子によって人工衛星に障害が起きたり，地磁気誘導電流によって発電所や変電施設の機能が喪失したり，大気中の電子数の増加によって GPS が使えなくなるなど，われわれの社会生活に大きな影響が出る。それらの影響を予測し，事前に対策を取ることで影響を最小限にとどめるために，宇宙環境の天気予報（宇宙天気予報）というものが行われている。世界中で，太陽表面の爆発現象や太陽風・磁気圏・大気の状態が，人工衛星や地上からの観測によってリアルタイムで監視されている。それらの計測データをもとに，さまざまな研究機関が宇宙天気予報を行っている。

　今後，人類の社会生活はこれまで以上に宇宙空間を飛翔する衛星による通信・放送・測位などに依存したものになる。そのような社会をより安心なものにするために，オーロラ・太陽風・磁気嵐・宇宙天気予報の研究が進められている。

# 第 **5** 編 原子

## 原子の輝きとは？

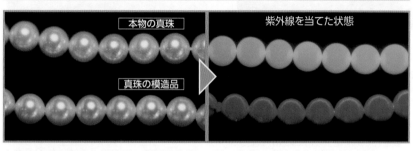

本物の真珠と真珠の模造品に紫外線を当てると，本物の真珠のみが蛍光を発する。これは，光を吸収した原子や分子が，特有の色(振動数)の光を発する，という特徴による。光り方の違いはすなわち材料(物質)の違いなのである。

→ p.142　電子
→ p.148　原子の構造

色とりどりに輝くネオンサインも，原子の種類による発光色の違いを利用している。放電により生じる電子(熱電子)を原子に衝突させ，原子特有の発光色を得ている(蛍光で得られない色は，管を着色して色を出している)。

→ p.146　X線

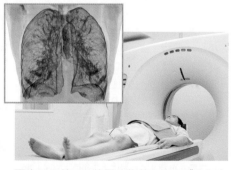

写真はX線CT装置。物体をさまざまな方向からX線で撮影し，断面の画像を得ることができる。何枚もの断面の画像に再構成処理を行うことにより，物体の内部構造の3D画像も得ることができる(左上の写真)。

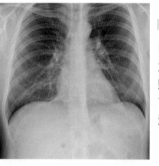

## X線で透けて見える？

レントゲン撮影などで使われるX線は，その強い透過力を利用している。X線を照射してその背景の影を撮影することで，体内の骨や内臓のようすを知ることができる。X線は光(可視光線)や電波などと同じ，電磁波の一種である。

## 黒い炎が見える？

食塩とアルコールが入った容器に火をつけると炎色反応で黄色の炎が見える。しかし，低圧ナトリウムランプのもとでこの炎を観察すると黒い炎が見える。これは炎の中のNa原子がナトリウム線を吸収するためである。

→ p.148　エネルギー準位

# 原子で文字を書く?

物質は非常に小さな原子が集まって構成されている。通常は原子を目で見ることはできないが，電子顕微鏡や走査型トンネル顕微鏡といった，高性能の顕微鏡を用いると，原子の状態を観察することが可能になる。

結晶の一部の原子を除去して書いた「世界最小の文字」

ケイ素の結晶の表面

**Jump** → p.148 **原子の構造**

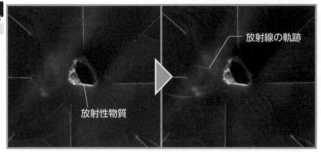

放射線の軌跡

放射性物質

写真は霧箱の中においた放射性物質から出た放射線により霧が生じているようす。

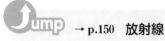

**Jump** → p.150 **放射線**

# 放射線を見るには?

エタノールの蒸気を満たした箱の中に放射線が入射すると，その電離作用により空気がイオン化される。それが核になってエタノールの蒸気が液体になることにより霧が生じ，荷電粒子の飛跡を見ることができる。このような装置を霧箱という。

写真は泡箱という装置。霧箱が気体である蒸気を使用するのに対し，泡箱は液体水素などの液体を使用するため，より詳細な観測が行えるようになった。

画像提供：国立科学博物館

原子

# 火山の内部を透視する?

宇宙から飛来するμ粒子を利用して，物体の内部を調べる技術（ミュオグラフィー）の開発が進められている。μ粒子の高い透過力を利用すると，物体の内部を透視することが可能となる。X線に比べて透過力がきわめて高いため，巨大な構造物の内部を撮影することができる。例えば，火山の内部のマグマのようすを調べることで，火山噴火の予測をすることが可能となる。

薩摩硫黄島

**Jump** → p.154 **素粒子**

# 1 電子 基 物

## A 放電と陰極線

気体に高電圧を加えると電流が流れるようになる（**気体放電**）。特に希薄な気体による放電では，気体特有の色を発する。これを **真空放電** という。

### ■ 気体放電 日常

| 雷 | 指と下敷きの間の放電(静電気) | ガスコンロ | ネオンサイン |
|---|---|---|---|
|  | 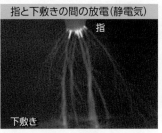 | 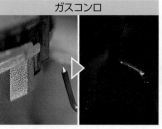 |  |
| 雷雲と大地の間に10億V以上の電圧が生じ，空気中に電流が流れる。 | 下敷きにたまった静電気が放電し，指との間を流れる瞬間。 | 着火部を放電させることで火花を起こし，ガスに点火する。 | 放電管に封入した気体に電圧を加えることで電流を流し，発光させる。 |

### ■ 真空放電

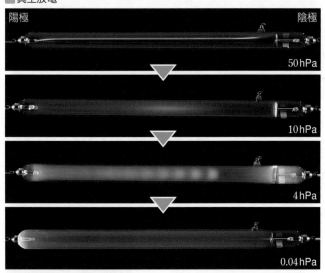

陽極　　　　　　　　陰極
50 hPa
10 hPa
4 hPa
0.04 hPa

両端に高電圧を加えたガラス管の，内部の気体の気圧を徐々に下げていったときのようす。気体がわずかに残っているときは，管全体が気体特有の色を発する（真空放電）。真空に近づくと管内の光は消え，陽極側の管壁が黄緑色の蛍光を発するようになる（1気圧は約1000 hPaで，1 hPa = 100 Paである）。蛍光は，陰極から出た **陰極線** が，管壁にぶつかることで発せられていると考えられている。

### ■ 陰極線の性質

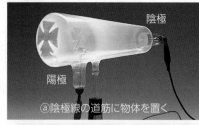

陰極
陽極
ⓐ陰極線の道筋に物体を置く

陽極側の蛍光面に，途中の物体の影がつくられる。これから，陰極線は直進し，蛍光を発生させていることがわかる。

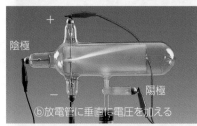

＋
陰極
－
陽極
ⓑ放電管に垂直に電圧を加える

正極側に陰極線が曲げられる。これから，陰極線は負電荷をもっていることがわかる。

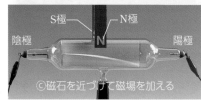

S極　　N極
陰極　　　　　　陽極
ⓒ磁石を近づけて磁場を加える

ⓑと同様，軌道が曲げられる。これも負電荷をもっている証拠である。

### Column 蛍光灯 日常

蛍光灯は，真空放電を利用して発光する照明器具である。スイッチを入れると，①〜④のようなしくみで光りだす。

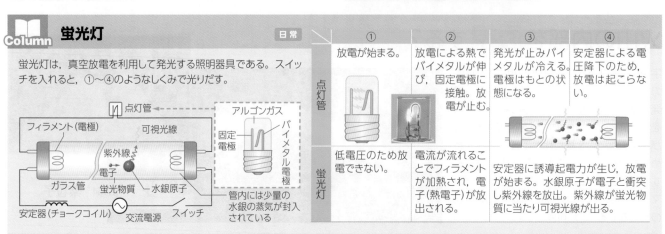

点灯管／フィラメント（電極）／可視光線／紫外線／電子／ガラス管／蛍光物質／水銀原子／固定電極／アルゴンガス／バイメタル電極／安定器（チョークコイル）／交流電源／スイッチ／管内には少量の水銀の蒸気が封入されている

|  | ① | ② | ③ | ④ |
|---|---|---|---|---|
| 点灯管 | 放電が始まる。 | 放電による熱でバイメタルが伸び，固定電極に接触。放電が止む。 | 発光が止みバイメタルが冷える。電極はもとの状態になる。 | 安定器による電圧降下のため，放電は起こらない。 |
| 蛍光灯 | 低電圧のため放電できない。 | 電流が流れることでフィラメントが加熱され，電子（熱電子）が放出される。 | 安定器に誘導起電力が生じ，放電が始まる。水銀原子が電子と衝突し紫外線を放出。紫外線が蛍光物質に当たり可視光線が出る。 | |

# B 電子の比電荷

電子（電子線）の軌跡が電場や磁場によってどの程度曲げられるかを測定することにより，電子の電荷の大きさ $e$ と質量 $m$ の比 $\dfrac{e}{m}$ を求めることができる。これを電子の **比電荷** という。

## 比電荷の測定実験

電子線のようす

### くりこみ理論　歴史

1930年代，電磁場と電子などの粒子を量子論的に扱う「量子電磁力学」では，計算の結果，電子の電荷や質量が無限大になる，という難問をかかえていた。

朝永振一郎は，観測値に無限大の要素をくりこむ「くりこみ理論」というものを提唱し，この問題を解決した。

朝永は，同じ理論を独立に提唱したシュウィンガー，ファインマンとともに，1965年，ノーベル物理学賞を受賞した。

朝永振一郎

J.J.トムソン（イギリス）は，真空中で電子線が電場や磁場で曲げられるようすから電子の比電荷の値を調べ，陰極に用いる金属や管内の気体の種類によらず一定の値になることを明らかにした。

# C 電気素量

自然界に存在する電気量は，ある値 $e$〔C〕の整数倍しかとり得ないことが知られている。すなわち $e$ は電気量の最小単位であり，**電気素量** とよばれる。電子1個がもつ電気量の絶対値が電気素量 $e$ である。

## ミリカンによる電気素量の測定実験

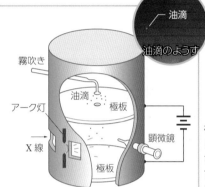

油滴
油滴のようす

霧吹き
アーク灯
油滴
極板
X線
顕微鏡
極板

### 電気素量

電気量の最小単位 $e$〔C〕を電気素量という。これは1個の電子がもつ電気量の絶対値に等しい。

$$e = 1.60 \times 10^{-19}\,\text{C}$$

極板間に電場を与えたとき，油滴には上向きの力（静電気力）がはたらくので，力がつりあう所で静止させることができる。電場を0にすると油滴は落下するが，空気の抵抗力のためやがて等速度（終端速度）になる。これらの関係から，電気素量を求める。

---

## Column　テレビの変遷　歴史

### ブラウン管
かつてテレビの主流であったブラウン管は，偏向コイルにより生じる磁場で陰極線（熱電子線）を曲げて蛍光面に当て，2次元的に像を描く装置である（コイルのかわりに電極を用い，電場によって軌道を曲げる構造のものもある）。電子を曲げて蛍光面に当てるために，どうしても奥行きを広くとる必要がある，という欠点があった。

### ブラウン管の原理
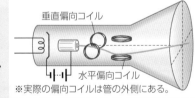
垂直偏向コイル
水平偏向コイル
※実際の偏向コイルは管の外側にある。

### 液晶ディスプレイ
液晶を，互いに向きを垂直にした2枚の偏光板ではさんだ構造をしている。液晶に電圧を加えると分子の向きが変わり，光の透過率が変化する。これにより明暗を表現している。消費電力が小さい，奥行きを必要としないので薄くできる，などのメリットがある。

### 液晶ディスプレイの原理
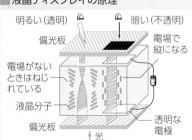
明るい（透明）　暗い（不透明）
偏光板
電場で縦になる
電場がないときはねじれている
液晶分子
偏光板
透明な電極
光

### プラズマディスプレイ
基本原理は蛍光灯と同じで，放電によって生じた紫外線が蛍光物質に当たり，可視光線を出している。大画面化が比較的容易にできるので，大型のディスプレイなどで利用されている。

### 有機ELディスプレイ
有機ELとは，電圧を加えると有機物が発光する現象を指し，この現象を利用した有機発光ダイオードを用いている。発光のしくみは発光ダイオード（● p.121）と似ており，半導体の接合面と同じように発光層で電子と正孔が再結合して光を出す。各有機物は数百nm程度しかないため，薄型化やディスプレイを曲げることが可能である等のメリットがある。

### プラズマディスプレイの原理
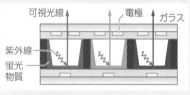
可視光線　電極　ガラス
紫外線
蛍光物質

### 有機発光ダイオードの原理
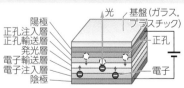
光　基盤（ガラス，プラスチック）
陽極
正孔注入層
正孔輸送層
発光層
電子輸送層
電子注入層
陰極
正孔
電子

# 2 粒子性と波動性 基物

## A 光の粒子性

光(電磁波)は波動性を示す(回折や干渉を起こす波としてふるまう)。一方で，光電効果やコンプトン効果(● p.147)にみられるような粒子性も示す(運動量やエネルギーをもった粒子，すなわち **光子(光量子)** としてふるまう)。

### ■ 光電効果

紫外線を当てる

箔

箔が閉じる

**光子のエネルギー**

$$E = h\nu = \frac{hc}{\lambda}$$

$E$ 〔J〕：光子のエネルギー
$h$ 〔J·s〕：プランク定数(● p.189)
$\nu$ 〔Hz〕：光の振動数
$c$ 〔m/s〕：真空中の光の速さ(● p.189)
$\lambda$ 〔m〕：光の波長

写真の箔検電器は，初め負の電気に帯電している。この検電器の上部の金属円板に紫外線を当て続けると，箔の開きがしだいに小さくなっていく。これは，光(紫外線)により電子が金属から飛び出しているためで，このような現象を **光電効果** といい，飛び出してくる電子を **光電子** という。正の電気に帯電した箔検電器を使って同様の実験をすると，箔の開きはほとんど変化しない。

### ■ 光電管

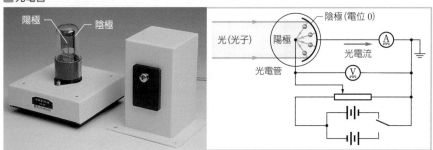

陽極　陰極

光(光子)　陽極　陰極(電位 0)　光電流

光電管

補足 **電子ボルト(eV)**

電気量 $e$ 〔C〕($= 1.6×10^{-19}$C)の粒子が，真空中で1Vの電圧により加速されるときに得る運動エネルギーの大きさを 1 電子ボルト(記号 eV)という。

$$1\,eV = 1.6×10^{-19}\,J$$

光電管は，ほぼ真空のガラス管内に封入した陽極と陰極からなる。陰極に光を当て，極板間の電圧や回路の電流(これを光電流という)を調べることで，光電子の運動エネルギーや単位時間に飛び出す光電子の数を調べる。

### ■ 光の振動数と光電子の運動エネルギーの最大値の関係　■ 陽極の電位と光電流の関係

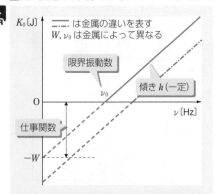

QR

$K_0$〔J〕

—は金属の違いを表す
$W, \nu_0$ は金属によって異なる

限界振動数

$\nu_0$

傾き $h$(一定)

$\nu$〔Hz〕

仕事関数

$-W$

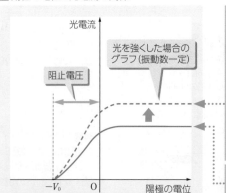

光電流

光を強くした場合のグラフ(振動数一定)

阻止電圧

$-V_0$　0　陽極の電位

光を強くしたとき

電流値が大きくなる

電源　電流計

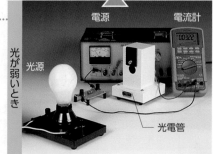

光が弱いとき

光源

光電管

光の振動数が小さいときは，いくら光を強くしても光電子は飛び出さないが，ある振動数 $\nu_0$(限界振動数)をこえると光電子が飛び出し始める。これは，金属内の電子が陽イオンからの束縛を振り切って外に出ていくために仕事が必要なためであり，この最小限必要な仕事を **仕事関数** という。仕事関数は金属の種類ごとに異なる値をもつ。

陽極の電位が正であれば，光電効果により飛び出した光電子はほぼすべて陽極に流れこむ。このため，光の強さを変えないかぎり，電位を大きくしても光電流の大きさは変わらない。
陽極の電位を負にすると，陽極に近づく光電子の運動エネルギーが減少する。電位差がある値(阻止電圧)をこえると，光電子は陽極に到達できなくなるので，光電流は 0 となる。

## Zoom up 光電子増倍管

光電子増倍管(p.3)は，光電管の光電流を増幅させることで，微弱な光も検出できるようにした装置である。岐阜県神岡鉱山跡にある「スーパーカミオカンデ」では，純水を満たした水槽の中でニュートリノ(p.154)が反応した際に放出される微弱な光(チェレンコフ光)を，壁面に並んだ多数の光電子増倍管でとらえることで，ニュートリノを検出することができる。

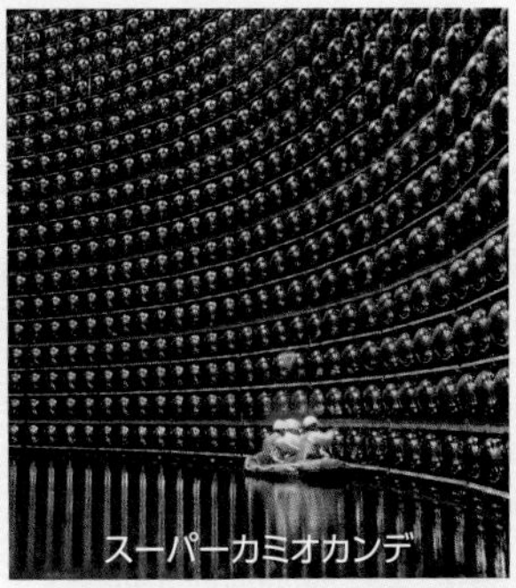
スーパーカミオカンデ

## Column 光の圧力

物体に光を照射すると，物体が圧力を受ける。これは，光子と物体との間の反射・屈折・吸収などの現象によって，光子の運動量が変化する際の力積のやりとりによって起こると考えられる。
写真は，光の圧力を利用して，微小物体をまるでピンセットで運ぶかのように動かしているときのようすである。

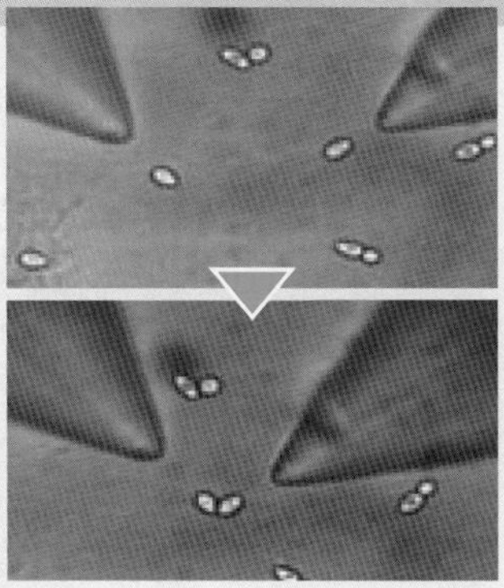

# B 粒子の波動性

電子線を複スリットや結晶に当てると，光や X 線と同様の干渉が見られる。このように，電子のような粒子が，ある波長をもった波のようにふるまうことがある。この波のことを **物質波** といい，その波長を **ド・ブロイ波長** という。

**ド・ブロイ波長**

$$\lambda = \frac{h}{p} = \frac{h}{mv}$$

$\lambda$〔m〕：ド・ブロイ波長
$h$〔J·s〕：プランク定数(p.189)
$p$〔kg·m/s〕：粒子の運動量
$m$〔kg〕：粒子の質量
$v$〔m/s〕：粒子の速さ

### 複スリットによる電子線の干渉

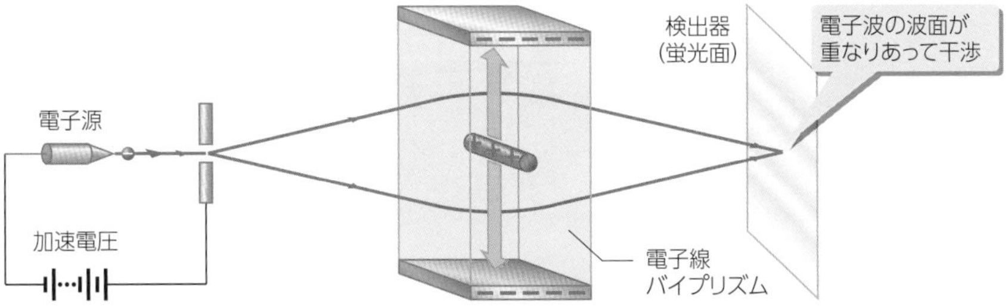
検出器
(蛍光面)
電子波の波面が
重なりあって干渉
電子源
加速電圧
電子線
バイプリズム

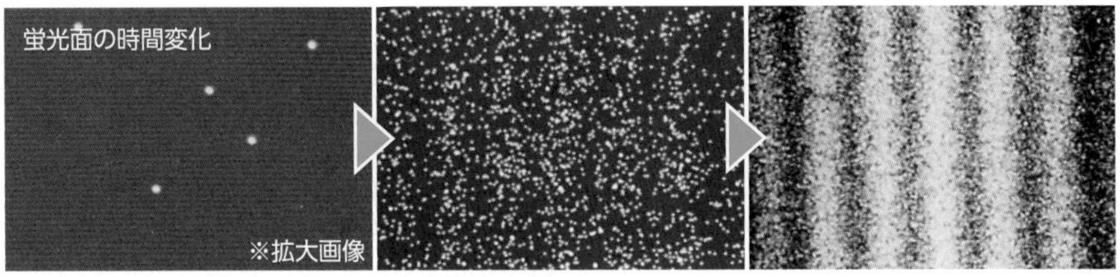
蛍光面の時間変化
※拡大画像

上下に対称な電場をつくることのできる「電子線バイプリズム」という装置で，電子を 2 つの向きに曲げ，仮想的な複スリットを形成することで，電子線の干渉を観察できる。この場合は，2 つの平面波どうしの干渉になるので，等間隔の格子状の干渉縞ができる。

### ヒ化ガリウム結晶による電子線の回折

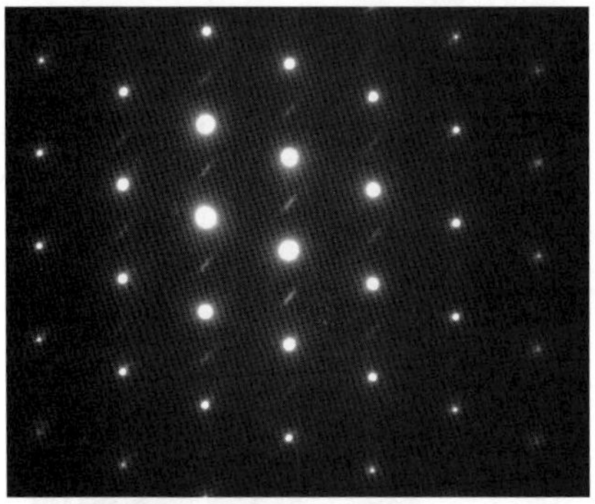

電子線を結晶に当てると，規則正しく並んだ原子によって散乱された無数の電子波が干渉し，回折像が得られる。

## Column 光学顕微鏡と電子顕微鏡

光学顕微鏡は，試料を透過(または反射)した光(可視光線)を何枚かの光学レンズに通すことによって，拡大した像をつくる装置である。
顕微鏡で 2 点を 2 点として見分けることのできる，最小の 2 点間の距離を顕微鏡の分解能という。理論上，光学顕微鏡の分解能の限界は光の波長と同程度になる。すなわち，どんなに精巧な装置であっても，光学顕微鏡の分解能はおよそ $10^{-7}$ m 程度ということになる。
一方，電子顕微鏡では，光のかわりに電子線を試料に当てて観察する。加速電圧を高くして電子の運動量を大きくすると，電子波の波長が短くなるため，$10^{-10}$ m 程度の非常に高い分解能が得られる。
電子顕微鏡には，試料を透過してきた電子を観察する「透過型電子顕微鏡(TEM)」と，試料から飛び出してくる電子(二次電子)を観察する「走査型電子顕微鏡(SEM)」がある。また，その両方の特徴をあわせもった「走査型透過電子顕微鏡(STEM)」も実用化されている。

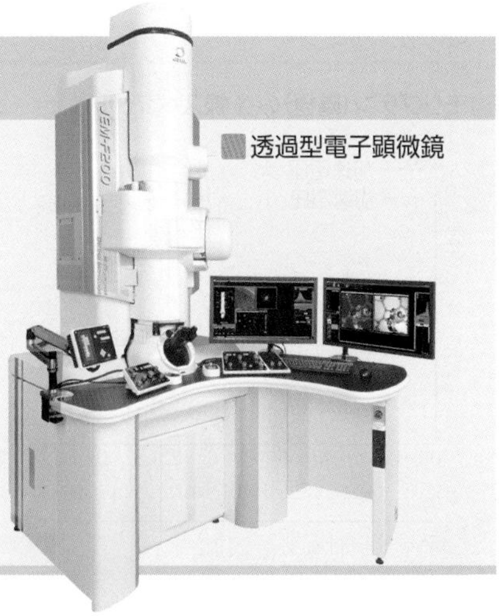
透過型電子顕微鏡

原子

物質波：matter wave　ド・ブロイ波長：de Broglie wavelength

# ③ X線 基 物

## A X線の性質

X線は，波長が $10^{-11}$m ～ $10^{-8}$m 程度の電磁波である。物質を透過し，電離作用も示す。一般に波長が短いほど透過性が強い。

### ■ レントゲンが撮影したX線写真 歴史

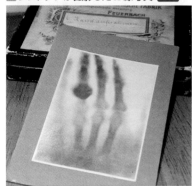

19世紀末，レントゲン(ドイツ)は放電管から出る正体不明の放射線を発見し，それをX線と名づけた。X線は物体を透過し，また，その透過力は物体の種類や厚さによって異なるので，物体を透過したX線をフィルム上で感光させると，内部のようすを調べることができる。

### ■ 非破壊検査(回路基板の不具合の検査)

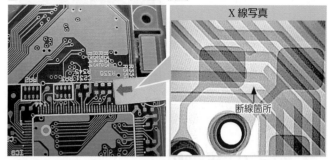

X線写真

断線箇所

X線の透過性を利用して，分解や切断をすることなく物体の厚みや内部の亀裂などの検査(非破壊検査)をすることができる。

---

### Column X線CT 日常

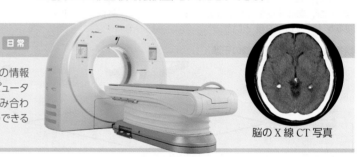

X線写真は，ある特定の方向からの投影像であるので，厚み方向の情報を得ることはできない。X線CT(Computed Tomography：コンピュータ断層撮影)はこれを解消すべく，あらゆる角度におけるX線像を組み合わせることにより，内臓や脳などの3次元的なX線写真を得ることのできる装置である。

脳のX線CT写真

---

## B X線の発生

高速に加速された電子が，原子などの影響によってそのエネルギーを失うとき，失われたエネルギーの一部(またはすべて)はX線として放出される。X線管はこの原理を利用したX線発生装置である。

### ■ X線管によるX線の発生

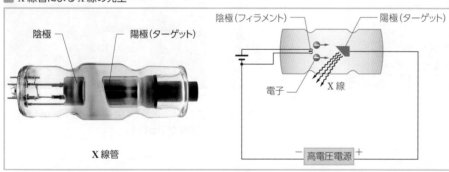

陰極　陽極(ターゲット)

X線管

陰極(フィラメント)　陽極(ターゲット)

電子　X線

高電圧電源

電流による発熱で陰極側から放出された電子(熱電子)が，陰極と陽極間に加えられた高電圧により高速に加速され，ターゲット(陽極)に衝突する。衝突した電子は，ターゲット中の原子核の影響によりエネルギーを失う。もっていたエネルギーの一部(またはすべて)は，X線光子のエネルギーに転化する。

### ■ モリブデン(陽極)のX線スペクトル

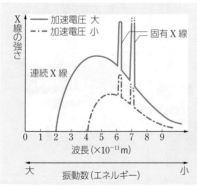

縦軸: X線の強さ
— 加速電圧 大
-·- 加速電圧 小
固有X線
連続X線
横軸: 波長($\times 10^{-11}$m) 0 1 2 3 4 5 6 7 8 9
大 ← 振動数(エネルギー) → 小

X線管より発生したX線を，横軸に波長(振動数)，縦軸に強度で示している。X線管の加速電圧に応じて波長の範囲やピークが異なる連続的な成分(**連続X線**)と，加速電圧にかかわらず特定の波長(エネルギー)に強く現れる成分(**固有X線** または **特性X線**)とに分かれる。

---

### Column 粘着テープからのX線 日常

暗闇で粘着テープの粘着面どうしを貼りあわせてからはがすと，テープから光が発する。これを「摩擦ルミネセンス」という。さらに，真空中ではX線も放射されることが知られている。X線管に比べ，低コストなX線発生装置であるともいえる。

---

## Zoom up 連続 X 線と固有 X 線の発生原理

**連続 X 線** 高速の電子が原子核の近くを通る際、電子は原子核から静電気力を受ける。このとき、電子は X 線を放出することが知られている（これを制動放射という）。電子が失うエネルギーは減速の度合いにより異なるため、X 線のエネルギーも連続的に分布する。

**固有 X 線** 一般に、原子にはエネルギーの異なる電子の層（電子殻）が複数存在する（●p.148）。高速の電子は、原子の内殻電子をたたき出して空孔をつくることがある。このとき、同じ原子内の他の電子がその空孔へ落ちこみ、そのエネルギー差に相当するエネルギーを X 線として放出する。軌道にある電子のエネルギーは軌道によってほぼ定まっているので、X 線光子のエネルギー（波長）も落ちこむ前後の軌道の組合せごとにほぼ一定の値をとる。

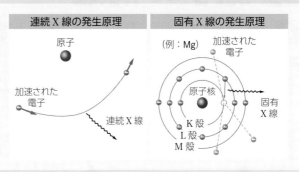

連続 X 線の発生原理　　固有 X 線の発生原理

# C X 線の波動性

X 線は電磁波の一種であるから、波動性を示す。結晶などの構造の幅は X 線の波長とほぼ同程度であるため、X 線を結晶に入射すると、回折格子に光を当てたときに得られるような干渉模様を得ることができる。

### ■ 石英の単結晶による X 線の回折像

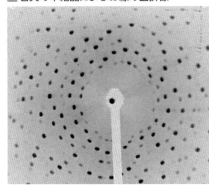

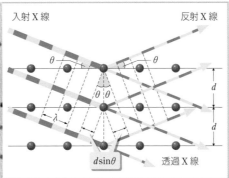

原子が規則正しく並んだ結晶では、多数の原子を含む平行な平面群をいくつか考えることができる。このような平面を格子面、2 つの格子面の間隔を格子面間隔という。

格子面間隔 $d$〔m〕の格子面に、波長 $\lambda$〔m〕の X 線を格子面となす角 $\theta$ で入射させる。このとき、散乱 X 線が干渉して強めあう条件は

$$2d\sin\theta = n\lambda \quad (n = 1,\ 2,\ 3,\ \cdots\cdots)$$

と表される（ブラッグの条件）。

連続 X 線を単結晶試料に当てると、ブラッグの条件を満たす波長の X 線だけが強く反応し、斑点（ラウエ斑点）をつくる。

### ■ デバイ・シェラー環

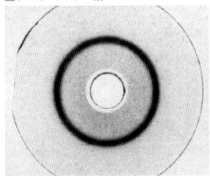

固有 X 線を粉末結晶に当てると、ブラッグの条件を満たす格子面間隔をもった微結晶だけが X 線を強く反射し、同心円状の像をつくる。

## Column X 線結晶構造解析

X 線の回折現象を利用することにより、分子などの立体構造や状態を調べることができる。この手法を「X 線結晶構造解析」という。分子生物学や薬学など、さまざまな分野で応用されている。

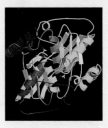

■ X 線結晶構造解析によるタンパク質のイメージ

# D コンプトン効果

電子が波動性を示すのと同様に、X 線は強い粒子性を示す。これを示す好例として、**コンプトン効果** とよばれる現象がある。

### ■ コンプトン効果

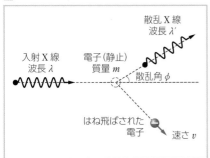

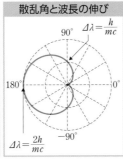

散乱角と波長の伸び

コンプトン効果とは、X 線を物質に当て、散乱させると、散乱 X 線の波長が入射 X 線の波長より長くなる現象である。

コンプトン効果は、X 線（波長 $\lambda$）を波動ではなく、エネルギー $\dfrac{hc}{\lambda}$、運動量 $\dfrac{h}{\lambda}$（大きさ）をもつ粒子と考え、物質中の電子と衝突することで、そのエネルギーの一部を電子に与える、と考えると説明がつく（$h$ はプランク定数、$c$ は真空中の光の速さ）。

コンプトン効果による波長の伸び $\Delta\lambda = \lambda' - \lambda$ は、$\lambda' \fallingdotseq \lambda$ のとき

$$\Delta\lambda = \frac{h}{mc}(1 - \cos\phi) \quad (\phi \text{ は散乱角})$$

となる。散乱角 $\phi$ が $180°$ のとき（後方散乱）、波長の伸びが最も大きくなる。

# 4 原子の構造 墓物

## A 原子模型

電子の発見以来，**原子** の構造についていろいろな模型が考えられた。ラザフォードは，α粒子を原子核で散乱させる実験の結果から，原子の正電荷は $10^{-15} \sim 10^{-14}$ m の狭い範囲（**原子核**）に集中していることを見出した。

### ■ α粒子の散乱実験

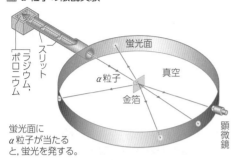

蛍光面に
α粒子が当たる
と，蛍光を発する。

ラザフォードの研究室では，α粒子を薄い金箔に当て，散乱後の粒子の位置を蛍光面で測定する実験が行われた。ほとんどのα粒子は素通りするが，一部は 90°以上も曲げられる粒子があった。これは，原子の正電荷は中心のごく狭い領域に集中しているためと考えることができる。仮に正電荷が原子の広い範囲に分布していた場合，α粒子はほとんど方向を変えずに金箔をつき抜けるはずである。

### ■ α粒子散乱の模擬実験

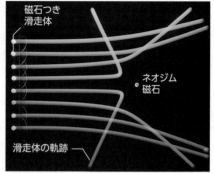

摩擦の無視できる滑走台において，磁石付き滑走体をα粒子，ネオジム磁石を原子核にみたてて，α粒子散乱を擬似的に再現した実験。α粒子散乱と同様な軌跡を得ることができる。

**正電荷が広い範囲に分布していた場合**

原子

α粒子

**正電荷が狭い範囲に集中していた場合**

実際の原子は図の 100 倍ほど大きく，大半のα粒子は素通りする。

原子核

原子

α粒子

### Jump α粒子 ◗ p.150

α崩壊による放射線で，正体は正電荷をもつヘリウム原子核（$^4_2$He）である。

## B エネルギー準位

ボーアは水素原子のスペクトル系列について理論的に考察し，定常状態での電子のエネルギーはとびとびの値を取ることを示した。この定常状態（またはそのエネルギー）を **エネルギー準位** という。

### ■ ボーアの理論による水素原子

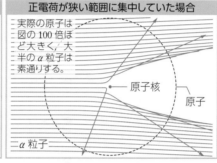

ボーアは，水素原子内の電子は，原子核からの静電気力を向心力とした等速円運動をしている，と考えた。これに，右に示した量子条件をあわせて解いていくと，電子の軌道半径 $r$ とエネルギー $E_n$ は，$n = 1, 2, \cdots$ の値に応じたとびとびの値になる。この $n$ を **量子数** という。また，$n = 1$ のときの $r$ の値 $r_0 = 5.29 \times 10^{-11}$ m をボーア半径という。

**運動方程式**
$$m\frac{v^2}{r} = k_0\frac{e^2}{r^2}$$

**エネルギー**
$$E_n = \frac{1}{2}mv^2 + \left(-k_0\frac{e^2}{r}\right)$$

#### ボーアの理論

**軌道半径**
$$r = \frac{h^2}{4\pi^2 k_0 m e^2} \cdot n^2$$

**エネルギー準位**
$$E_n = -\frac{2\pi^2 k_0^2 m e^4}{h^2} \cdot \frac{1}{n^2}$$
$$= -\frac{Rch}{n^2} \quad (n = 1, 2, \cdots)$$

$r$ 〔m〕：電子の軌道半径
$E_n$ 〔J〕：電子のエネルギー
$h$ 〔J·s〕：プランク定数（◗ p.189）
$k_0$ 〔N·m²/C²〕：真空中のクーロンの法則の比例定数（◗ p.189）
$m$ 〔kg〕：電子の質量（◗ p.189）
$e$ 〔C〕：電気素量（◗ p.189）
$R$ 〔1/m〕：リュードベリ定数（◗ p.189）
$c$ 〔m/s〕：真空中の光の速さ（◗ p.189）

### Point 量子条件

電子が次の式を満たす軌道にあるときは定常状態であり，電磁波を放出しない。

$$mvr = n \cdot \frac{h}{2\pi} \quad (n = 1, 2, \cdots)$$

$m$ 〔kg〕：電子の質量，$v$ 〔m/s〕：電子の速さ
$r$ 〔m〕：電子の軌道半径
$h$ 〔J·s〕：プランク定数

## 水素原子のエネルギー準位とスペクトル系列

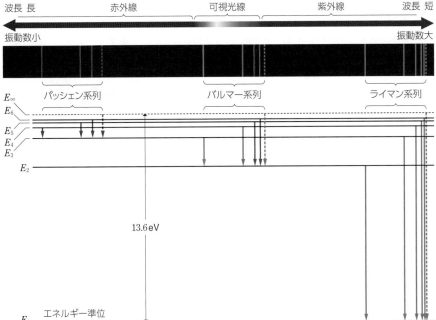

E∞
E6
E5
E4
E3
E2

13.6eV

E1　エネルギー準位

パッシェン系列　バルマー系列　ライマン系列

波長 長　　赤外線　　可視光線　　紫外線　　波長 短
振動数小　　　　　　　　　　　　　　　振動数大

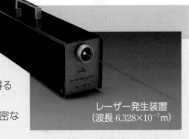

### Point 振動数条件

電子が，エネルギー準位 $E_n$〔J〕からそれよりも低いエネルギー準位 $E_{n'}$〔J〕に移るとき，これらの差のエネルギーをもつ光子を放出する。

$$E_n - E_{n'} = h\nu$$

$h$〔J·s〕：プランク定数
$\nu$〔Hz〕：光子の振動数

電子が定常状態 $E_n$ から $E_{n'}$ に移るときに放出される光の波長は，エネルギー準位の式と上に示した振動数条件より

$$\frac{1}{\lambda} = \frac{\nu}{c} = \frac{E_n - E_{n'}}{ch} = \frac{2\pi^2 k_0^2 m e^4}{ch^3}\left(\frac{1}{n'^2} - \frac{1}{n^2}\right)$$

$$= R\left(\frac{1}{n'^2} - \frac{1}{n^2}\right)$$

と求められる。ここで，$R = 1.10\times10^7$/m を **リュードベリ定数** という。

水素原子の線スペクトルには，この $n$ と $n'$ の組合せに応じたさまざまな輝線がみられる。

---

### Column レーザー　[日常]

励起状態にある原子に，励起状態と基底状態とのエネルギー差に等しいエネルギーの光を入射すると，励起状態にある原子は基底状態に移り，その際に入射光と同じ振動数で同じ位相の光を出しやすくなることが知られている（これを誘導放出という）。レーザー発生装置はこれを利用し，強い単色光を得ることのできる装置である。

レーザーは，光の位相がそろっており，指向性や輝度性に優れ，また制御しやすいことから，距離の緻密な測定や光通信，光学ドライブなど多岐にわたって利用されている。

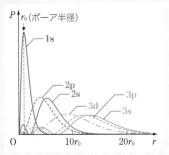

レーザー発生装置
（波長 $6.328\times10^{-7}$ m）

---

### Zoom up 波動関数と電子分布

ボーアの理論は，水素原子のスペクトルを見事に説明しているが，実際には，電子のある瞬間の位置や速さ（運動量）を正確に決められないことが知られており（不確定性原理），電子が安定した等速円運動を行っているという解釈は成りたたない。

量子力学では，電子の状態を「波動関数」とよばれるもので記述する。水素原子の場合，電子の波動関数 $\Psi$ は，「シュレーディンガー方程式」とよばれる式を厳密に解くことで求められる。例えば，ボーアの理論で $n = 1$ に対応する K 殻（1s 軌道）にいる電子の波動関数は

$$\Psi = \frac{1}{\sqrt{\pi}} \cdot \left(\frac{1}{r_0}\right)^{\frac{3}{2}} e^{-\frac{r}{r_0}}$$

となる。ここで，$r$〔m〕は原子核からの距離，$r_0 = 5.29\times10^{-11}$ m はボーア半径（ボーアの理論で $n = 1$ のときの $r$ の値）である。

1s 軌道の電子が，原子核からの距離 $r \sim r + \Delta r$ の位置にいる確率は，$4\pi r^2|\Psi|^2\Delta r$ で与えられる（$\Delta r$ は微小）。$P = 4\pi r^2|\Psi|^2$ は確率分布を表し，これをグラフに表すと図1のようになる（1s 軌道以外の $P$ も示した）。1s 軌道では $r = r_0$（ボーア半径）の所で確率が最も高くなっており，ボーアの理論とも矛盾していない。

図2のように，3次元空間での電子の存在する確率を濃淡で表したものを「電子雲モデル」という。K 殻（1s 軌道）の電子雲は，原子核を中心とした球形をしている。ボーアの理論で $n = 2$ に対応する L 殻には，

1s 軌道より半径の大きい 2s 軌道と，球形ではない3つの 2p 軌道（$2p_x$, $2p_y$, $2p_z$：図では $2p_y$ 軌道のみ示した）がある。

このように，事象を確率で表すのが量子力学の一つの特徴である。量子力学に懐疑的であったアインシュタインは，そのような確率的な扱いに対し，「神はサイコロを振らない」と評して反論した，といわれている。

#### 図1 原子核からの距離に関する確率分布

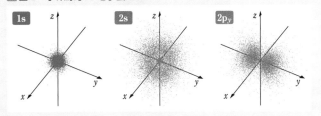

$P r_0$（ボーア半径）
1s
2p
2s
3p
3d
3s
$0$　$10r_0$　$20r_0$　$r$

#### 図2 水素原子の電子雲モデル

1s　2s　$2p_y$

# 5 原子核と放射線 基 物

## A 原子核の構成

原子は，原子核とその周囲を回る電子からなる。原子核は，正の電気量 $e$ をもつ **陽子** と，電気的に中性(電気量0)の **中性子** から構成される。陽子と中性子をあわせて **核子** とよぶ。

### ■ 原子と原子核の構成

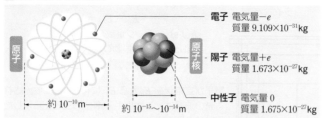

電子 電気量$-e$
質量 $9.109 \times 10^{-31}$kg

陽子 電気量$+e$
質量 $1.673 \times 10^{-27}$kg

中性子 電気量0
質量 $1.675 \times 10^{-27}$kg

約 $10^{-10}$m 　約 $10^{-15} \sim 10^{-14}$m

元素の種類は，原子核内の陽子の数$Z$で決まり，これを **原子番号** という。また，原子核内の核子の総数$A$を **質量数** という。すなわち，原子核内の中性子の総数を$N$とすると $A = Z + N$ となる。

### Zoom up　核力と中間子 歴史

静電気力で反発しあう陽子どうしや，そもそも静電気力がはたらかない陽子と中性子(または中性子どうし)が原子核として結びついているのは，核子どうしが静電気力よりはるかに大きい力で引きあっているためと考えることができる。この力を「核力」という。湯川秀樹は，核子間にはたらく力を媒介する粒子の存在を予言し，これを「中間子」($\pi$ 中間子 ● p.154)と名づけた。湯川はこの功績により，1949年に日本初となるノーベル物理学賞を受賞した。

湯川秀樹

## B 同位体

同じ元素(すなわち，同じ陽子の数)で，中性子の数が異なる原子を **同位体(アイソトープ)** という。各元素において，天然に存在する同位体の存在比は，地域などによらずほぼ一定である。

### ■ 自然界に存在する同位体の例

| | 名称 | 記号 | 陽子の数 | 中性子の数 | 質量(u) | 存在比(%) |
|---|---|---|---|---|---|---|
| 水素 | 水素 | $^1_1\text{H}$ | 1 | 0 | 1.0078 | $99.972 \sim 99.999$ |
| | 重水素 | $^2_1\text{H(D)}$ | | 1 | 2.0141 | $0.001 \sim 0.028$ |
| 炭素 | 炭素12 | $^{12}_6\text{C}$ | 6 | 6 | 12 | $98.84 \sim 99.04$ |
| | 炭素13 | $^{13}_6\text{C}$ | | 7 | 13.0034 | $0.96 \sim 1.16$ |
| ウラン | ウラン234 | $^{234}_{92}\text{U}$ | 92 | 142 | 234.0410 | 0.0054 |
| | ウラン235 | $^{235}_{92}\text{U}$ | | 143 | 235.0439 | 0.7204 |
| | ウラン238 | $^{238}_{92}\text{U}$ | | 146 | 238.0508 | 99.2742 |

同位体の名称は，「炭素12」のように「元素名+質量数」で表す。水素は例外的に，$^2_1\text{H}$(記号Dも用いる)を「重水素」という。また，「三重水素」($^3_1\text{H}$またはT)も発見されている。

### 補足　統一原子質量単位 物

炭素12($^{12}_6\text{C}$)原子1個の質量の $\frac{1}{12}$ を **統一原子質量単位(記号 u)** といい，質量の単位として用いる。
$$1\text{u} = 1.66 \times 10^{-24}\text{g}$$

## C 放射線

原子核の中には，自然に **放射線** を放出して別の原子核に変わるものがある。自然に放射線を出す性質を **放射能**，放射能をもつ同位体を **放射性同位体(ラジオアイソトープ)** という。

### ■ 放射線の種類

天然に存在する放射性物質から放出される代表的な放射線には，$\alpha$ 線，$\beta$ 線，$\gamma$ 線 の3種類がある。

| 種類 | 本体 | 質量 | 電荷 | 電離作用 | 電場による偏り | 磁場による偏り |
|---|---|---|---|---|---|---|
| $\alpha$ 線 | ヘリウム原子核 $^4_2\text{He}$($\alpha$ 粒子) | $6.64 \times 10^{-27}$kg | $+2e$ ($e$は電気素量 $1.60 \times 10^{-19}$C) | 強 | 負極側へ偏る | 正電荷と同じ |
| $\beta$ 線 | 電子 | $9.11 \times 10^{-31}$kg | $-e$ | 中 | 正極側へ偏る | 負電荷と同じ |
| $\gamma$ 線 | 波長の短い電磁波 ($10^{-10}$m 以下) | 0 | 0 | 弱 | 偏らない | 偏らない |

※電離作用とは，放射線が物質中の原子から電子をはじきとばし，原子をイオン化するはたらきのことである。

### ■ 放射線の透過力

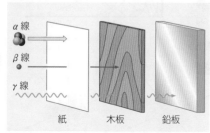

紙　木板　鉛板

透過力が強い順に $\gamma$ 線，$\beta$ 線，$\alpha$ 線となる。$\gamma$ 線を遮断するには厚い鉛板などが必要である。

### Column　中性子線

中性子の流れである「中性子線」も放射線の一種である。中性子線は電荷をもたないので，電荷による反発を受けずに原子核と直接作用し，原子核分裂を誘起する。また，中性子線は，大きな原子核と衝突してもさほどエネルギーを失わず，むしろ同程度の質量である水素原子核(陽子)に衝突した際に効果的にエネルギーを失う。よって，中性子線の遮蔽には水素を多く含む水やパラフィンなどが用いられる。

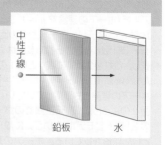

鉛板　水

陽子：proton　中性子：neutron　核子：nucleon　原子番号：atomic number　質量数：mass number
同位体(アイソトープ)：isotope　統一原子質量単位：unified atomic mass unit　放射線：radiation　放射能：radioactivity

# D 放射性崩壊

放射性同位体が放射線を放出して別の状態に移ることを **放射性崩壊** という。放射性崩壊には，α 線を放出する **α 崩壊**，β 線を放出する **β 崩壊** などがある。

## ■ 放射性崩壊の種類 物

| 崩壊形式 | 原子番号の変化 | 質量数の変化 | 放出される放射線 | 説明 |
|---|---|---|---|---|
| α 崩壊 | 2 減 | 4 減 | α 線 | α 線を放出して，原子番号が 2，質量数が 4 少ない原子核に変わる。 |
| β 崩壊（β⁻崩壊） | 1 増 | 変化なし | β 線 | 原子核中の中性子が陽子に変化し，β 線（電子）を放出し，原子番号が 1 大きい原子核に変わる。 |
| β⁺崩壊 | 1 減 | 変化なし | 陽電子線 | 陽子が中性子に変化し，陽電子（● p.154）を放出し，原子番号が 1 小さい原子核に変わる。 |
| 電子捕獲 | 1 減 | 変化なし | X 線，電子線 | 軌道にある電子を捕獲して，陽子が中性子に変わる。おもに特性 X 線が放出される。 |
| 核異性体転移 | 変化なし | 変化なし | γ 線，電子線 | 余分なエネルギーをもった原子核が，おもに γ 線を放出して安定状態に移る。 |
| 自発核分裂 | さまざま | さまざま | 中性子線，β 線，γ 線など | 大きな原子核は，自発的に核分裂（● p.153）をし，さまざまな放射線を発することがある。 |

## ■ 半減期

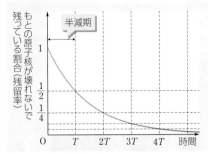

原子核が放射性崩壊により他の原子核に変わるとき，もとの原子核の数が半分になるまでの時間は，原子核ごとに決まっている。この時間を **半減期** という。

## ■ 放射性同位体の例 物

**炭素 14**
$^{14}_{6}\text{C}$
崩壊形式　β 崩壊
半減期　$5.70×10^3$ 年

宇宙線によって生じた中性子と，大気中の窒素原子核との反応によって生じる。木材などでは，伐採後に $^{14}_{6}\text{C}$ の含有率が一定の割合で減るので，遺跡などの年代を調べるのに用いられる。

**カリウム 40**
$^{40}_{19}\text{K}$
崩壊形式　β 崩壊，電子捕獲
半減期　$1.25×10^9$ 年

天然に存在する代表的な放射性同位体。岩石や食物などに多く含まれている。

**ヨウ素 131**
$^{131}_{53}\text{I}$
崩壊形式　β 崩壊
半減期　8.03 日

天然にもわずかに存在するが，原子力発電での核分裂により大量に生成される。体内に取りこまれると甲状腺に集まり，甲状腺被曝の原因となる。

**セシウム 137**
$^{137}_{55}\text{Cs}$
崩壊形式　β 崩壊
半減期　30.08年

$^{131}_{53}\text{I}$ と同様，原子力発電での核分裂により大量に生成される。半減期が長く水溶性があるため，人体への影響が懸念される放射性同位体として取り上げられることが多い。

**ウラン 235**
$^{235}_{92}\text{U}$
崩壊形式　α 崩壊，自発核分裂
半減期　$7.04×10^8$ 年

天然のウランに 0.72% の割合で存在し，原子力発電の燃料として用いられる。自発核分裂を起こすこともあるが，その確率はきわめて小さい。

**ウラン 238**
$^{238}_{92}\text{U}$
崩壊形式　α 崩壊，自発核分裂
半減期　$4.47×10^9$ 年

天然に存在するウランの大半を占める。α 崩壊後の原子核は不安定であり，安定な $^{206}_{82}\text{Pb}$ になるまで α 崩壊と β 崩壊をくり返す（崩壊系列，● p.184）。

# E 放射線の測定

放射線は，その電離作用によって生物の細胞に影響を及ぼす。放射線を利用する際には，その量を正しく測定し，場合によっては鉛の板で照射をさえぎるなどの対策をとる必要がある。

## ■ 放射線の測定単位

| | 単位 | 説明 |
|---|---|---|
| 放射能の強さ | ベクレル（Bq） | 原子核が毎秒 1 個の割合で崩壊するときの放射能の強さを 1Bq とする。 |
| 吸収線量 | グレイ（Gy） | 放射線が物質で吸収されるときに与えるエネルギー。物質 1 kg が 1 J のエネルギーを吸収するときの吸収線量を 1Gy とする。 |
| 等価線量 | シーベルト（Sv） | 吸収線量に，人体への影響を考慮した係数（放射線加重係数）をかけた値。係数は放射線の種類により異なる（● p.186）。 |
| 実効線量 | シーベルト（Sv） | 等価線量に，組織・器官ごとの影響を表す係数（組織加重係数，● p.186）をかけ，すべての組織・器官で足しあわせた値。 |

## ■ GM サーベイメータ

GM 計数管

放射線が GM 計数管（ガイガー・ミュラー計数管）内に入射すると，内部の気体が電離し，放電により電流が流れる。放電の回数を計数装置で数える。

**くらしで浴びる放射線の量（実効線量）の例**

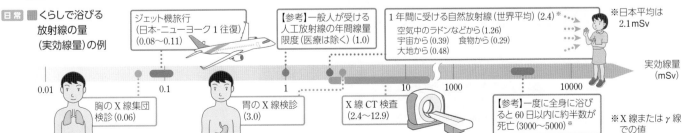

放射性同位体（ラジオアイソトープ）：radioactive isotope [radioisotope]　　α 線：α-rays　　β 線：β-rays　　γ 線：γ-rays
放射性崩壊：radioactive decay　　α 崩壊：α decay　　β 崩壊：β decay　　半減期：half-life

# 6 核反応と核エネルギー 基 物

## A 核反応

加速器などで高速に加速した $\alpha$ 粒子や中性子を原子核に当てると，もとの原子核が別の種類の原子核に変わることがある。このように原子核が変化する反応を **核反応** という。核反応の前後では，電気量や質量数の総和は変わらない。

### ■核反応の発見

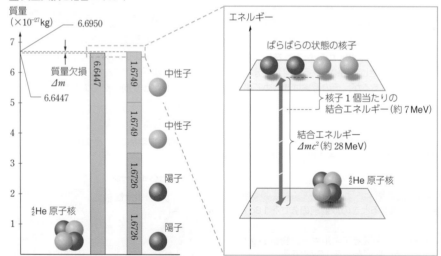

$$\ce{^{14}_7N} + \ce{^4_2He} \rightarrow \ce{^{17}_8O} + \ce{^1_1H}$$

- 陽子
- 中性子

$\alpha$ 線 ($\ce{^4_2He}$)

ラザフォードは，窒素ガスをつめた箱の中に $\alpha$ 線源を設置しておくと，陽子が飛び出すことを発見し，核反応の証拠を得た。左の写真は，ブラケットがその後に霧箱を用いて撮影したものである。

### ■核反応の例

$$\ce{^{27}_{13}Al} + \ce{^4_2He} \rightarrow \ce{^{30}_{15}P} + \ce{^1_0n}$$

$$\ce{^7_3Li} + \ce{^1_1H} \rightarrow \ce{^4_2He} + \ce{^4_2He}$$

核反応は $\alpha$ 粒子だけでなく，高速の陽子や中性子，あるいは $\gamma$ 線などを原子核に当てても起こすことができる。

## B 質量とエネルギーの等価性

原子核の質量は，それを構成する核子の質量を合計した値より小さくなる（**質量欠損**）。これは，質量とエネルギーが同等であると考えると説明がつく。

### ■質量欠損と結合エネルギー

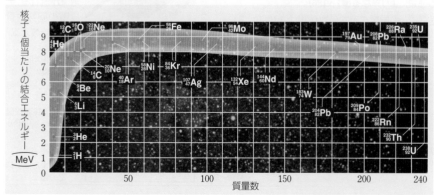

質量 ($\times 10^{-27}$kg)

6.6950
6.6447

質量欠損 $\Delta m$

6.6447、6.4647

$\ce{^4_2He}$ 原子核

中性子 1.6749
中性子 1.6749
陽子 1.6726
陽子 1.6726

エネルギー

ばらばらの状態の核子

核子 1 個当たりの結合エネルギー（約 7 MeV）

結合エネルギー $\Delta mc^2$（約 28 MeV）

$\ce{^4_2He}$ 原子核

### 質量とエネルギーの等価性

$$E = mc^2$$

$E$〔J〕：エネルギー， $m$〔kg〕：質量
$c$〔m/s〕：真空中の光の速さ（♪ p.189）

原子番号 $Z$，質量数 $A$ の原子核の質量を $m_0$，陽子と中性子の質量を $m_p$，$m_n$ とするとき，質量欠損 $\Delta m$ は次のように求められる。

$$\Delta m = Zm_p + (A - Z)m_n - m_0$$

$\Delta m$ は常に正となる。
アインシュタインは，質量とエネルギーは同等であると考え，質量欠損で失われている質量は，原子核の **結合エネルギー** $\Delta mc^2$ に相当する，と解釈した。$\ce{^4_2He}$ の場合，結合エネルギーは約 28 MeV になる。

### ■核子 1 個当たりの結合エネルギー

核子 1 個当たりの結合エネルギー〔MeV〕

質量数

核子 1 個当たりの結合エネルギーは，核子の質量数を $A$，結合エネルギーを $\Delta mc^2$ とすると，

$$\frac{\Delta mc^2}{A}$$

で与えられる。この数値が大きいほど核子の結びつきが強い。軽い原子核の領域では，質量の増大とともに急激に増大し，鉄（Fe）のあたりで最大となる。

核反応：nuclear reaction 質量欠損：mass defect 結合エネルギー：binding energy

<header>5-Ⅱ 原子と原子核</header>

## C 核エネルギー

原子核の種類により核子1個当たりの結合エネルギーが異なるため，核反応の前後で原子核の質量の和は変化する。質量の和が減少する場合，質量差に相当するエネルギーが **核エネルギー** として解放される。

### ■ 核反応で発生する核エネルギーと結合エネルギーの関係

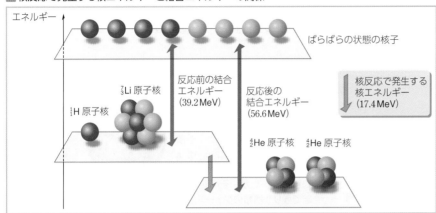

図は，${}^{7}_{3}\text{Li}$ と ${}^{1}_{1}\text{H}$ の核反応

$$[\ {}^{7}_{3}\text{Li} + {}^{1}_{1}\text{H} \rightarrow {}^{4}_{2}\text{He} + {}^{4}_{2}\text{He}\ ]$$

における，反応前後の原子核の結合エネルギーと，核反応で発生する核エネルギーの関係を示している。

反応前後での質量の減少は $3.09\times10^{-29}$ kg で，これをエネルギーに換算すると約 17.4 MeV となり，1回の核反応でこれだけのエネルギーが発生することがわかる。

一般に核反応で発生するエネルギーは数 MeV 以上であり，燃焼などの化学反応で発生するエネルギー（数 eV 程度）に比べると格段に大きい。

## D 核分裂反応と核融合反応

1つの原子核が複数の原子核に分かれる反応を **核分裂反応** という。一方，原子核どうしが衝突すると，重い原子核ができることがある。この反応を **核融合反応** という。

### ■ 核分裂反応の例

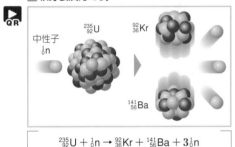

$$\ {}^{235}_{92}\text{U} + {}^{1}_{0}\text{n} \rightarrow {}^{92}_{36}\text{Kr} + {}^{141}_{56}\text{Ba} + 3{}^{1}_{0}\text{n}\ $$

### ■ 核分裂反応で解放されるエネルギーと結合エネルギーの関係

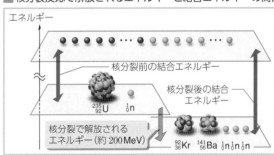

${}^{235}_{92}\text{U}$ の核分裂で解放されるエネルギーは約 200 MeV であり，既出の核反応に比べても大きなエネルギーが発生することがわかる。

核子1個当たりの結合エネルギーは，質量数が Fe のあたりで最大で，以降はなだらかに減少する。これは，重い原子核は，質量数が Fe に近い原子核に分裂するとエネルギー的に安定になることを示している。

### ■ 連鎖反応の例

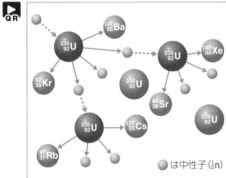

${}^{235}_{92}\text{U}$ の核分裂で放出される中性子を未反応の核に吸収させると，核分裂反応を継続して行うことができる（${}^{235}_{92}\text{U}$ の核分裂は図のようにいくつかのパターンがある）。一般に高速の中性子は，次の核と反応せず通過してしまうため，反応させるためには中性子を水などで低速にする必要がある。

### Column 113 番元素の発見 〔歴史〕

世界中の研究者が新元素の発見に挑戦する中，日本の理化学研究所の森田浩介グループは亜鉛（原子番号 30）のビームをビスマス（原子番号 83）に照射して起こる核融合反応によって，113 番元素の生成に挑んだ。この反応が起こる確率はきわめて低い。亜鉛原子を1秒当たり 2.4 兆個の割合で 80 日間照射することによって，2004 年に初めて1原子の合成に成功した。その後も実験が続けられ，2012 年にはより確実な形で新元素合成を確認した。この結果により，新元素の命名権は同グループに与えられ，「ニホニウム（Nh）」という名称になった。この新元素発見は日本初，さらにはアジア初の快挙となった。

### ■ 核融合反応の例

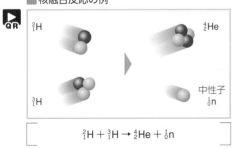

$$\ {}^{2}_{1}\text{H} + {}^{3}_{1}\text{H} \rightarrow {}^{4}_{2}\text{He} + {}^{1}_{0}\text{n}\ $$

### ■ 核融合反応で解放されるエネルギーと結合エネルギーの関係

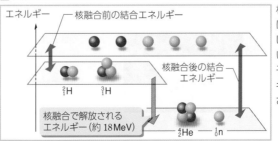

核子1個当たりの結合エネルギーは，Fe のあたりまでは質量数に応じて増加している。したがって，軽い原子核どうしが核融合で重い原子核になった場合，結合エネルギーの差の分のエネルギーが解放される。

<footer>核エネルギー：nuclear energy　　核分裂：(nuclear) fission　　核融合：nuclear fusion　　連鎖反応：chain reaction

**153**</footer>

# 7 素粒子 物

## A 素粒子

物質を細かく分けていくと，分子→原子→原子核 と，より小さな構成単位が現れてくる。その究極に位置する粒子は **素粒子** といわれる。素粒子には，**クォーク，レプトン，ゲージ粒子，ヒッグス粒子** といった種類がある。

### ■ クォークとレプトン

| | | クォーク | | レプトン | |
|---|---|---|---|---|---|
| 世代 | 第1世代 | アップ(u) | ダウン(d) | 電子($e^-$) | 電子ニュートリノ($\nu_e$) |
| | 第2世代 | チャーム(c) | ストレンジ(s) | ミュー粒子($\mu^-$) | ミューニュートリノ($\nu_\mu$) |
| | 第3世代 | トップ(t) | ボトム(b) | タウ粒子($\tau^-$) | タウニュートリノ($\nu_\tau$) |
| 電気量 | | $+\dfrac{2}{3}e$ | $-\dfrac{1}{3}e$ | $-e$ | 0 |

クォークは，陽子，中性子，中間子などの **ハドロン** とよばれる粒子を構成する基本粒子で，現在のところ単独で取り出すことはできない。一方，レプトンは単独で存在する基本粒子である。いずれも，3つの「世代」とよばれるグループに分類される。

### ■ ハドロン

| バリオン(重粒子)の例 | メソン(中間子)の例 |
|---|---|

陽子　電荷
$$\left(+\frac{2}{3}e\right)\times 2+\left(-\frac{1}{3}e\right)=+e$$

中性子　電荷
$$\left(+\frac{2}{3}e\right)+\left(-\frac{1}{3}e\right)\times 2=0$$

$\pi^+$中間子　電荷
$$\left(+\frac{2}{3}e\right)+\left(+\frac{1}{3}e\right)=+e$$

$K^+$中間子　電荷
$$\left(+\frac{2}{3}e\right)+\left(+\frac{1}{3}e\right)=+e$$

ハドロンは，陽子や中性子などの **バリオン**(重粒子)と，π 中間子などの **中間子**(メソン)に分けられる。バリオンはクォーク3種類，中間子はクォークと反クォーク(クォークの反粒子)の組合せで構成される。

### ■ 反粒子

反陽子　電荷
$$\left(-\frac{2}{3}e\right)\times 2+\left(+\frac{1}{3}e\right)=-e$$

$\pi^-$中間子　電荷
$$\left(-\frac{2}{3}e\right)+\left(+\frac{1}{3}e\right)=-e$$

電子($e^-$)と陽電子($e^+$)のように，クォークやレプトンには電荷の正負が逆転した「反粒子」が存在する。陽子(uud)を構成するクォークをそれぞれの反粒子で置きかえた物質($\bar{u}\bar{u}\bar{d}$)は，「反陽子」とよばれる。

### Zoom up ニュートリノ天文学 （歴史）

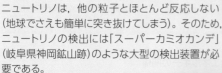
小柴昌俊

ニュートリノは，他の粒子とほとんど反応しない(地球でさえも簡単に突き抜けてしまう)。そのため，ニュートリノの検出には「スーパーカミオカンデ」(岐阜県神岡鉱山跡)のような大型の検出装置が必要である。
1987年，スーパーカミオカンデの前身の観測装置である「カミオカンデ」は，大マゼラン雲の超新星爆発 SN1987A(右写真)が放出したニュートリノをとらえ，「ニュートリノ天文学」という新たな分野を確立した。小柴昌俊はこの業績などにより，2002年にノーベル物理学賞を受賞した。

### Zoom up 小林・益川理論 （歴史）

小林誠

益川敏英

小林誠と益川敏英は，理論的研究からクォークが6種類以上存在することを予言した。予言した当初(1973年)は，u, d, s の3つのクォークしか発見されていなかったが，その後の実験で残り3種類のクォークが発見され，予言が正しいことが証明された。小林・益川はこの功績により，2008年にノーベル物理学賞を受賞した。

### Column 陽電子断層撮影（PET）

陽電子断層撮影(PET：Positron Emission Tomography)は，体内の代謝のようすを画像化する技術である。放射性同位体を含む，グルコースに似た物質を用いた薬剤を体内に投与すると，この薬剤は代謝量の多い部位に集まり，陽電子を放出する。陽電子は近くの電子と結合して，γ線を放出する(電子対消滅)。これをとらえることで，代謝量の多い部位を特定することができる。PETは，脳の活動の研究やがんの診断(がん細胞はグルコースを多く取りこむ性質をもつ)などの用途に役立てられている。右の画像は脳のPET画像である(赤い部分が，活動が活発な部位を示す)。

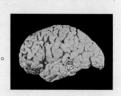

### Zoom up ニュートリノ振動 （歴史）

梶田隆章

太陽内部で起こる核融合反応では大量の電子ニュートリノが生成される。これを地球で観測すると，その数が予想値よりも大幅に少ないことが大きな謎とされていた(太陽ニュートリノ問題)。この問題に解決を与えたのが「ニュートリノ振動」である。ニュートリノには3世代あり，ニュートリノが伝わる過程で3世代間を周期的に行き来するという現象である。梶田隆章は恩師である戸塚洋二の指導のもと，宇宙線が地球大気で衝突する際に発生する大気ニュートリノをスーパーカミオカンデを用いてとらえることにより，ニュートリノ振動の観測に成功した。素粒子の標準理論ではニュートリノの質量は0であると仮定されていたが，ニュートリノ振動はニュートリノが質量をもつことを示唆しており，理論の修正の必要性を示した。梶田はこの功績により，2015年にノーベル物理学賞を受賞した。

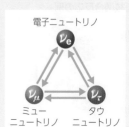

電子ニュートリノ $\nu_e$ / ミューニュートリノ $\nu_\mu$ / タウニュートリノ $\nu_\tau$

**154** 素粒子：elementary particle [particle]　　クォーク：quark　　レプトン：lepton　　ゲージ粒子：gauge particle　　ヒッグス粒子：higgs boson

### ■ ゲージ粒子

| ゲージ粒子 | 記号 | 媒介する力 |
|---|---|---|
| グラビトン（重力子） | | 重力 |
| フォトン（光子） | $\gamma$ | 電磁気力 |
| グルーオン（膠着子） | g | 強い力 |
| ウィークボソン | $W^+$, $W^-$ $Z^0$ | 弱い力 |

自然界に存在する力を媒介する粒子の集まり。重力を媒介するグラビトン（重力子）は，いまのところ未発見である。

**ヒッグス粒子** 歴史

「ヒッグス粒子」とは，物質に質量を与えるための理論である「ヒッグス機構」によって導入される素粒子である。空間（真空）はヒッグス粒子で満たされており，クォークやレプトンはヒッグス粒子によって抵抗を受けて動きにくくなる，すなわち，質量をもつ，と考える。一方，光子はヒッグス粒子と相互作用しないので，質量をもたない。
ヒッグス粒子は，ジュネーブ郊外にある LHC 加速器での実験によりその存在が確定された。南部陽一郎（2008 年ノーベル物理学賞受賞）が提唱した「自発的対称性の破れ」は，ヒッグス機構のもととなる理論である。

南部陽一郎

## B 自然界に存在する４つの力

自然界に存在する力には，重力（万有引力），電磁気力に加え，原子核を構成するための「強い力」，β 崩壊などのときにはたらく「弱い力」，の計４種類がある。

### ■ ４つの力

| 力の種類 | 重力（万有引力） | 電磁気力 | 強い力 | 弱い力 |
|---|---|---|---|---|
| 具体例 | 小球の落下　万有引力 | 静電気力／磁極間にはたらく力 | クォーク間にはたらく力 | 中性子の β 崩壊 |
| 相対的強さ※ | $10^{-38}$ | $10^{-2}$ | 1 | $10^{-5}$ |
| 到達距離 | 無限大 | 無限大 | $10^{-15}$m | $10^{-17}$m |
| 力の源 | 質量 | 電荷 | 色荷 | 弱荷 |
| 力を媒介するゲージ粒子 | グラビトン（重力子）（未発見） | フォトン（光子） | グルーオン（膠着子） | ウィークボソン |
| 備考 | 原子のスケールでは４つの中で最も弱いが，どんなに遠くても到達する力である。 | 性質は重力と似ているが，引力だけではなく斥力もはたらく，という違いがある。 | 「色荷」とよばれるクォーク独自の量にもとづきはたらく，原子核を形成するために必要な力。 | クォークの種類を変えたり，レプトンを生み出したりする力。 |

※重力と電磁気力の強さは，２つの陽子の間にはたらく力で比較した。

## C 宇宙のはじまり

宇宙は約 138 億年前に，ビッグバンとよばれる高温で高密度の状態から始まったと考えられている。宇宙のごく初期にどのような現象が起こったかは，素粒子研究とも密接に関連している。

### ■ 宇宙の歴史と４つの力

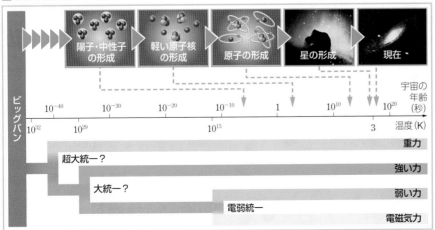

ビッグバン直後の宇宙は，非常に高温・高密度の状態であったと考えられる。その後時間とともに宇宙は膨張し，3 分後には 10 億度程度まで温度が低下して原子核を構成し始める。電子はその反粒子である陽電子と出あうことでほとんどなくなってしまったが（電子対消滅），一部残存した電子が 40 万年後に原子核に捕獲され，ようやく原子が構成される。このときの 3000 K の熱放射が，現在，約 2.7 K の宇宙マイクロ波背景放射として観測されている。
４つの力は，宇宙の初期には１つであったと考えられている（超大統一理論）。現在の最先端研究では，これらの力を１つに統一しようとする試みがなされている（現在のところ，電磁気力と弱い力の統一のみが確立されている：電弱統一理論）。

ハドロン：hadron　　バリオン：baryon　　中間子：meson　　ニュートリノ：neutrino

**特集 物理で考える**

[写真]
再稼働している
川内原子力発電所（鹿児島県）

# 8 原子力発電

科学技術ライター

うるしはら　じろう
## 漆原　次郎

2011年3月の東北地方太平洋沖地震の影響により，東京電力福島第一原子力発電所で重大事故が起きた。事故前から，原子力発電の利用をめぐってさまざまな考え方があったが，事故後，特に原子力の利用に対する人々の関心は国内外で高まった。これからのエネルギーの使い方を考えるうえで，原子力発電という方法の特徴に目を向けておきたい。ここでは，原子力とは何か，エネルギーを生み出す燃料はどういったものか，原子力発電所にはどのような技術が使われているか，廃炉や使用済み核燃料の処分にはどのような課題があるか，そして今後の原子力発電をめぐり私たちがどんなことを考える必要があるかを述べたい。

## 原子核の分裂で力を得る

　原子力とは，原子核が分裂するときに放出されるエネルギーのことを指す。核分裂を起こす元素は，ウランやプルトニウムなどの質量数の大きな元素であり，これらが原子力を生み出すための材料として使われる。

　ウランなどの原子核に中性子を照射すると，原子核が2個以上に分裂する（🌀 p.153）。この核分裂反応が起きると，そこからさらに中性子が放たれ，また他の原子核に吸収される。この反応では，反応後の全体の質量が減少するが，その減少した質量の分，エネルギーが生じることになる。核分裂がくり返されていくと，連鎖反応の状態になり，これで大量のエネルギーを得ることができる。原子爆弾では，濃度の高いウランを使って急激に核分裂の連鎖反応を起こさせる。一方，原子力発電では低い濃度のウランを使ったり，技術により連鎖反応をゆっくり進めたりすることで，発電に適したほどよい量のエネルギーを得る。

　原子力を得るための方法は，20世紀前半に確立された。1939年，ドイツのオットー・ハーンらがウランの核分裂を発見した。第二次世界大戦中には米国で多数の科学者が「マンハッタン計画」という原子爆弾開発計画を進め，1945年の広島と長崎への原爆投下に至らしめた。戦後は，米国のドワイト・アイゼンハウアー大統領による「原子力の平和利用」のよびかけをきっかけに，各国が原子力発電所の建設を進めた。1954年にソビエト連邦（現在のロシアなど）が世界初となる原子力発電所の運転を始めた。日本は1963年，茨城県東海村で米国から導入した技術により試験的に原子力発電を始め，1966年，東海村で英国から導入した技術によっ

て原子力発電所の商用運転を始めた。

## 核燃料はウランなど

　原子力発電では，核分裂の材料にウランやプルトニウムなどの元素が使われる。これらを核燃料という。一般的な原子力発電所における発電量の約7割はウランの核分裂によるものであり，約3割が発電途中に生じるプルトニウムの核分裂によるものである（図1）。

　ウランには，核分裂を起こしやすいウラン235（$^{235}_{92}$U：中性子数143，陽子数92）や，核分裂を起こしにくいウラン238（$^{238}_{92}$U：同146，92）などがある。自然界でウラン235はウラン全体の0.7%しかないため，3〜5%まで濃縮させて燃料とする。ウラン235に中性子を照射すると，エネルギーとともに平均2〜3個の中性子が生じるため，核分裂の連鎖反応を引き起こせる。

　プルトニウムはほぼ人工的につくられる元素である。ウラン238に中性子を照射することで起きる核分裂の過程で生成される。プルトニウムにも質量数によりプルトニウム239（$^{239}_{94}$Pu），プルトニウム240（$^{240}_{94}$Pu），プルトニウム241（$^{241}_{94}$Pu）などの種類がある。原子力発電では，例えばプルトニウム239の一部は核分裂し，

### ■図1　核分裂反応のしくみ

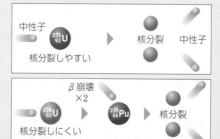

一部は中性子を捕獲してプルトニウム240となるため，これらは混合物となっている。

## 重要な水の役割

　原子力発電所では，ウランやプルトニウムの核分裂反応で得られる熱エネルギーで蒸気を生じさせ，蒸気によりタービンとよばれる羽根車を回して運動エネルギーに変え，さらに発電機により電気エネルギーに変えている。

　核分裂反応を持続させる装置が原子炉である。原子炉では，核分裂で放たれる中性子のスピードを下げ，連鎖反応を起こしやすくするために減速材が使われる。その減速材の種類により，原子炉は次のように分類される。

　軽水炉は，軽水つまり普通の水を減速材に使う原子炉である。さらに，軽水の使われ方によって加圧水型と沸騰水型に分けることができる（図2）。一方，重水炉は，軽水よりも比重の大きい重水を減速材に使う原子炉である。重水はコストがかかるが，減速能力が高く，濃縮されていない天然のウランを使える利点がある。なお日本の商用原子力発電所に重水炉はない。

## 廃炉や使用済み核燃料処理の課題

　原子炉のうち，核分裂反応を実際に生じさせる場である炉心を格納した容器が，原子炉圧力容器である。2011年3月に生じた東京電力福島第一原子力発電所事故では，津波を受けての全電源喪失により1号機，2号機，3号機の原子炉圧力容器内の減速材が沸騰し続けて水位が低下し，むき出しとなった核燃料が溶け崩れたために炉心溶融という重大事故になった。福島第一原子力発電所から半径20km圏警戒区域と，周辺で指定された計画的避難区域の住民は，避難生活を送らなければならなくなっ

■図2 加圧水型軽水炉（ⓐ）と沸騰水型軽水炉（ⓑ）の概念図　沸騰水型軽水炉も，蒸気でタービンを回している。

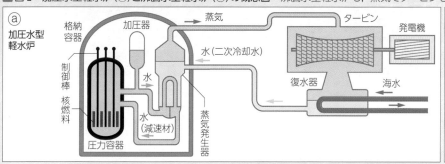

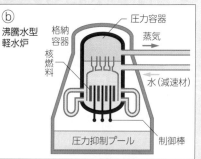

た。その後，徐々に避難指示は解除されていったが，事故から10年以上を経た2022年現在も，帰還困難区域が残ったり，帰還をあきらめる人が多くいたりと，大きな影響を残している。

　福島第一原子力発電所事故の後，東京電力は同発電所を再稼働させず，設備を廃炉とする，つまり解体・撤去することを決めた。だが，通常の原子力発電所を廃炉にするのと違い，福島第一原子力発電所の廃炉作業では，事故の状況を受けて行うもののため，放射性物質を含む汚染水の抑制や，1号機を覆う大型カバーの設置，また事故を起こした原子炉建屋からの燃料デブリ（溶融して固まった燃料等）取り出しといった特殊な作業が求められている。廃炉完了までの期間は，少なくとも21世紀の中頃までかかる見通しとなっている（図3・4）。

　また，福島第一原子力発電所に限らず，原子力発電所で使用済みとなった核燃料は処理をする必要がある。ウランやプルトニウムとして使える分は濃縮や成型をして，再び核燃料として使う。一方，廃棄する部分はガラスで固められた状態にして高レベル放射性廃棄物貯蔵施設へ移され，最終的には地下300m以深の最終処分場に直接置かれることになる。日本国内では，活断層の有無などを調べて立地の可能性を探る「文献調査」に応じる自治体が現れ始めた段階である。高レベル放射性廃棄物の有害度が低下するには，再利用する場合，既存の技術では約8000年，直接処分する場合で約10万年を要するとされる。

## 原子力発電をめぐる今後

　日本の原子力発電所は，福島第一原子力発電所事故後，全国に50基以上あるすべての原子炉の稼働を停止した。事故後に発足した行政機関である原子力規制委員会が，従来の安全基準を強化した新たな規制基準を設け，その審査に合格することが再稼働の要件の1つとなっている。

■図3　福島第一原子力発電所での廃炉を目指した作業

■図4　福島第一原子力発電所の廃炉に向けたロードマップ

| 安定化に向けた取り組み | 第1期 | 第2期 | 第3期 |
|---|---|---|---|
| ■冷温停止状態の達成 ■放射性物質放出の大幅な抑制 | 使用済み燃料プール内の燃料取り出し開始までの期間 | 燃料デブリ取り出し開始までの期間 ■1号機の燃料デブリ取り出し方法の確定 ■取り出し開始 | 廃炉完了までの期間 |
| 2011年12月 | 2013年11月 | 2021年12月 | 事故から30〜40年後 |

（政府・東京電力「福島第一原子力発電所1〜4号機の廃止措置等に向けた中長期ロードマップ」をもとに作図）

　政府は2021年，今後の国のエネルギーの使い方を示す「エネルギー基本計画」において，原子力について「安全を最優先し，再生可能エネルギーの拡大を図る中で，可能な限り原発依存度を低減すること」，ただし「必要な規模を持続的に活用していくこと」を方針に打ち出した。2030年度において，火力や再生可能エネルギーなども含む電源構成のうち，原子力の割合を20〜22%にすることを目指している。電力事業者は原子力発電所の可能な限りの再稼働を望んでいるものの，再稼働を差し止めるための訴訟が起きるなど時間がかかっており，こ

の割合が実現されるかは不透明である。

　福島第一原子力発電所事故の影響の大きさなどから，原子力発電そのものに反対する人がいる一方，冬場などの電力不足を解決するため再稼働に賛成する人もいる。海外では2022年のロシアによるウクライナ侵攻で，1986年に事故を起こしたチョルノービリ原子力発電所などが占拠や砲撃の対象となり，安全管理に対する不安が高まるなどしている。

　人類の技術力によって誕生した原子力発電に，人類はどのように接していくべきなのかが問われている。

原子

# 9 放射線と健康

国立研究開発法人量子科学技術研究開発機構 放射線医学研究所 放射線影響研究部 グループリーダー

いまおか　たつひこ
## 今岡　達彦

史上第2の規模の原子力事故となった東京電力福島第一原子力発電所事故。この事故では大量の放射性物質が放出され，その放射線による健康への影響について人々の不安を誘っている。放射線とその健康への影響を科学的に理解することは，不安の解消と対策に大きく役立つ。ここでは，事故で問題となる同位体とそれによる被曝，放射線の健康への影響について，高校物理で学んだことを基礎として，さらに理解を深める。

## 原発事故と被曝

### 原発事故で問題となるおもな放射性同位体

今回の事故では，ウランが核分裂してできるヨウ素，セシウム，ストロンチウムの放射性同位体が大きな問題となった（表1）。$^{131}$I は β 線と γ 線を放出して，安定なキセノン（$^{131}$Xe）に変わる。$^{134}$Cs と $^{137}$Cs は β 線と γ 線を放出してバリウム（$^{134}$Ba，$^{137}$Ba）となる。$^{89}$Sr と $^{90}$Sr は β 線を1回あるいは2回放出して $^{89}$Y，$^{90}$Zr となる。

### 外部被曝と内部被曝

人体が体外で発生した放射線を受けることを外部被曝，体内で発生した放射線を受けることを内部被曝とよんでいる。γ 線は透過力が強いため，外部被曝の場合でも体内の臓器が放射線を受ける（図1）。特に $^{137}$Cs は，γ 線を放出し半減期も長いので，これが地表に沈着することが長期的問題となる。α 線や β 線は透過力が弱いため，外部被曝で体内の臓器が放射線を受けることはなく，内部被曝の場合に問題となる（図1）。もちろん γ 線も内部被曝で問題となる。

人体には，体内に入った放射性同位体を認識し対処するしくみは，存在しない。自然には

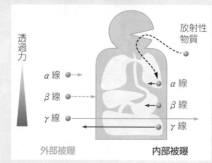

■図1　外部被曝と内部被曝

種々の放射性同位体が存在し，β 線や γ 線を出す $^{40}$K もその一つである。人体には全身にカリウムが存在し，その中に含まれる $^{40}$K から常に内部被曝を受けている。天然に存在する $^{210}$Po も食品を通じて体内に取りこまれ，α 線を放出する。安定同位体のヨウ素は，人体で甲状腺という器官のはたらきに重要な役割を果たしている。$^{131}$I などの放射性ヨウ素も同じように甲状腺に取りこまれ，甲状腺の内部被曝の原因となる。セシウムにはカリウムに似た化学的性質があるため，体内に広く分布し，全身の臓器の内部被曝の原因となるが，自然の代謝により数か月で半分になる速度で排出される。ストロンチウムはカルシウムに似た化学的性質が

あり，骨に蓄積されると排出されにくい。このように放射性同位体は，その化学的性質に応じて体内に分布する。

### 線量の定義と換算

被曝を数量で表す工夫がされている（図2）。物質に吸収される放射線のエネルギーを表す概念に吸収線量（単位は Gy）があるが，吸収線量が同じでも α 線は β 線や γ 線より生体組織への影響が大きい。これは α 線による電離が高密度なためである。これを反映して，放射線の種類に応じた放射線加重係数（♪p.186）を吸収線量に乗じた等価線量（単位は Sv）が，各組織への放射線被曝の程度を表すために用いられる。ところが等価線量が同じでも，組織の種類によって健康への影響が異なる。そこで，組織の種類ごとに定められた組織加重係数（♪p.186）を等価線量に乗じて，これを全身の組織について加算した実効線量（単位は Sv）が，全身の被曝の指標として用いられている。放射線測定器には単位が Sv の数値が表示されるが，これも実用量の一つであり，安全のために実効線量よりも高めの数値になっている。

内部被曝の場合は，体内に入った放射性同位体が崩壊もしくは排出によってなくなるまで被曝が続く。そのため，放射性同位体が体内

■表1　放射性同位体の例とその性質

| 原子核 | $^{131}$I | $^{134}$Cs | $^{137}$Cs | $^{89}$Sr | $^{90}$Sr |
|---|---|---|---|---|---|
| 放出される放射線 | β, γ | β, γ | β, γ | β | β |
| 半減期 | 約8日 | 約2年 | 約30年 | 約51日 | 約29年 |
| 残留する臓器 | 甲状腺 | 全身 | 全身 | 骨 | 骨 |
| 経口摂取の実効線量係数（ICRP Publication 72 より。単位：mSv/Bq） | | | | | |
| 0〜1歳 | 0.00018 | 0.000026 | 0.000021 | 0.000036 | 0.00023 |
| 1〜2歳 | 0.00018 | 0.000016 | 0.000012 | 0.000018 | 0.000073 |
| 3〜7歳 | 0.00010 | 0.000013 | 0.0000096 | 0.0000089 | 0.000047 |
| 8〜12歳 | 0.000052 | 0.000014 | 0.000010 | 0.0000058 | 0.000060 |
| 13〜17歳 | 0.000034 | 0.000019 | 0.000013 | 0.0000040 | 0.000080 |
| 18歳〜 | 0.000022 | 0.000019 | 0.000013 | 0.0000026 | 0.000028 |

■図2　等価線量と実効線量の求め方

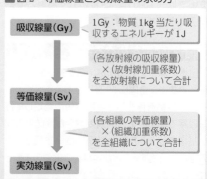

に入った時点から，成人の場合は 50 年間，小児の場合は 70 歳までの期間で受ける実効線量を積算したものを預託実効線量（単位は Sv）とよび，内部被曝の量の指標としている。預託実効線量は，体内に入った放射性同位体の量（単位は Bq）をもとに，体内での放射性同位体の動態と崩壊，組織の大きさや位置関係などを考慮した計算によって求めた係数（単位は Sv/Bq：表 1 に年齢別に記載）を乗じることで計算する。図 3 は計算例である。

外部被曝の実効線量と内部被曝の預託実効線量は加算できる。大地に含まれる自然の放射性同位体から日本人が外部被曝で受ける年間の実効線量は地方によって 0.1 ～ 0.5 mSv 程度と幅がある。宇宙から日本に届く放射線の外部被曝による年間の実効線量は 0.3 mSv 程度，飲食物中の $^{40}$K の摂取による内部被曝の預託実効線量は年間 0.2 mSv 程度である。その他の内部被曝なども合わせて，日本人は年間 1 ～ 2 mSv 程度の自然放射線の被曝を受けている。このように，内部被曝を含む自然の被曝は，常に存在する。

## 放射線の人体への影響

### 人体への影響の原理と分類（図 4）

放射線の電離作用は細胞内の DNA を損傷するが，細胞には DNA を修復するはたらきがある。修復を行えなかった細胞が短期間に一定量以上死ぬことにより，皮膚，毛，生殖器官，腸，血液，発生中の胎児組織など，細胞分裂の活発な組織に障害が現れる。放射線が多いほど死ぬ細胞は多く，症状も重い。一定量の細胞が残っていれば障害は現れないため，これ以下の線量では障害が生じないという閾値線量が存在する。このようなタイプの影響を確定的影響とよぶ。閾値は，最も低い男性の一時不妊でも 100 mGy である。

細胞が DNA を修復する際に不正確な修復が起こり，DNA 上の遺伝情報に突然変異が発生することがある。DNA レベルでは，DNA の損傷や突然変異の発生が，低い線量では線量に比例することが観察されている。突然変異は数年～数十年後のがんや白血病の原因になる可能性がある。放射線以外の要因によっても突然変異が発生するため，これらの病気は自然にもある程度の割合で発生する。放射線被曝は線量に応じてその割合を増加させると考えられ，実際にがんや白血病の増加が観察されている。このようなタイプの影響を「確率的影響」とよぶ。

■図 3　食品からの年間被曝の計算例

| | 濃度 | | 摂取量 | | | 係数（表1） | | |
|---|---|---|---|---|---|---|---|---|
| $^{134}$Cs | 10 Bq/kg | × | 0.006 kg/ 日 | × | 365 日 | × | 0.000019 mSv/Bq | ≒ 0.00042 mSv |
| $^{137}$Cs | 14 Bq/kg | × | 0.006 kg/ 日 | × | 365 日 | × | 0.000013 mSv/Bq | ≒ 0.00040 mSv |

| 同位体 | 濃度（Bq/kg） |
|---|---|
| $^{134}$Cs | 10 |
| $^{137}$Cs | 14 |

1 日 6 g ずつ毎日食べる場合（13 ～ 17 歳）

預託実効線量　計 0.00082 mSv

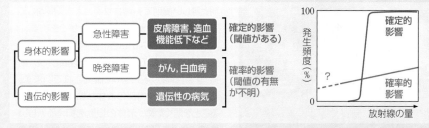

■図 4　さまざまな放射線影響

身体的影響 ─ 急性障害 → 皮膚障害，造血機能低下など → 確定的影響（閾値がある）

身体的影響 ─ 晩発障害 → がん，白血病 → 確率的影響（閾値の有無が不明）

遺伝的影響 → 遺伝性の病気

### 放射線被曝による将来のがんリスク

望ましくない事柄が生じる可能性をリスクとよび，数値によるさまざまな表現方法がある。放射線被曝した人々における病気の発生や死因を調べることで，被曝と病気のリスクの関係がかなりわかっている。原爆被爆者を対象とした調査により，線量とがんリスクの増加は 100 mGy より高い線量でほぼ比例関係にあること，被曝しない場合のがんリスクを 1 とすると 1 Gy 当たり約 0.47 の割合で増加することがわかっている（図 5）。100 mGy 以下の被曝によるがんリスクが被曝しない場合と比べて増加しているかどうかを調べるには，もっと大規模な調査が必要だが，現在までそのような調査の結果は出ていない。

実際の被曝は，100 mSv 以下のくり返しまたは持続的な被曝であることが多い。このように時間当たりの線量が少ない場合は，積算の線量を考える。この場合は，短時間に線量を受ける場合と比べ，がんの発生頻度の増加が 2 ～ 10 分の 1 程度であることが，多くの動物実験で観察されている。また内部被曝を受けた人々の調査や動物実験の結果では，内部被曝による健康影響は，線量が同じ外部被曝と同等もしくはそれより低いと考えて矛盾がない。さらに，被曝した年齢によってもがんリスクが異なる（図 5）。

放射線から人体を守る目的には，上記のような高線量での知見に加え，小さな被曝の場合は急激な高線量被曝と比べて同じ線量のリスクが 2 分の 1 になるという仮定，さらに 100 mGy 以下でリスクが線量に比例するという仮定をもとに，リスクを計算して，規準とする線量を決めている。

なじみの薄い放射線のリスクを感覚的に理解する一つの方法として，図 5 には，種々の生活習慣によるがんリスクとの比較も示してある。ただし，事故による放射線のように強制的に受けさせられるリスクと必ずしも単純には比較できないことにも注意したい。

■図 5　さまざまな年齢で被曝した原爆被爆者の 70 歳でのがんリスク　Preston ら（2007）のリスクモデルに基づき計算。赤い点は 30 歳で被曝した場合に相当するデータ。

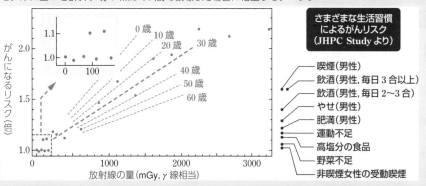

さまざまな生活習慣によるがんリスク（JHPC Study より）

喫煙（男性）
飲酒（男性，毎日 3 合以上）
飲酒（男性，毎日 2 ～ 3 合）
やせ（男性）
肥満（男性）
運動不足
高塩分の食品
野菜不足
非喫煙女性の受動喫煙

## 地震災害を物理の目で解き明かす

京都大学防災研究所准教授
後藤 浩之

1999年 トルコ・コジャエリ地震

### 地震工学とは？

地震による災害は，日本そして世界中で今なお深刻です。私たちが専門とする地震工学は，地震災害の少ない未来を創造するための学問分野です。地震波がどのように発生し，どのように地球の内部を伝播するのか。地震の揺れによって，社会を構成する建物やインフラ施設がどのように振動し，どのように損傷を受けるのか。地震による社会的なインパクトはどの程度で，どのようにすれば軽減できるのか。これらの疑問に正面から取り組んでいます。

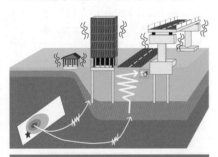

図1 地震工学が扱う対象

### 振動を制御する

地震の揺れによって構造物は振動します。振動が大きくなると損傷が拡がり，崩壊に至ることもあります。振動をうまく制御することは，構造物の安全性を高めるために必要です。

構造物の振動を理解するために，単振動の考え方を使うことがあります。例えば，屋根の質量を物体の質量に，柱をばねにモデル化することで，建物の振動を単振動としてとらえる，というものです。こうすると，構造物にも固有周期（固有振動の周期）があることや，固有周期と等しい周期で振動させると大きく振動してしまうこと（共振現象）を表すことができます。

共振を起こさないように固有周期を伸ばしたり（免震），振動のエネルギーを吸収したり（制振）する技術が現在盛んに研究されています。私たちも，タンク内部の液体が振動してあふれることを防ぐため，液体の振動を抑える新しい機構について研究しました。この他にも，構造物の振動や破壊パターンを制御する新しい機構を，数値解析や実験を行いながら研究しています。

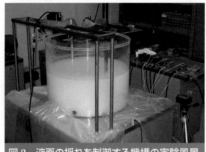

図2 液面の揺れを制御する機構の実験風景

### 地震の揺れを解き明かす

震源断層から放射された地震波は，硬い岩盤や柔らかい地盤（媒質）を波動として伝わって，私たちの足下の地面を揺らします。図3は東北地方太平洋沖地震での各地の揺れの強さを示したものですが，場所によってその強さが違います。震源断層から距離が近いほど強く揺れ，遠いほど弱く揺れる，という全体的な傾向が見えますが，局所的に強く揺れた地点もあります。地震被害は多くの場合，こうした周囲に比べて揺れやすい地盤をもつ地域に表れます。

地盤では，深部の岩盤との境界面を固定端，地表を自由端とした固有振動が生じます。地盤の固有振動による周期と，構造物の固有周期が一致すると，共振現象により構造物が大きく振動してしまいます。これを防ぐためにも，地盤の振動特性をあらかじめ把握することが必要なのですが，全世界くまなく地震計を置く

ことは難しいことです。そこで私たちは，効率的に高い密度で地盤の振動特性を調査する新しい方法について研究を進めているところです。

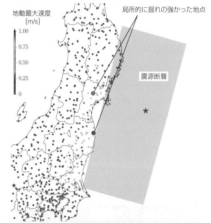

平成23年東北地方太平洋沖地震

地動最大速度 [m/s]
1.00
0.75
0.50
0.25
0

局所的に揺れの強かった地点

震源断層

図3 東北地方太平洋沖地震の揺れの強さの広がり

防災科学技術研究所「強震観測網」，および気象庁「強震観測」のデータをもとに作成

### 研究者からのメッセージ

地震工学は，工学（建築学・土木工学）や理学（地震学）を中心に，経済学や社会科学といった分野とも連携した学際的な学問分野です。分野を横断するような意欲的な研究にもチャレンジしやすい環境だと思います。私たちも，理学と工学を横断するような研究に取り組んでいますが，分野に共通する基礎理論として数学や物理をとてもよく使いますから，今も勉強を続けています。

一方で物理を学ぶことの醍醐味は，漠然とした現象を理論整然と説明できることにあると思います。例えば，地震のときに建物が「揺れる」という現象を，固有振動や共振といった理論で明瞭に説明できます。多くを学べば，多くの現象を物理の目でとらえることができるようになります。それを楽しみに勉強を進めてみてください。

単振動（➡ p.50），
固有振動（➡ p.86），
共振（➡ p.87）

## 排熱を有効利用して省エネルギーを目指す

東京農工大学工学研究院教授
秋澤 淳（あきさわ あつし）

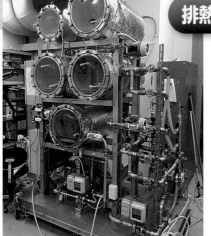

図1 60℃の温水で冷水をつくる吸着冷凍機の実験装置

## 熱エネルギーには質がある

　地球温暖化抑制のために化石燃料の使用をできるだけ減らすことが求められており，省エネルギーが大事なテーマになっています。省エネルギーには節電とともに熱を無駄なく活用することが重要です。"無駄なく"とはどのような意味でしょうか。熱エネルギーには量があることはもちろんですが，質もあることに注意が要ります。では熱の質とは何でしょうか。1000℃の熱は発電ができますが，40℃の熱で発電することは非常に難しいです。すなわち，高温でないとできないことがあります。熱の質は「温度」と結びついており，温度が高いほど熱を動力に変換できる割合が多くなります。そこで，高温の熱ほど質が高いと解釈します。

　風呂のお湯は40℃程度ですが，都市ガスや灯油などの燃料を燃やしてつくります。燃料の燃焼温度は1000℃をこえ，質的に高い熱エネルギーですが，40℃のお湯がもつ熱の質は非常に低いものになります。言いかえれば，高温の高い質の熱を低い質に変えてしまっています。ここに質的な無駄が発生します。40℃のお湯をつくるなら，例えば60℃の熱があれば十分です。どこかで発生する60℃の排熱を有効利用すれば，1000℃をこえる燃焼熱の「質」を無駄にすることなく，高温でしかできない用途に使えます。これが熱エネルギーの合理的な使い方です。当研究室では，温度に応じて熱エネルギーを適切に利用するシステムや要素技術について研究しています。

## 発電と排熱利用をあわせたコージェネレーション

　熱機関は高温熱源から熱を受け取り，一部を低温熱源に捨てることによって熱エネルギーを動力に変換するしくみです。熱力学第二法則により，動力を得るためには必ず低温熱源に熱を捨てなければなりません。その熱を使える温度で回収するシステムがコージェネレーションです。すなわち，燃料から電力と熱の両方の有効なエネルギーを取り出すため，燃料がもっているエネルギーの80〜90％を利用することができます。熱は温水や蒸気として取り出されます。

　燃料電池は水素と空気中の酸素から発電すると同時にお湯を供給し，省エネルギーに大きく貢献する技術として期待されています。その効果は消費者がどのように電力や熱を使用するかに依存するので，シミュレーションによってコージェネレーションの省エネルギー性を解析し，定量的評価を行っています。

## 排熱を利用して冷熱をつくる

　熱機関を逆回しすると冷凍機になります。家庭にあるエアコンは電力を使って冷房する装置ですが，熱を使って冷房する技術がビルや工場で使われています。乾燥剤として使われているシリカゲルを用いて，70〜80℃の熱で冷房できる「吸着冷凍機」という技術があり，排熱利用に役立っています。50℃や60℃の熱で冷房できれば，コージェネレーションや工場排熱などさまざまな排熱が有効利用できます。当研究室ではこのような低温の排熱でも動作する吸着冷凍機の開発に取り組み，シミュレーションや実験によって性能向上をはかっています。なお，60℃であれば太陽熱でも得られます。再生可能エネルギーで冷房空調するシステムは世界的に取り入れられています。

　また，都心から離れた場所にあるごみ焼却場の排熱を輸送する技術の開発にも取り組んでいます。熱エネルギーを温度差や潜熱蓄熱によって輸送する技術はありますが，熱エネルギーをアンモニア水溶液の濃度差に置きかえて輸送することが可能です。配管を断熱する必要がなくなり，長距離輸送しても熱エネルギーが損失しない特徴があります。

　熱を合理的にうまく使うことは今後の省エネルギーにとって大変大きな課題です。当研究室では排熱の有効利用や再生可能エネルギーの活用技術について研究し，日本の将来に役立てることを目指しています。

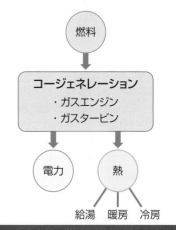

図2 投入された燃料のエネルギーを高い効率で有効利用するコージェネレーションシステム。熱で冷房する技術も組みこまれる。

### 研究者からのメッセージ

　温かい熱から冷たい熱をつくり出すしくみは意外性があり，興味を引かれます。世の中の多くの空調機は電気で動きますが，「熱でできるなら熱でやろう」というのが研究のモチベーションです。吸着冷凍機やコージェネレーションはそれぞれ要素技術ですが，これらを組み合わせると分散型エネルギーシステムになります。これらの研究を通じて低炭素型社会づくりを支援することがビジョンです。研究にはいろいろな視点から対象を見ることや技術間の相互作用をとらえることが求められます。さまざまなことに広く興味をもって，いろいろな知識を総合的に使える能力を養ってほしいと思います。

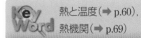　熱と温度（➡ p.60），熱機関（➡ p.69）

＜将来の持続可能社会のために＞
超電導ケーブルでつなぐ自然エネルギーのグローバルネットワークシステム

# 将来のエネルギー供給を支える超電導ケーブル技術

東北大学工学研究科教授
津田　理
（つだ　まこと）

## 超電導とは

「超電導（超伝導ともいう）」とは，特定の物質を冷やしていくと，ある温度（臨界温度）以下で電気抵抗がゼロになる現象のことをいいます。これは，1911 年にオランダの物理学者カマリング・オネスが，水銀を液体ヘリウム温度（4.2 K ≒ −269℃）に冷やしたところ電気抵抗が消失したのを発見したことに始まります。すでに発見されている超電導体のうち，臨界温度が 25 K 以下のものを低温超電導体，25 K 以上のものを高温超電導体とよんでいます。現在，実用化されている超電導体のほとんどは，ニオブ，ニオブとチタンの合金，ニオブとスズの化合物などの金属系の低温超電導体です。しかし，低温超電導体を使用するには，液体ヘリウムを用いて冷却しなければならず，低温を維持するのに多くのエネルギーが必要となります。そこで，最近は，酸素を構成元素の一つとして含み，液体窒素温度（77 K ＝ −196℃）で超電導状態になる酸化物系の高温超電導体（ビスマス系，イットリウム系）が注目されており，高温超電導体を用いた超電導応用の研究が盛んに行われています。

## 超電導ケーブルの研究最前線

超電導応用は，MRI 装置（医療用画像診断装置）に代表される医療分野，磁気浮上式鉄道（超電導リニア）に代表される輸送分野，産業分野，情報・通信分野などさまざまな分野で検討が進められていますが，超電導の特長である，①きわめて少ない損失で電流を流せる，②強力な磁場をつくることができる，を生かした電力・エネルギー分野での応用への期待が高まっています。中でも，特に期待されているのが超電導ケーブルです。電力ケーブルの送電量は，ケーブルに流れる電流と電圧の積で決まりますが，現用の銅ケーブルでは，送電時に，ケーブルの抵抗と電流の 2 乗の積に相当するエネルギー損失が発生します。このため，通常は，エネルギー損失を小さくするために，電流を小さくし，電圧を大きくする高電圧送電が用いられています。しかし，高電圧送電用のケーブルでは絶縁層が厚くなるため，ケーブル径が大きくなり，施工性が悪くなるとともに，大きなケーブルスペースが必要となります。これらの課題解決を可能にするのが超電導ケーブルです。高温超電導のビスマス系超電導線を液体窒素で冷却すると，1 mm² 当たり 200 A（銅ケーブルの 200 倍）以上の電流を低損失で流せるため，高電圧化しなくても大容量送電が可能となります。また，ケーブルを軽量かつコンパクトにすることができます。ただ，超電導線は，電気抵抗がゼロでも，交流電流を流すと，超電導線の磁化に起因する損失（交流損失）が発生します。また，ケーブル温度を維持するには，ケーブル内に液体窒素を循環させるためのポンプ動力と，液体窒素温度を維持するための冷凍機動力が必要になります。超電導ケーブルの高効率化には，交流損失とポンプ・冷凍機動力の低減が不可欠ですが，これらは，ケーブル構成に大きく依存します。特に，交流電力ケーブルでは，位相が 120 度ずつ異なる三相交流で送電されるため，3 本のケーブルで構成する必要があります。現在は，3 本の同形のケーブルを束ねたタイプ（三相一括型）の研究開発が主流ですが，3 本のケーブルを同軸状に配置したタイプ（三相同軸型）についても検討が進められています。三相同軸型は，三相一括型よりも小型・低損失化が可能ですが，半径が異なることから各相のインダクタンスが異なるうえに，位相が異なる電流を同一ケーブル内に流すため，ケーブル内の電流分布と交流損失の関係が複雑になります。このため，現在は，この複雑なケーブル内の電磁現象や，高効率送電に適したケーブル構成・冷却方法の検討が進められています。

日本は，特にエネルギー自給率が低いため，化石燃料が枯渇する前に，別のエネルギー供給ルートを確立する必要があります。この問題解決の一つとして，アジア大陸と日本を結ぶ長距離送電ケーブルの設置が考えられます。長距離送電では，交流より直流が優れていますが，超電導ケーブルは，直流では損失が発生しないため，長距離直流送電には特に有効です。現在は，超電導ケーブルの長距離化に適したケーブル構成や冷却方法に関する研究が進められています。

V相　U相
W相
高温超電導線
U相
V相
W相

三相一括型超電導ケーブル　　三相同軸型超電導ケーブル

**図1　超電導ケーブルの構造の例**

### 研究者からのメッセージ

高校までは，学習内容が限られており，記憶に頼ったり，答えのある問題に取り組んだりするケースが多く，"この種の問題はこの方法で解く"というように，パターン化して効率的に解くことが求められます。しかし，大学では，学習内容の境界が無くなり，特に，研究では，見たことの無い問題や，答えが無い（自ら答えを見出す必要のある）問題に取り組むケースがほとんどです。このような問題解決に不可欠となるのが"思考力"と"忍耐力"です。思考力は，短時間で養えるものでないため，日頃から，なぜ？ どうして？ 何が問題？ どうすればよい？ などについて考える習慣をつけることが大切です。また，答えが無い問題など難解な問題に取り組む場合は，すぐに解決できなくても諦めず，時間をかけてじっくり考えるように心がけるとよいと思います。

電気抵抗（→ p.114），
送電（→ p.133），
交流（→ p.134）

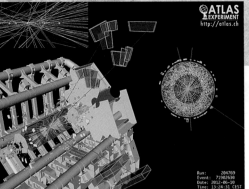

提供 CERN アトラス実験グループ

**図1 ヒッグス粒子が4つのミュー粒子に崩壊した事象**

## 粒子加速器LHCとATLAS測定器

宇宙を構成する基本粒子を素粒子とよびます。私たちの研究室では、スイス・ジュネーブにある世界最高エネルギーの粒子加速器LHCを用いて素粒子の研究をしています。

粒子加速器は、電場を使って荷電粒子を加速する装置です。LHCでは周長約27kmの円形リングで、陽子を互いに反対方向に加速します。8.3Tの磁束密度をつくりだす超伝導電磁石が設置されており、ローレンツ力で円運動させています。反対方向に進行する陽子を、7兆電子ボルト（電子ボルト→ p.144）のエネルギーにまで加速し正面衝突させることで、非常に高いエネルギー状態をつくりだします。

光子のエネルギーが $E = \dfrac{hc}{\lambda}$ で与えられることからもわかるように、エネルギーの高い粒子のド・ブロイ波長は非常に短く、LHCでは0.1μmの1兆分の1までの大きさを調べることができます。また、質量が重い素粒子をつくるためにも、その質量エネルギー $mc^2$ 以上のエネルギーが必要です。

ATLAS測定器は、衝突点に置かれた直径22m、全長44mの円筒形の測定器です。1億チャンネル以上の放射線検出器の集まりで、衝突反応で生成された素粒子をとらえて、そのエネルギーと運動量を測定します。世界各国から3000名以上の研究者が参加している、国際共同研究です。

**図2 ミューオン・トリガー・チェンバー**

提供 CERN アトラス実験グループ

私たちの研究室では、最外部に設置されたミューオン検出器（ミューオン：ミュー粒子）の中のトリガー・チェンバーとよばれる部分を担当しました（図2）。約10年かけて検出器の製作、試験、設置を行い、2010年からの陽子・陽子衝突実験での測定器の保守・運用および衝突反応のデータ解析を行っています。

## 素粒子の質量とヒッグス粒子

身のまわりの物質は、クォークやレプトンとよばれる素粒子からできています。また、静電気力などの電磁相互作用を媒介する光子も素粒子です。弱い相互作用、強い相互作用も同様にゲージ粒子とよばれる素粒子が媒介します。

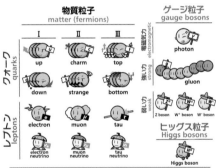

**図3 標準模型の素粒子**

イラスト：秋本祐希@higgstan.com

現在までに17種類の素粒子が見つかっており、「標準模型」とよばれる理論によって、これらの粒子の性質と粒子間にはたらく力が説明されています（図3）。その中でもヒッグス粒子は、他の素粒子に質量を与える役割を果たしている重要なものです。ヒッグス粒子が質量を与えるしくみは、ピーター・ヒッグス（イギリス）、フランソワ・アングレール（ベルギー）らが1964年に論文を発表していました。

このヒッグス粒子を2012年に発見したのが、LHCを用いたATLAS実験とCMS実験です。これによって、ヒッグス博士、アングレール博士に2013年ノーベル物理学賞が与えられました。図1は、ヒッグス粒子が生成された事象の一つで、ヒッグス粒子は途中2つのZボソンを介して、最終的に4つのミュー粒子（赤線）に崩壊しています。緑の線で囲まれた部分がこれらのミュー粒子を検出したトリガー・チェンバーです。このような事象を集めることで、ヒッグス粒子の質量やその他の性質を探っています。

## 素粒子と宇宙

素粒子の研究は、物質を構成する小さな世界を説明するだけではありません。我々の宇宙は138億年前に誕生し、ビッグバンとよばれる高温・高密度の状態から膨張し、温度が冷えて現在の宇宙となっています。このビッグバンのときには、物質はすべて素粒子の状態で飛びまわっており、そのときの宇宙の状態を調べるためには、素粒子の性質の研究が不可欠になります。また、最近の宇宙観測の結果から、我々の宇宙には、光で観測できない「暗黒物質」が多く存在していることがわかってきました。しかし、「暗黒物質」がどんな素粒子かはいまだ謎に包まれています。

LHCでの素粒子の研究は、ヒッグス粒子などの「標準模型」に現れる粒子だけでなく、宇宙創成のしくみや「暗黒物質」の手がかりもつかもうとしています。

### 研究者からのメッセージ

素粒子の研究は、我々の宇宙の成りたちを基本法則から理解しようという学問です。研究の成果が直接的に我々の日常生活に役に立つことはありませんし、素粒子の知識が生かせる仕事は少ないと思います。しかし、現象を分析して、それを説明するしくみを法則として論理的に組みたて、逆に法則を未知の問題に適用して結果を予測するという研究姿勢は、社会のさまざまな場所で必要とされています。みなさんも、理科・数学の勉強において、単に公式を暗記するのではなく、論理的に説明することを心がけてください。

また、私たちの研究室のような素粒子実験において世界的な研究をするためには、測定装置も先進的なものでなくてはなりません。検出器本体、電子回路、計算機ネットワークとプログラム、これらすべてを国際共同研究の中で分担して開発していく必要があります。アイデアと実行力、さらには共同研究者とのコミュニケーションが研究する中で養われていきます。さまざまな事柄に好奇心をもつことが、実験するうえでとても重要です。

**Key Word** 素粒子（→ p.154）、ローレンツ力（→ p.128）、光子（→ p.144）

# 1 おもな物理学史上の出来事

| 年代 | | 人名と業績 |
|---|---|---|
| | B.C.6 世紀<br>～A.D.4 世紀 | 古代ギリシャで，自然科学のもとになる考察がなされる |
| | B.C.6 世紀 | タレス　こはくによる摩擦電気の観察 |
| | B.C.4 世紀 | アリストテレス　自然運動と強制運動の考え |
| | B.C.300 ころ | エウクレイデス(ユークリッド)　光の直進性，反射の法則 |
| | B.C.3 世紀 | アルキメデス　重心の決定，浮力の原理 |
| | A.D.2 世紀 | プトレマイオス　天動説理論の集大成 |
| | 9 ～ 11 世紀 | ギリシャの科学がアラブ・イスラーム世界に引き継がれ，多くの研究がなされる |
| | 12 ～ 14 世紀 | アラビアの科学が中世のヨーロッパに入り，独自の展開を見せる |
| | 15 世紀～ | ヨーロッパでギリシャ科学の成果が再発見され，それを検討・批判する中で現代につながる新しい科学が生まれる |
| 16世紀 | 1543 | コペルニクス(ポ)　『天球の回転について』：地動説 |
| | 1586 | ステビン(蘭)　力の平行四辺形の法則 |
| | 1588 | ティコ・ブラーエ(デ)　天球の否定，独自の宇宙体系の提案 |
| | 1600 | ギルバート(英)　『磁石論』：地球は磁石であると主張 |
| 17世紀 | 1609 | ケプラー(独)　『新天文学』：ケプラーの第一，第二法則 |
| | 1610 | ガリレイ(伊)　『星界の報告』：望遠鏡による天文観測 |
| | 1611 | ケプラー(独)　レンズによる像の形成の理論 |
| | 1619 | ケプラー(独)　『世界の調和』：ケプラーの第三法則 |
| | 1621 | スネル(蘭)　光の屈折の法則 |
| | 1632 | ガリレイ(伊)　『天文対話』(二大世界系対話)：地動説の擁護 |
| | 1637 | デカルト(仏)　『屈折光学』：光の屈折の法則 |
| | 1638 | ガリレイ(伊)　『新科学対話』(新科学論議)　落下の規則，投射体の放物運動 |
| | 1644 | デカルト(仏)　『哲学原理』：慣性の法則，「運動の量」の保存<br>※運動量保存則の前身。ベクトルではなく質量と速さの積$(mv)$を考えていたためこれは誤り。 |
| | 1644 ころ | トリチェリとビビアーニ(伊)　トリチェリの真空実験 |
| | 1648 | パスカル(仏)　大気圧の概念 |
| | 1654 | ゲーリケ(独)　「マグデブルクの半球」の公開実験 |
| | 1662 | ボイル(英)　気体の膨張についてのボイルの法則 |
| | 1663 | パスカル(仏)　流体静力学のパスカルの原理 |
| | 1665 | グリマルディ(伊)　光の回折現象 |
| | 1668 ～ 9 | ウォリス(英)およびレン(英)，ホイヘンス(蘭)　完全非弾性衝突および完全弾性衝突の法則 |
| | 1673 | ホイヘンス(蘭)　『振り子時計』：振り子や遠心力の理論 |
| | 1675 | レーマー(デ)　木星の衛星の観測による光の速さの計算 |

| 年代 | | 人名と業績 |
|---|---|---|
| | 1678 | フック(英)　ばねについてのフックの法則 |
| 17世紀 | 1686 | ライプニッツ(独)　「活力」の概念$(mv^2)$<br>※運動エネルギーの前身。 |
| | 1687 | ニュートン(英)　『自然哲学の数学的諸原理』(プリンキピア)：運動の 3 法則，万有引力による天体の運動 |
| | 1687 | バリニョン(仏)　力の平行四辺形による静力学の構想　※ 1725 年の本で詳しく展開。 |
| | 1690 | ホイヘンス(蘭)　『光についての論考』：光の波動説，ホイヘンスの原理 |
| | 1699 | アモントン(仏)　摩擦の法則 |
| | 1704 | ニュートン(英)　『光学』：プリズムによる光と色の合成・分解，ニュートンリングの観察<br>※これらは 1670 年代に報告されていた。 |
| 18世紀 | 1714 | ファーレンハイト(ポ)　水銀温度計の発明<br>※力氏温度目盛りの考案は 1724 年。 |
| | 1733 | デュ・フェイ(仏)　2 種類の静電気(正と負)を区別 |
| | 1742 | セルシウス(スウ)　セ氏温度目盛り<br>※現在と異なり，沸点が 0，凝固点が 100 だった。 |
| | 1744 | モーペルテュイ(仏)およびオイラー(ス)　最小作用の原理 |
| | 1746 | ミュッセンブルーク(蘭)　ライデン瓶(最初のコンデンサー)の発明<br>※クライスト(独，1745)と独立。 |
| | 1750 | オイラー(ス)　運動方程式を力学の一般原理として宣言(ニュートン力学の確立) |
| | 1751 | フランクリン(米)　2 種類の静電気を電気の過不足として説明 |
| | 1760 ころ | ブラック(英)　比熱(熱容量)と潜熱の発見(未出版) |
| | 1765 | ワット(英)　蒸気機関の改良 |
| | 1772 | キャベンディッシュ(英)　静電気力の逆 2 乗則(未出版) |
| | 1778 | ボルタ(伊)　「コンデンサー」と静電容量の概念 |
| | 1785 | クーロン(仏)　電気と磁気についてのクーロンの法則 |
| | 1787 | シャルル(仏)　気体の熱膨脹についてのシャルルの法則(未出版) |
| | 1788 | ラグランジュ(仏)　『解析力学』 |
| | 1798 | ランフォード(米)　摩擦による熱の発生実験 |
| | 1799 | ボルタ(伊)　電堆(電池)の発明 |
| | 1800 | ハーシェル(英)　赤外線の発見 |
| 19世紀 | 1801 | ヤング(英)　波動説による光の干渉の説明 |
| | 1802 | ゲイ・リュサック(仏)　気体の熱膨脹の法則 |
| | 1820 | エルステッド(デ)　電流の磁気作用の発見 |
| | 1820 | ビオとサバール(仏)　電流が磁気に及ぼす影響についてのビオ・サバールの法則 |
| | 1820 | アンペール(仏)　2 つの電流間の相互作用，アンペールの法則 |
| | 1821 | フレネル(仏)　光の波動説(横波説) |
| | 1822 | フーリエ(仏)　熱伝導の数理 |

| 年代 | 人名と業績 |
|---|---|
| 1824 | カルノー(仏)　カルノー・サイクル，熱機関の効率 |
| 1827 | オーム(独)　オームの法則 |
| 1829 | コリオリおよびポンスレ(仏)　仕事の概念 |
| 1831 | ファラデー(英)　電磁誘導現象 |
| 1832 | ヘンリー(米)　自己誘導現象 |
| 1834 | レンツ(独)　レンツの法則 |
| 1834 | クラペイロン(仏)　カルノー・サイクルの$p$-$V$図表現 |
| 1837 | ファラデー(英)　電気力線の概念，電気の近接作用説 |
| 1840 | ジュール(英)　ジュールの法則 |
| 1842 | ドップラー(墺)　ドップラー効果 |
| 1842 | マイヤー(独)　熱の仕事当量の算出 |
| 1843 | ジュール(英)　熱の仕事当量の測定　※有名な羽根車の実験は1845年に初めて実施。 |
| 1844 | コリオリ(仏)　回転座標系でのコリオリの力 |
| 1845 | ファラデー(英)　反磁性体，常磁性体，強磁性体の分類 |
| 1847 | ヘルムホルツ(独)　「力」(エネルギー)の保存則 |
| 1848 | トムソン(ケルビン)(英)　絶対温度目盛り |
| 1849 | キルヒホッフ(独)　電気回路についてのキルヒホッフの法則 |
| 1849 | フィゾー(仏)　光の速さの地上での精密測定 |
| 1850 | クラウジウス(独)　熱力学第一，第二法則 |
| 1851 | トムソン(ケルビン)(英)　熱力学第一，第二法則 |
| 1851 | フーコー(仏)　振り子の実験：地球の自転の証明 |
| 1853 | ランキン(英)　「エネルギー」の概念 |
| 1854 | ジュールとトムソン(ケルビン)(英)　ジュール・トムソン効果 |
| 1858 | プリュッカー(独)　陰極線の性質の研究 |
| 1859 | キルヒホッフとブンゼン(独)　分光器の製作 |
| 1860 | マクスウェル(英)　気体分子の速度分布則 |
| 1864 | マクスウェル(英)　電磁場の概念，光の電磁波説 |
| 1865 | クラウジウス(独)　「エントロピー」の概念，熱力学第二法則をエントロピー増大則として表現 |
| 1877 | ボルツマン(墺)　エントロピーをエネルギー状態の確率として解釈 |
| 1879 | シュテファン(墺)　放射エネルギーについてのシュテファンの法則　※ボルツマンが理論的に証明(1884)。 |
| 1885 | バルマー(ス)　水素原子のスペクトル系列(バルマー系列) |
| 1887 | マイケルソンとモーリー(米)　エーテルに対する地球の相対運動を測定する試み |
| 1888 | ヘルツ(独)　電磁波の実験的検出 |
| 1890 | リュードベリ(スウ)　スペクトル系列の公式化，リュードベリ定数 |
| 1895 | ローレンツ(蘭)　ローレンツ力 |
| 1895 | レントゲン(独)　X線の発見 |
| 1896 | ベクレル(仏)　ウラン放射能の発見 |
| 1897 | J.J.トムソン(英)　陰極線の比電荷測定 |
| 1898 | キュリー夫妻(ポ・仏)　ポロニウムとラジウム(未知の放射性物質)の発見 |
| 1900 | プランク(独)　量子仮説とプランク定数 |
| 1902〜3 | ラザフォードとソディ(英)　放射能による原子崩壊説 |
| 1903 | 長岡半太郎(日)　原子の土星型模型 |

※19世紀、20世紀

| 年代 | 人名と業績 |
|---|---|
| 1904 | ローレンツ(蘭)　ローレンツ変換公式 |
| 1905 | アインシュタイン(独)　光量子仮説，特殊相対論，質量とエネルギーの等価性 |
| 1906 | ネルンスト(独)　熱力学第三法則 |
| 1908 | ミンコフスキー(独)　四次元時空の概念 |
| 1909 | ラザフォードとロイズ(英)　$\alpha$粒子をヘリウム原子核と同定 |
| 1909〜16 | ミリカン(米)　油滴実験による電気素量の測定 |
| 1911 | ラザフォード(英)　原子の有核模型 |
| 1911 | カマーリング・オネス(蘭)　超伝導現象の発見 |
| 1912 | ラウエ(独)ら　結晶によるX線の回折現象 |
| 1913 | ブラッグ父子(英)　結晶によるX線干渉の理論 |
| 1913 | ボーア(デ)　原子模型とスペクトルの量子論 |
| 1915〜6 | アインシュタイン(独)　一般相対性理論 |
| 1923 | コンプトン(米)　コンプトン効果の発見 |
| 1923 | ド・ブロイ(仏)　物質波の概念 |
| 1925 | ハイゼンベルク(独)　量子力学(行列力学)の理論 |
| 1926 | シュレーディンガー(墺)　量子力学(波動力学)の理論 |
| 1927 | デビッソンとガーマー(米)，およびG.P.トムソン(英)　電子の回折実験　※菊池正士(日)も独立に行った(1928)。 |
| 1929 | ローレンス(米)　最初のサイクロトロン製作 |
| 1930 | ディラック(英)　反粒子の存在を予言 |
| 1930 | パウリ(墺)　ニュートリノの存在を予言 |
| 1932 | チャドウィック(英)　中性子の発見 |
| 1935 | 湯川秀樹(日)　中間子の存在を予言 |
| 1939 | ハーンとシュトラスマン(独)，およびマイトナー(墺)　ウラン核分裂反応の発見 |
| 1942 | フェルミ(伊)ら　アメリカで最初の原子炉を完成，核分裂の連鎖反応に成功 |
| 1945 | 原子爆弾が開発され，広島と長崎に投下される |
| 1947 | 2種類の中間子の存在が確認される |
| 1947 | シュウィンガー(米)とファインマン(米)と朝永振一郎(日)　独立に「くりこみ」の理論を提唱 |
| 1948 | バーディーン，ブラッテン，ショックレー(米)　トランジスターの発明 |
| 1957 | 江崎玲於奈(日)　半導体の「トンネル効果」 |
| 1961 | 南部陽一郎(日)　「自発的対称性の破れ」の理論 |
| 1964 | ゲルマンとツヴァイク(米)　独立にクォーク理論を提唱 |
| 1973 | 小林誠と益川敏英(日)　「CP対称性の破れ」を理論的に説明 |
| 1987 | 小柴昌俊(日)ら　宇宙ニュートリノの観測 |
| 1998 | 梶田隆章(日)ら　ニュートリノ振動の観測 |
| 2012 | ヒッグス粒子の発見 |
| 2015 | 重力波の観測 |

※20世紀、21世紀

■国名の略号
米：アメリカ　英：イギリス　蘭：オランダ
仏：フランス　伊：イタリア　ス：スイス
独：ドイツ　墺：オーストリア　ポ：ポーランド
デ：デンマーク　スウ：スウェーデン　日：日本

※第2次世界大戦以降(1945年〜)は日本人ノーベル賞受賞者の業績を中心に掲載。

作成：有賀暢迪(一橋大学准教授)

## 2 誤差と有効数字

### ① 誤差

実験を行うときは，決められた単位を基準にして測定を行う。国際単位系(SI)では，時間，長さ，質量，電流，熱力学温度，物質量，光度が p.173 のように定義されている。

これらをはじめとした単位を基準に測定を行うが，その際，測定値と真の値との間にずれが生じる。これを **誤差** という。

測定時の誤差の原因と考えられるものとして，測定者の読み取り方や測定機器の不備などによって起こるもの(系統誤差)や，偶然に起こった現象によるもの(偶然誤差)がある。系統誤差は測定者に正しい測定方法を身につけさせ，測定機器の調整を正しく行うことによって小さくすることができ，偶然誤差は測定の回数を多くすることによって，影響を小さくすることができる。

誤差の表し方には，次の 2 種類がある。
(1) 絶対誤差(ふつう「誤差」というと，絶対誤差のことをいう)
　　絶対誤差＝測定値－真の値
(2) 相対誤差(「誤差何 %」というときに使う)

$$相対誤差 = \frac{|誤差|}{真の値} \times 100 (\%)$$

また，誤差は測定時だけでなく，測定値を処理する際にも生じる。これは，$\frac{1}{3}$ など小数で表すと循環小数になる数や，$\sqrt{2}$ や円周率 $\pi$ などの無理数を，四捨五入や切り捨てなどによってある一定の桁数の数として計算するためである。これらの誤差は，有効数字を考えることによって，影響を小さくすることができる。

### ② 有効数字とは

ある板の縦，横，厚さを測定したところ，それぞれ279cm，300cm，18cm であったとする。こうして得た数字の 2，7，9，3，0，0，1，8 はいずれも目盛りを読み取って得られた意味のある数字なので，これらを **有効数字** といい，279cm，300cm，18cm の有効数字の桁数をそれぞれ 3 桁，3 桁，2 桁であるという。

いま，この板の横の長さ 300cm を m の単位で表すと，3m であるが，有効数字が 3 桁であることを示したいときには 3.00m というように書く。18cm の有効数字は 2 桁だが，18.0cm は 3 桁である。有効数字の桁数の多いものほど精密に測定したことになる。なお，0.0035m の 0.00 は位どりの 0 なので有効数字の桁数には数えない。したがってこの有効数字は 2 桁なので，$3.5 \times 10^{-3}$m というように書く。

### ③ 測定値どうしの乗除計算(かけ算，わり算)

長方形状の物体の縦と横の長さをはかって，それぞれ 26.8cm と 3.2cm を得たとする。ここで 26.8 の 8 や 3.2 の 2 などは，測定の際に目分量で読み取った値であり，これらの測定値には ±0.05cm 以内の誤差があると考えられる。よって長方形の真の面積 $S$〔$cm^2$〕は

$$26.75 \times 3.15 \leqq S \leqq 26.85 \times 3.25$$

ゆえに　$84.2625 \leqq S \leqq 87.2625$　　　　　　……＊

の範囲にある。したがって，長方形の面積を

$$26.8cm \times 3.2cm = 85.76cm^2 \qquad ……＊＊$$

と計算したとき＊式を参考にしてみると，85.76 の 8 はまったく正しい。5 は多少の誤差は含んではいるが意味のある値であり，続く 7 や 6 はまったく信頼性のない値である。そこで長方形の面積は＊＊式で小数第 1 位を四捨五入して $86cm^2$ とする。

測定値どうしの乗除計算では，通常，最も少ない有効数字の桁数(四捨五入した後)で答える。

例1) $\underset{3桁}{31.4} \times \underset{4桁}{28.67}$

　　　$= 900.238$

　　　$\fallingdotseq \underset{3桁}{9.00} \times 10^2$

例2) $\underset{3桁}{564} \div \underset{2桁}{1.2} = 470$

　　　$= \underset{2桁}{4.7} \times 10^2$

### ④ 測定値どうしの加減計算(足し算，引き算)

2 本の棒 A，B の長さをはかって，A は 21.58cm，B は 8.6cm であったとき，棒 A，B を継ぎ足した長さは，そのまま計算すると

$$21.58cm + 8.6cm = 30.18cm$$

となる。しかし，B の測定値には ±0.05cm 以内の誤差があるので，30.18 の小数第 2 位の数字は信頼できない。したがって小数第 2 位を四捨五入して 30.2cm としなければならない。このことから測定値どうしの加減計算は，通常，計算した結果を四捨五入して測定値の末位が最も高い位のものに合わせる。

### ⑤ 無理数や円周率

計算式の中に $\sqrt{3}$ などの無理数が出てくるときは，他の測定値の有効数字が例えば 2 桁ならば，4 桁目を四捨五入(または切り捨て)して 1.73 とし，3 桁にして計算するとよい。つまり測定値よりも 1 桁多くとる。円周率などの定数についても同様にする。

# 3 数学の基礎知識

## ① 式の展開・因数分解

多項式 $A$, $B$, $C$ において，次のような法則が成りたつ。

**交換法則** $A+B=B+A$, $AB=BA$

**結合法則** $(A+B)+C=A+(B+C)$, $(AB)C=A(BC)$

**分配法則** $A(B+C)=AB+AC$, $(A+B)C=AC+BC$

これらの法則を用いると，次のような展開公式が得られる。

(1) $(a\pm b)^2=a^2\pm 2ab+b^2$

(2) $(a+b)(a-b)=a^2-b^2$

(3) $(x+a)(x+b)=x^2+(a+b)x+ab$

(4) $(ax+b)(cx+d)=acx^2+(ad+bc)x+bd$

(5) $(a\pm b)(a^2\mp ab+b^2)=a^3\pm b^3$

(6) $(a\pm b)^3=a^3\pm 3a^2b+3ab^2\pm b^3$

(いずれも複号同順)

また，展開公式を逆に用いると，1つの多項式を複数の多項式の積の形に変形できる。この変形を **因数分解** という。

(7) $a^2\pm 2ab+b^2=(a\pm b)^2$

(8) $a^2-b^2=(a+b)(a-b)$

(9) $x^2+(a+b)x+ab=(x+a)(x+b)$

(10) $acx^2+(ad+bc)x+bd=(ax+b)(cx+d)$

(11) $a^3\pm b^3=(a\pm b)(a^2\mp ab+b^2)$

(12) $a^3\pm 3a^2b+3ab^2\pm b^3=(a\pm b)^3$

(いずれも複号同順)

## ② 2次方程式の解の公式

$x$ の2次方程式

$ax^2+bx+c=0$ （$a$, $b$, $c$ は実数，$a\neq 0$）

の解は

$$x=\frac{-b\pm\sqrt{b^2-4ac}}{2a}$$

と表される。これを2次方程式の解の公式という。ここで

$D=b^2-4ac$

を **判別式** といい

$D>0$ のとき，異なる2つの実数解をもつ

$D=0$ のとき，重解をもつ

$D<0$ のとき，異なる2つの虚数解をもつ

となる。

また，$x$ の2次方程式

$ax^2+2b'x+c=0$ （$a$, $b'$, $c$ は実数，$a\neq 0$）

の解は

$$x=\frac{-b'\pm\sqrt{b'^2-ac}}{a}$$

であり，判別式を $D$ とすると

$$\frac{D}{4}=b'^2-ac$$

となるので，$\dfrac{D}{4}$ の符号を調べることで，解が実数か虚数かを判別することができる。

## ③ 三角形の合同と相似

2つの三角形を完全に重ねあわせることができるとき，この2つの三角形は **合同** であるという。例えば，$\triangle ABC$ と $\triangle PQR$ が合同であるときは，$\triangle ABC\equiv\triangle PQR$ と表す。

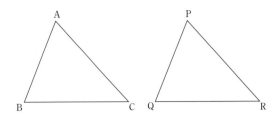

2つの三角形が合同であることは，次の条件のうち1つでも成りたてばよい。

(1) 3辺がそれぞれ等しい

(2) 2辺とその間の角がそれぞれ等しい

(3) 1辺とその両端の角がそれぞれ等しい

特に直角三角形の場合，次の条件のうち1つでも成りたてばよい。

(1) 斜辺と1つの鋭角がそれぞれ等しい

(2) 斜辺と他の1辺がそれぞれ等しい

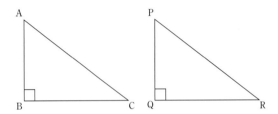

また，2つの三角形のうち，1つを拡大または縮小すると重ねあわせることができるとき，この2つの三角形は **相似** であるという。例えば，$\triangle ABC$ と $\triangle PQR$ が相似であるときは，$\triangle ABC\backsim\triangle PQR$ と表す。

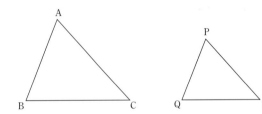

2つの三角形が相似であることは，次の条件のうち1つでも成りたてばよい。

(1) 3組の辺の比がすべて等しい

(2) 2組の辺の比とその間の角がそれぞれ等しい

(3) 2組の角がそれぞれ等しい

2つの三角形が相似であるとき，対応する辺の長さの比を **相似比** という。次のページの相似な三角形の場合，相似比は $m:n$ である。このとき，面積比は $m^2:n^2$ となる。

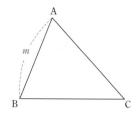
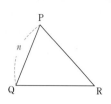
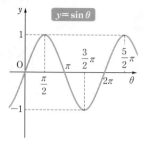
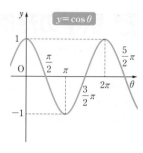

#### ④三角比・三角関数

図のような直角三角形を考える。

∠A $= \theta$ としたとき

$$\sin\theta = \frac{a}{c}, \quad \cos\theta = \frac{b}{c}$$

$$\tan\theta = \frac{a}{b}$$

と定義し，これらを **三角比** という。

よく使われる三角比の値は，次のとおりである。

| $\theta$ | $0°$ | $30°$ | $45°$ | $60°$ | $90°$ |
|---|---|---|---|---|---|
| $\sin\theta$ | 0 | $\frac{1}{2}$ | $\frac{1}{\sqrt{2}}$ | $\frac{\sqrt{3}}{2}$ | 1 |
| $\cos\theta$ | 1 | $\frac{\sqrt{3}}{2}$ | $\frac{1}{\sqrt{2}}$ | $\frac{1}{2}$ | 0 |
| $\tan\theta$ | 0 | $\frac{1}{\sqrt{3}}$ | 1 | $\sqrt{3}$ | － |

座標平面上で単位円(半径1の円)を用いると，$\theta$ が負の値や180°より大きな値においても

$$\sin\theta = y, \quad \cos\theta = x,$$

$$\tan\theta = \frac{y}{x} \quad (x \neq 0)$$

と定義することができる。これらを **三角関数** という。

一般に，三角関数は **弧度法** を用いて表すことが多い。弧度法は半径 $r$ の円の弧の長さが $r$ になる角度を，1ラジアン(記号 rad)とする。

おもな角度の度数法と弧度法の対応は次のようになる。

| 度数法 | $0°$ | $30°$ | $45°$ | 約$57.3°$ | $60°$ | $90°$ |
|---|---|---|---|---|---|---|
| 弧度法 | 0 | $\frac{\pi}{6}$ | $\frac{\pi}{4}$ | 1 | $\frac{\pi}{3}$ | $\frac{\pi}{2}$ |
| 度数法 | $120°$ | $135°$ | $150°$ | $180°$ | $270°$ | $360°$ |
| 弧度法 | $\frac{2}{3}\pi$ | $\frac{3}{4}\pi$ | $\frac{5}{6}\pi$ | $\pi$ | $\frac{3}{2}\pi$ | $2\pi$ |

弧度法を用いて，$y = \sin\theta$，$y = \cos\theta$，$y = \tan\theta$ のグラフを表すと，次のようになる。

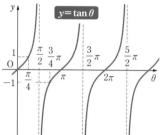

ここで，$\theta$ を **位相** という。グラフより $\sin\left(\theta + \frac{\pi}{2}\right) = \cos\theta$ なので，「関数 $y = \sin\theta$ は $y = \cos\theta$ より位相が $\frac{\pi}{2}$ だけ遅れている」という。

また，$y = \sin\theta$，$y = \cos\theta$ は $\theta$ が $2\pi$ rad ごとに，$y = \tan\theta$ は $\pi$ rad ごとに同じ値をとる。このような関数を **周期関数** といい，$y$ が次に同じ値になるまでの位相 $\theta$ の変化量を **周期** という。

三角比や三角関数では，次の相互関係が成りたつ。

(1) $\tan\theta = \frac{\sin\theta}{\cos\theta}$

(2) $\sin^2\theta + \cos^2\theta = 1$

(3) $1 + \tan^2\theta = \frac{1}{\cos^2\theta}$

三角関数は負の値においても定義されるので，次の関係が成りたつ。

(4) $\sin(-\theta) = -\sin\theta$，$\cos(-\theta) = \cos\theta$，$\tan(-\theta) = -\tan\theta$

三角関数において，次の **加法定理** が成りたつ。

(5) $\sin(\alpha \pm \beta) = \sin\alpha\cos\beta \pm \cos\alpha\sin\beta$

(6) $\cos(\alpha \pm \beta) = \cos\alpha\cos\beta \mp \sin\alpha\sin\beta$

(7) $\tan(\alpha \pm \beta) = \frac{\tan\alpha \pm \tan\beta}{1 \mp \tan\alpha\tan\beta}$

(いずれも複号同順)

加法定理から，2倍角の公式が導かれる。

(8) $\sin 2\alpha = 2\sin\alpha\cos\alpha$

(9) $\cos 2\alpha = \cos^2\alpha - \sin^2\alpha = 1 - 2\sin^2\alpha = 2\cos^2\alpha - 1$

(10) $\tan 2\alpha = \frac{2\tan\alpha}{1 - \tan^2\alpha}$

さらに，半角の公式が導かれる。

(11) $\sin^2\frac{\alpha}{2} = \frac{1 - \cos\alpha}{2}$ または $\sin^2\alpha = \frac{1 - \cos 2\alpha}{2}$

(12) $\cos^2\frac{\alpha}{2} = \frac{1 + \cos\alpha}{2}$ または $\cos^2\alpha = \frac{1 + \cos 2\alpha}{2}$

(13) $\tan^2\frac{\alpha}{2} = \frac{1 - \cos\alpha}{1 + \cos\alpha}$ または $\tan^2\alpha = \frac{1 - \cos 2\alpha}{1 + \cos 2\alpha}$

## ⑤累乗と指数・対数

$a$ を $n$ 個かけあわせたものを $a$ の $n$ 乗といい，$a^n$ で表す。

$$a^n=\underbrace{a\times a\times\cdots\cdots\times a}_{n個}$$

ここで $a,\ a^2,\ a^3,\ \cdots,\ a^n,\ \cdots$ を $a$ の **累乗** といい，$n$ を $a^n$ の **指数** という。

指数が $0$ または負の整数の場合，累乗は次のように定義される。

$$a^0=1,\quad a^{-n}=\frac{1}{a^n}\quad (a\neq 0)$$

$n$ 乗して $a$ になる数を $a$ の **$n$ 乗根** といい，$\sqrt[n]{a}$ と表す。特に $2$ 乗して $a(>0)$ になる正の数を $\sqrt{a}$ と表し，**平方根** という。$n$ 乗根を用いて

$$a^{\frac{m}{n}}=\sqrt[n]{a^m}\quad 特に\quad a^{\frac{1}{2}}=\sqrt{a}\quad (a>0)$$

と，指数が有理数でも累乗が定義される。

$a\neq 0,\ b\neq 0,\ r,\ s$ が有理数のとき，累乗に関して次の指数法則が成りたつ。

(1)　$a^r a^s=a^{r+s},\ \dfrac{a^r}{a^s}=a^{r-s}$

(2)　$(a^r)^s=a^{rs}$

(3)　$(ab)^r=a^r b^r,\ \left(\dfrac{a}{b}\right)^r=\dfrac{a^r}{b^r}$

なお，この指数法則は $r,\ s$ が無理数のときにも成りたつ。したがって，$y=a^x$ といった指数関数を考えることができる。

また，$a>0,\ a\neq 1$ において，$a^p=M$ のとき

$$p=\log_a M$$

と表す。$p$ を $a$ を **底** とする $M$ の **対数** という。$a^p>0$ より，$M>0$ である。なお，$a=10$ のときを常用対数，$a=e=2.718\cdots$ のときを自然対数といい，特に $e$ を自然対数の底という。

対数においても，$y=\log_a x\,(x>0)$ といった対数関数を考えることができる。

## ⑥平面ベクトル

### スカラーとベクトル

長さ・質量・時間・速さ・温度など，大きさだけで定まる量を **スカラー** という。一方，速度や力のように，大きさと向きをもつ量を **ベクトル** といい，矢印で表す。矢印の向きで速

度や力の向きを表し，矢印の長さでその大きさを表している。記号では，$\vec{a}$ のように書き，その大きさは $a$ または $|\vec{a}|$ で表す。スカラーと違いベクトルどうしの和や差は，次の平行四辺形の法則に従って行う。

### ベクトルの合成

ベクトルどうしを加えあわせたり，差を求めることを **ベクトルの合成** という。

$\vec{a}$ と $\vec{b}$ を加えあわせて $\vec{c}$ を求めようとす

るとき，$\vec{a}$ と $\vec{b}$ の始点をそろえ，さらに $\vec{a}$ と $\vec{b}$ を $2$ 辺とする平行四辺形をかく。この平行四辺形の図の対角線にあたるベクトルが，$\vec{a}$ と $\vec{b}$ の和 $\vec{c}$ を表すことになる。このようにベクトルどうしの合成に用いる足し算の法則を，**平行四辺形の法則** という。このとき

$$\vec{c}=\vec{a}+\vec{b}$$

と表す。

### ベクトルの分解と成分

$1$ つのベクトルをいくつかのベクトルに分けることを **ベクトルの分解** という。ベクトルの分解方法は何通りもあるが，$xy$ 座標軸をとり，直交する $2$ つのベクトルに分解することが多い。$\vec{a}$ の分解で生じた $x$ 方向，$y$ 方向

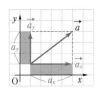

それぞれのベクトルを $\vec{a_x},\ \vec{a_y}$ とする。このとき，$a_x,\ a_y$ を，$\vec{a_x},\ \vec{a_y}$ の大きさだけでなく，座標軸の正の向きを正として，向きを示す正負の符号を含んだ量と考える。この量を **ベクトルの成分** といい

$$\vec{a}=(a_x,\ a_y),\ \vec{b}=(b_x,\ b_y)$$

と表示することがある。

ベクトルどうしの和は平行四辺形の法則によって得られるが，このときその成分は，もとのベクトルの各成分どうしの和として計算できる。つまり

$$\vec{c}=\vec{a}+\vec{b}=(a_x+b_x,\ a_y+b_y)$$

である。

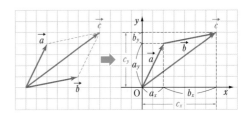

### ベクトルの内積

$\vec{a}\neq\vec{0},\ \vec{b}\neq\vec{0}$ である $2$ つのベクトル $\vec{a},\ \vec{b}$ のなす角が $\theta$ のとき

$$\vec{a}\cdot\vec{b}=|\vec{a}||\vec{b}|\cos\theta\quad (0°\leq\theta\leq 180°)$$

を，$\vec{a}$ と $\vec{b}$ の **内積** という。$\vec{a}=(a_x,\ a_y),\ \vec{b}=(b_x,\ b_y)$ と成分表示される場合

$$\vec{a}\cdot\vec{b}=a_x b_x+a_y b_y$$

となる。この関係を用いると

$$|\vec{a}|=\sqrt{\vec{a}\cdot\vec{a}}=\sqrt{a_x{}^2+a_y{}^2}$$

が導かれる。

なお内積は，$\vec{a}$ の $\vec{b}$ 方向の成分と，$|\vec{b}|$ の積と考えることができる。

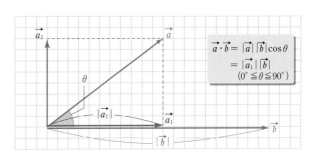

$$\vec{a}\cdot\vec{b}=|\vec{a}||\vec{b}|\cos\theta$$
$$=|\vec{a_1}||\vec{b}|$$
$$(0°\leq\theta\leq 90°)$$

### ⑦微分法・積分法

関数 $y=f(x)$ において，$x$ が $\Delta x$ だけ変化したときの $y$ の変化量を $\Delta y$ とすると，$f(x)$ の平均変化率は $\dfrac{\Delta y}{\Delta x}$ と表される。

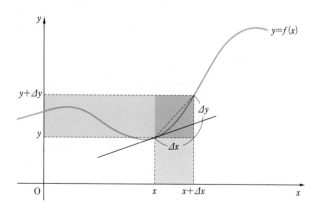

ここで $\Delta x \to 0$ の極限を考えたとき，$\dfrac{\Delta y}{\Delta x}$ は関数 $y=f(x)$ の接線の傾きを表し，新たな $x$ の関数となる。これを関数 $f(x)$ の **導関数** といい，導関数を求めることを $f(x)$ を **微分する** という。関数 $y=f(x)$ の導関数は

$$y',\ f'(x),\ \frac{dy}{dx},\ \frac{d}{dx}f(x)$$

などと表される。おもな関数の導関数は次のようになる。

(1) $(x^{\alpha})'=\alpha x^{\alpha-1}$ $(\alpha \neq 0)$, $(c)'=0$ $(c$ は定数$)$

(2) $(\sin x)'=\cos x$

$\quad (\cos x)'=-\sin x$

$\quad (\tan x)'=\dfrac{1}{\cos^2 x}$

(3) $(a^x)'=a^x\log_e a$ 特に $(e^x)'=e^x$ $(e$ は自然対数の底$)$

(4) $(\log_a|x|)'=\dfrac{1}{x\log_e a}$ 特に $(\log_e|x|)'=\dfrac{1}{x}$

なお，導関数には次のような性質がある。

(5) $\{kf(x)+lg(x)\}'=kf'(x)+lg'(x)$ $(k, l$ は定数$)$

(6) $\{f(x)g(x)\}'=f'(x)g(x)+f(x)g'(x)$

(7) $\left\{\dfrac{f(x)}{g(x)}\right\}'=\dfrac{f'(x)g(x)-f(x)g'(x)}{\{g(x)\}^2}$ 特に $\left\{\dfrac{1}{g(x)}\right\}'=-\dfrac{g'(x)}{\{g(x)\}^2}$

また，関数 $f(x)$ に対して，微分すると $f(x)$ になる関数 $F(x)$ を $f(x)$ の **不定積分** または **原始関数** という。

関数 $f(x)$ の不定積分は $\displaystyle\int f(x)\,dx$ と表し

$$\int f(x)\,dx=F(x)+C \quad (C\text{ は定数})$$

となる。$C$ を積分定数という。

おもな関数の不定積分は次のようになる。

(8) $\displaystyle\int x^{\alpha}\,dx=\dfrac{1}{\alpha+1}x^{\alpha+1}+C$ $(\alpha \neq -1)$ $\displaystyle\int \dfrac{dx}{x}=\log_e|x|+C$

(9) $\displaystyle\int \sin x\,dx=-\cos x+C$

$\quad \displaystyle\int \cos x\,dx=\sin x+C$

$\quad \displaystyle\int \dfrac{dx}{\cos^2 x}=\tan x+C$

(10) $\displaystyle\int a^x\,dx=\dfrac{a^x}{\log_e a}+C$ 特に $\displaystyle\int e^x\,dx=e^x+C$

なお，不定積分には次のような性質がある。

(11) $\displaystyle\int \{kf(x)+lg(x)\}\,dx=k\int f(x)\,dx+l\int g(x)\,dx$ $(k, l$ は定数$)$

(12) $\displaystyle\int f(x)g'(x)\,dx=f(x)g(x)-\int f'(x)g(x)\,dx$

$f(x)$ の不定積分 $F(x)$ において，$F(b)-F(a)$ を $f(x)$ の $a$ から $b$ までの **定積分** といい

$$\int_a^b f(x)\,dx=\Big[F(x)\Big]_a^b$$

と表す。関数 $y=f(x)$ の $a$ から $b$ までの定積分は，図のように関数 $y=f(x)$ のグラフと $x$ 軸で囲まれた面積 $S$ を表す$(a\leqq x\leqq b$ で $f(x)\geqq 0$ のとき$)$。

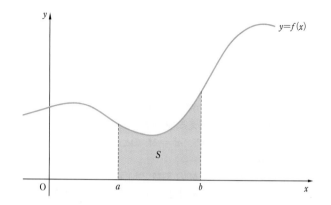

なお，定積分には次のような性質がある。

(13) $\displaystyle\int_a^a f(x)\,dx=0$

(14) $\displaystyle\int_b^a f(x)\,dx=-\int_a^b f(x)\,dx$

(15) $\displaystyle\int_a^b f(x)\,dx=\int_a^c f(x)\,dx+\int_c^b f(x)\,dx$

(16) $\displaystyle\int_a^b \{kf(x)+lg(x)\}\,dx=k\int_a^b f(x)\,dx+l\int_a^b g(x)\,dx$ $(k, l$ は定数$)$

(17) $\displaystyle\int_a^b f(x)g'(x)\,dx=\Big[f(x)g(x)\Big]_a^b-\int_a^b f'(x)g(x)\,dx$

### 微分法・積分法の活用

運動は，時間が経過（変化）するのに伴って，物体の位置が変化する現象である。運動を取り扱うときは，位置の変化とともに，位置の変化の割合，すなわち，速度をも考える。このように，物理で取り扱う現象では，ある量が変化するのに伴って関連する他の量が変化するから，変化量とともに変化の割合をも見ることが多い。また逆に，速度の時間変化がわかったときは，このグラフの面積から移動距離が求められる。このように，グラフの面積から他の物理量を得ることもある。

このような変化の割合やグラフの面積を考えるとき，微分や積分を用いると，より一層理解が深まるとともに，いろいろな式を容易に求めることができる。

## 例1　等加速度直線運動

等加速度直線運動(初速度 $v_0$，加速度 $a$)において，時間 $t$ における変位 $x$ は

$$x = v_0 t + \frac{1}{2}at^2$$

と表される。このときの速度 $v$ は，変位 $x$ を時間 $t$ で微分して

$$v = \frac{dx}{dt} = \frac{d}{dt}\left(v_0 t + \frac{1}{2}at^2\right) = v_0 + at$$

と求められる。また，加速度 $a$ は，$v$ を $t$ で微分することにより

$$a = \frac{dv}{dt} = \frac{d}{dt}(v_0 + at) = a$$

であることが確かめられる。

微分とは反対に，加速度 $a$ を積分することによって速度 $v$ が得られる。等加速度直線運動では加速度 $a$ が一定であるから

$$v = \int a\,dt = at + C_1 \qquad \cdots ①$$

となる。積分定数 $C_1$ は，$t=0$ のとき $v=v_0$(初速度)として，①式に代入すると，$C_1 = v_0$ と決めることができる。したがって

$$v = v_0 + at$$

となる。

さらに，$v$ を積分することによって変位 $x$ が得られる。

$$x = \int v\,dt = \int (v_0 + at)\,dt = v_0 t + \frac{1}{2}at^2 + C_2$$

ここで，$t=0$ のとき $x=0$ であるとすると，$C_2 = 0$ となるから

$$x = v_0 t + \frac{1}{2}at^2$$

となる。

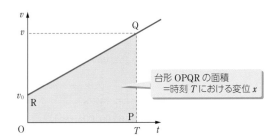

台形 OPQR の面積
＝時刻 $T$ における変位 $x$

## 例2　単振動の式

単振動(振幅 $A$，角振動数 $\omega$)の変位 $x$ は，時間を $t$ として

$$x = A\sin\omega t$$

のように表すことができる。この単振動をする物体の速度 $v$，加速度 $a$ は，次のように求められる。

$$v = \frac{dx}{dt} = \frac{d}{dt}(A\sin\omega t) = A\omega\cos\omega t$$

$$a = \frac{dv}{dt} = \frac{d}{dt}(A\omega\cos\omega t) = -A\omega^2\sin\omega t$$

## 例3　仕事

力がする仕事は，横軸に移動距離 $x$，縦軸にその向きにはたらく力 $F$ をとった $F\text{-}x$ 図における面積で表される。

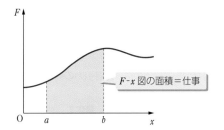

$F\text{-}x$ 図の面積＝仕事

したがって，$x=a$ から $x=b$ まで物体が移動するときに力がする仕事は，積分を用いて次のように求めることができる。

$$W = \int_a^b F\,dx$$

ばね定数 $k$ のつる巻きばねを，弾性力に逆らってゆっくりと自然の長さから距離 $x_0$ だけ伸ばすときに外力のする仕事 $W$ は，$\triangle$ OAB の面積で表されるから

$$W = \int_0^{x_0} kx\,dx = \left[\frac{1}{2}kx^2\right]_0^{x_0} = \frac{1}{2}kx_0^2$$

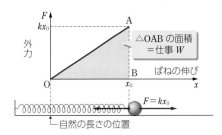

$\triangle$ OAB の面積
＝仕事 $W$

$F = kx_0$

自然の長さの位置

電気容量 $C$ のコンデンサーを起電力 $V_0$ の電池で充電し，$Q_0 = CV_0$ の電気量が蓄えられたとする。このとき，必要な仕事 $W$ は，$\triangle$ OAB の面積で表されるから

$$W = \int_0^{Q_0} V\,dQ = \int_0^{Q_0} \frac{Q}{C}\,dQ = \frac{1}{C}\left[\frac{1}{2}Q^2\right]_0^{Q_0} = \frac{Q_0^2}{2C} = \frac{1}{2}CV_0^2$$

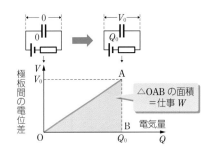

$\triangle$ OAB の面積
＝仕事 $W$

## 例4 万有引力による位置エネルギー

固定されている質量 $M$ の物体 1 から距離 $r$ 離れた点にある質量 $m$ の物体 2 を，万有引力 $F$ に逆らって距離 $r_0$ まで直線上を移動させる。このとき，万有引力のする仕事 $W$ は次のように求められる。

$$W=\int_r^{r_0}(-F)\,dx=\int_r^{r_0}\left(-G\frac{Mm}{x^2}\right)dx=\left[G\frac{Mm}{x}\right]_r^{r_0}$$

$$=G\frac{Mm}{r_0}-G\frac{Mm}{r} \qquad\cdots②$$

($F$ に負の符号がついているのは，万有引力の向きと移動の向きが反対であるため)

ここで，$r_0$ を無限遠にとったときの $W$ が，$r$ における物体 2 の万有引力による位置エネルギー $U$ となる。このとき $\dfrac{1}{r_0}=0$ であるから，②式より

$$U=-G\frac{Mm}{r}$$

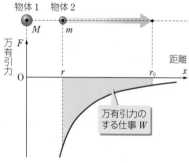

## 例5 電磁誘導・交流

1 巻きのコイルを貫く磁束 $\Phi$ が，時間 $\Delta t$ の間に $\Delta\Phi$ だけ変化するときの誘導起電力 $V$ は

$$V=-\frac{\Delta\Phi}{\Delta t}$$

である。この式の $\dfrac{\Delta\Phi}{\Delta t}$ は，磁束 $\Phi$ の時間 $t$ に対する平均変化率を表している。したがって，誘導起電力 $V$ は

$$V=-\frac{d\Phi}{dt} \qquad\cdots③$$

のように，$\Phi$ を $t$ で微分することによって求めることができる。

下図のような回転するコイルに生じる交流電圧を考える。このとき，コイルの面積は $2rl$ であるから，コイルを貫く磁束は $\Phi=B\times 2rl\cos\omega t$ と表すことができる。したがって，誘導起電力は，③式より次のように求められる。

$$V=-\frac{d\Phi}{dt}=-\frac{d}{dt}(B\times 2rl\cos\omega t)$$

$$=-2Brl\frac{d}{dt}\cos\omega t=2Brl\omega\sin\omega t=V_0\sin\omega t$$

$$(\text{ただし，}V_0=2Brl\omega)$$

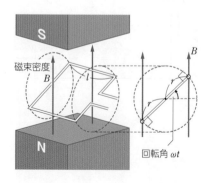

磁束密度 $B$

回転角 $\omega t$

## ⑧ 近似

関数 $f(x)$ において，$x$ が $a$ に十分近いとき，$f'(a)\fallingdotseq\dfrac{f(x)-f(a)}{x-a}$ と近似できるので

$$f(x)\fallingdotseq f(a)+f'(a)(x-a)$$

と変形することができる。$\sin x,\ \cos x$ について，$a=0$ のときにこの式を用いると，$x$ が 0 に十分近いとき

(1) $\sin x\fallingdotseq\sin 0+\cos 0\cdot(x-0)=x$

(2) $\cos x\fallingdotseq\cos 0-\sin 0\cdot(x-0)=1$

と近似できる。また，$\{(1+x)^n\}'=n(1+x)^{n-1}$ より

(3) $(1+x)^n\fallingdotseq(1+0)^n+n(1+0)^{n-1}(x-0)=1+nx$

と近似できる。

## ⑨ 開平計算

数の平方根を求めるときは，次のようにする(ここでは例として $\sqrt{2146}$ を計算する)。

(1) 小数点の両側を 2 桁ずつに区切る。

(2) 2 桁に区切った数の最上位の 21 に注目し，平方した数が 21 以下になる最大の整数を考える。その数である 4 を，21 の上に書き，さらに左の余白に縦に並べて 2 つ書く。

(3) $4\times 4=16$ と $4+4=8$ を計算し，図の位置に書く。

(4) $2146-1600=546$ を計算し，図の位置に書く。

(5) $8□\times□$ が 546 に最も近づく(ただし 546 をこえない)数値□をさがす。この数 6 を，(2)と同じように書く。

(6) $86\times 6=516$ と $86+6=92$ を計算し，(3)と同じように書く。

(7) $54600-51600=3000$ を計算し，図の位置に書く。

(8) $92□\times□$ が 3000 に最も近づく(ただし 3000 をこえない)数値□をさがす。この数 3 を，(2)と同じように書く。

(9) 以下，(6)～(8)をくり返す。

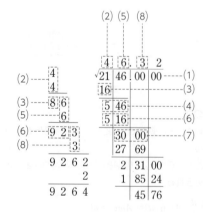

# 4 単位

## ① 国際単位系(SI)

1960 年に国際度量衡総会において，メートル法単位系を拡張した国際単位系(SI)が採択された。SI は **基本単位** および，基本単位の組合せによって表される **組立単位** がある。

### 基本単位

SI の基本単位には，次の 7 種類がある。

| 物理量 | 単位 | |
|---|---|---|
| | 名称 | 記号 |
| 時間 | 秒 | s |
| 長さ | メートル | m |
| 質量 | キログラム | kg |
| 電流 | アンペア | A |
| 熱力学温度(絶対温度) | ケルビン | K |
| 物質量 | モル | mol |
| 光度 | カンデラ | cd |

SI の基本単位の大きさは，次のように定義されている。

時間：セシウム 133 の基底状態の 2 つの超微細準位の間の遷移に対応する放射の 9192631770 周期を，1 秒とする。

長さ：光が真空中で1秒間に伝わる長さの 299792458 分の1を，1 m(メートル)とする。

質量：キログラムはプランク定数の値を正確に $6.62607015 \times 10^{-34}$ J・s と定めることによって設定される。

電流：アンペアは，電気素量の値を正確に $1.602176634 \times 10^{-19}$ C と定めることによって設定される。

熱力学温度：ケルビンは，ボルツマン定数の値を正確に $1.380649 \times 10^{-23}$ J/K と定めることによって設定される。

物質量：1 mol(モル)は正確に $6.02214076 \times 10^{23}$ 個の要素粒子を含む。この数値はアボガドロ定数である。

光度：振動数 $540 \times 10^{12}$ Hz の単色放射を放出し，所定の方向での放射強度が 1/683 W/sr(sr は立体角の単位であるステラジアン)である光源の，その方向における光度を 1 cd(カンデラ)とする。

### 固有の名称をもつ組立単位の例

| 物理量 | 単位 | | 他の SI 単位による表現 |
|---|---|---|---|
| | 名称 | 記号 | |
| 平面角 | ラジアン | rad | |
| 振動数(周波数) | ヘルツ | Hz | $s^{-1}$ |
| 力 | ニュートン | N | $m \cdot kg \cdot s^{-2}$ |
| 圧力 | パスカル | Pa | $N/m^2 = m^{-1} \cdot kg \cdot s^{-2}$ |
| エネルギー，仕事 | ジュール | J | $N \cdot m = m^2 \cdot kg \cdot s^{-2}$ |
| 仕事率，電力 | ワット | W | $J/s = m^2 \cdot kg \cdot s^{-3}$ |
| 電気量 | クーロン | C | $s \cdot A$ |
| 電圧(電位差)，電位 | ボルト | V | $W/A = m^2 \cdot kg \cdot s^{-3} \cdot A^{-1}$ |
| 電気容量 | ファラド | F | $C/V = m^{-2} \cdot kg^{-1} \cdot s^4 \cdot A^2$ |
| 電気抵抗 | オーム | Ω | $V/A = m^2 \cdot kg \cdot s^{-3} \cdot A^{-2}$ |
| 磁束 | ウェーバ | Wb | $V \cdot s = m^2 \cdot kg \cdot s^{-2} \cdot A^{-1}$ |
| 磁束密度 | テスラ | T | $Wb/m^2 = kg \cdot s^{-2} \cdot A^{-1}$ |
| インダクタンス | ヘンリー | H | $Wb/A = m^2 \cdot kg \cdot s^{-2} \cdot A^{-2}$ |
| セルシウス温度 | セルシウス度 | ℃ | K |

### 組立単位

基本単位や，固有の名称をもつ組立単位の乗除によって表される組立単位の例として，次のようなものがある。

| 物理量 | 単位 | | 他の SI 単位による表現 |
|---|---|---|---|
| | 名称 | 記号 | |
| 面積 | 平方メートル | $m^2$ | |
| 体積 | 立方メートル | $m^3$ | |
| 密度 | キログラム毎立方メートル | $kg/m^3$ | |
| 速度，速さ | メートル毎秒 | m/s | |
| 加速度 | メートル毎秒毎秒 | $m/s^2$ | |
| 角速度 | ラジアン毎秒 | rad/s | |
| 力のモーメント | ニュートンメートル | N・m | $m^2 \cdot kg \cdot s^{-2}$ |
| 熱容量 | ジュール毎ケルビン | J/K | $m^2 \cdot kg \cdot s^{-2} \cdot K^{-1}$ |
| 比熱 | ジュール毎キログラム毎ケルビン | J/(kg・K) | $m^2 \cdot s^{-2} \cdot K^{-1}$ |
| 電場の強さ | ボルト毎メートル | V/m | $m \cdot kg \cdot s^{-3} \cdot A^{-1}$ |
| | ニュートン毎クーロン | N/C | |
| 磁場の強さ | アンペア毎メートル | A/m | A/m |
| | ニュートン毎ウェーバ | N/Wb | |

## ② SI 接頭語

| 名称 | 記号 | 大きさ |
|---|---|---|
| ヨ タ(yotta) | Y | $10^{24}$ |
| ゼ タ(zetta) | Z | $10^{21}$ |
| エク サ(exa) | E | $10^{18}$ |
| ペ タ(peta) | P | $10^{15}$ |
| テ ラ(tera) | T | $10^{12}$ |
| ギ ガ(giga) | G | $10^9$ |
| メ ガ(mega) | M | $10^6$ |
| キ ロ(kilo) | k | $10^3$ |
| ヘクト(hecto) | h | $10^2$ |
| デ カ(deca) | da | 10 |
| デ シ(deci) | d | $10^{-1}$ |
| セン チ(centi) | c | $10^{-2}$ |
| ミ リ(milli) | m | $10^{-3}$ |
| マイクロ(micro) | μ | $10^{-6}$ |
| ナ ノ(nano) | n | $10^{-9}$ |
| ピ コ(pico) | p | $10^{-12}$ |
| フェムト(femto) | f | $10^{-15}$ |
| ア ト(atto) | a | $10^{-18}$ |
| ゼ プ ト(zepto) | z | $10^{-21}$ |
| ヨ ク ト(yocto) | y | $10^{-24}$ |

## 5 日本各地の重力加速度 （理科年表 2022）

| 地名 | 緯度 | 経度 | 高さ (m) | 重力加速度 (m/s²) | 地名 | 緯度 | 経度 | 高さ (m) | 重力加速度 (m/s²) |
|---|---|---|---|---|---|---|---|---|---|
| 稚 内 | 45°24′55″ | 141°40′42″ | 3.05 | 9.8064254 | 名古屋 | 35°09′18″ | 136°58′08″ | 42.22 | 9.7973337 |
| 根 室 | 43°22′01″ | 145°48′04″ | 13.10 | 9.8068218 | 津 | 34°44′04″ | 136°31′12″ | −1.26 | 9.7971499 |
| 札 幌 | 43°04′20″ | 141°20′30″ | 15.21 | 9.8047754 | 舞 鶴 | 35°27′02″ | 135°19′03″ | 2.72 | 9.7979490 |
| 青 森 | 40°49′19″ | 140°46′07″ | 3.37 | 9.8031107 | 京 都 | 35°01′50″ | 135°46′59″ | 59.79 | 9.7970768 |
| 盛 岡 | 39°41′55″ | 141°09′57″ | 153.83 | 9.8018962 | 伊 丹 | 34°47′31″ | 135°26′22″ | 15.42 | 9.7970346 |
| 秋 田 | 39°43′46″ | 140°08′12″ | 27.87 | 9.8017573 | 和歌山 | 34°13′46″ | 135°09′52″ | 13.70 | 9.7968927 |
| 仙 台 | 38°15′07″ | 140°50′38″ | 130.99 | 9.8006509 | 鳥 取 | 35°29′17″ | 134°14′18″ | 8 | 9.7979056 |
| 新 庄 | 38°45′27″ | 140°18′45″ | 100.74 | 9.8006008 | 岡 山 | 34°39′39″ | 133°54′59″ | −1 | 9.7971145 |
| いわき | 36°56′52″ | 140°54′12″ | 4.15 | 9.8000849 | 広 島 | 34°22′20″ | 132°27′57″ | 0.95 | 9.7965859 |
| つくば | 36°06′14″ | 140°05′13″ | 21.64 | 9.7995103 | 萩 | 34°26′23″ | 131°25′00″ | 16.17 | 9.7968574 |
| 長 岡 | 37°25′26″ | 138°46′36″ | 58.97 | 9.7993145 | 下 関 | 33°56′56″ | 130°55′36″ | 0.12 | 9.7967528 |
| 銚 子 | 35°44′23″ | 140°51′29″ | 20.09 | 9.7986688 | 高 松 | 34°19′06″ | 134°03′16″ | 9 | 9.7969881 |
| 高 崎 | 36°23′43″ | 139°01′00″ | 132.10 | 9.7981938 | 室 戸 | 33°14′53″ | 134°10′41″ | 10.14 | 9.7966985 |
| 川 越 | 35°53′25″ | 139°31′36″ | 8 | 9.7984494 | 高 知 | 33°33′25″ | 133°32′01″ | −0.69 | 9.7962562 |
| 羽 田 | 35°32′57″ | 139°47′03″ | −2 | 9.7975954 | 愛 媛 | 33°51′04″ | 132°46′30″ | 30.84 | 9.7959773 |
| 油 壺 | 35°09′37″ | 139°36′56″ | 4.67 | 9.7977465 | 福 岡 | 33°35′55″ | 130°22′35″ | 31.51 | 9.7962856 |
| 甲 府 | 35°40′03″ | 138°33′14″ | 273.39 | 9.7970590 | 大 分 | 33°14′11″ | 131°37′10″ | 5.10 | 9.7954183 |
| 箱 根 | 35°14′38″ | 139°03′35″ | 426 | 9.7970924 | 熊 本 | 32°49′01″ | 130°43′40″ | 22.81 | 9.7955164 |
| 静 岡 | 34°58′34″ | 138°24′13″ | 14.45 | 9.7974161 | 長 崎 | 32°44′01″ | 129°52′06″ | 23.70 | 9.7958802 |
| 富 山 | 36°42′35″ | 137°12′09″ | 9.31 | 9.7986742 | 宮 崎 | 31°56′18″ | 131°24′51″ | 9.36 | 9.7942949 |
| 金 沢 | 36°32′45″ | 136°42′29″ | 106 | 9.7984165 | 鹿児島 | 31°33′19″ | 130°32′55″ | 4.58 | 9.7947121 |
| 福 井 | 36°03′20″ | 136°13′22″ | 8.96 | 9.7983812 | 那 覇 | 26°12′27″ | 127°41′13″ | 21.09 | 9.7909592 |
| 岐 阜 | 35°24′02″ | 136°45′45″ | 12.08 | 9.7974581 | 西表島 | 24°17′03″ | 123°52′54″ | 14.02 | 9.7901223 |

## 6 世界各地の重力加速度 (International Gravimetric Bureau)

| 地名 | 緯度 | 経度 | 高さ (m) | 重力加速度 (m/s²) | 地名 | 緯度 | 経度 | 高さ (m) | 重力加速度 (m/s²) |
|---|---|---|---|---|---|---|---|---|---|
| **アジア** | | | | | **北アメリカ** | | | | |
| 北京 | 40°01.1′ | 116°10.3′ | 197.6 | 9.8011058 | モントリオール | 45°30′ | −73°25′ | 27 | 9.8063725 |
| ソウル | 37°30.9′ | 126°55.6′ | 9.1 | 9.7995645 | ニューヨーク | 42°42.4′ | −73°58.5′ | 3 | 9.8025736 |
| ニューデリー | 28°36.8′ | 77°13.9′ | 224 | 9.7912210 | ロサンゼルス | 33°56′ | −118°24′ | 38 | 9.7958252 |
| マニラ | 14°34.7′ | 120°58.9′ | 4 | 9.7834137 | メキシコシティ | 19°25.7′ | −99°05.3′ | 2239 | 9.7795599 |
| バンコク | 14°03′ | 100°43′ | 3.18 | 9.7831243 | **南アメリカ** | | | | |
| クアラルンプール | 3°06′ | 101°43′ | 36.42 | 9.7803441 | ボゴタ | 4°37.9′ | −74°09.1′ | 2517.9 | 9.7738691 |
| シンガポール | 1°17.8′ | 103°51′ | 8.2 | 9.7806604 | リオデジャネイロ | −22°54.4′ | −43°10.3′ | 3 | 9.7879355 |
| ジャカルタ | −6°9.3′ | 106°50.9′ | 4.9 | 9.7814940 | サンティアゴ | −33°29′ | −70°42′ | 505 | 9.7943468 |
| **ヨーロッパ** | | | | | ブエノスアイレス | −34°35′ | −58°29′ | 25 | 9.7969116 |
| カーナーク (チューレ) | 76°32′ | −68°46′ | 78 | 9.8291375 | **アフリカ** | | | | |
| ストックホルム | 59°19.7′ | 18°02.7′ | 8.6 | 9.8183143 | カイロ | 30°08′ | 31°24′ | 112 | 9.7930034 |
| モスクワ | 55°45.5′ | 37°34.3′ | 145 | 9.8154504 | ナイロビ | −1°18′ | 36°49′ | 1688 | 9.7752015 |
| ロンドン | 51°29.8′ | 0°10.4′ | 9.29 | 9.8118806 | ケープタウン | −33°57.1′ | 18°28.1′ | 38.4 | 9.7963271 |
| パリ | 48°50.2′ | 2°20.2′ | 59.4 | 9.8092902 | **オセアニア** | | | | |
| ローマ | 41°53.6′ | 12°29.5′ | 49 | 9.8034780 | シドニー | −33°53.4′ | 151°11.4′ | 29.6 | 9.7967186 |
| アンカラ | 39°56′ | 32°52′ | 974 | 9.7992515 | ウェリントン | −41°17.2′ | 174°46.1′ | 122 | 9.8025099 |

## 7 摩擦係数 （新版 物理定数表）

| 物質I | 物質II | 静止摩擦係数 | | 動摩擦係数 | |
|---|---|---|---|---|---|
| | | 乾燥 | 塗油 | 乾燥 | 塗油 |
| 鋼鉄 | 鋼鉄 | 0.7 | 0.005 ～ 0.1 | 0.5 | 0.03 ～ 0.1 |
| 鋼鉄 | 鉛 | 0.95 | 0.5 | 0.95 | 0.3 |
| アルミニウム | 鋼鉄 | 0.61 | ― | 0.47 | ― |
| 銅 | 鋼鉄 | 0.53 | ― | 0.36 | 0.18 |
| 真ちゅう | 鋼鉄 | 0.51 | 0.11 | 0.44 | ― |
| 亜鉛 | 鋳鉄 | 0.85 | ― | 0.21 | ― |
| 銅 | 鋳鉄 | 1.05 | ― | 0.29 | ― |
| 鋳鉄 | 鋳鉄 | 1.10 | 0.2 | 0.15 | 0.070 |
| アルミニウム | アルミニウム | 1.05 | 0.30 | 1.4 | ― |
| ガラス | ガラス | 0.94 | 0.35 | 0.4 | 0.09 |
| ガラス | ニッケル | 0.78 | ― | 0.56 | ― |
| 銅 | ガラス | 0.68 | ― | 0.53 | ― |
| テフロン | テフロン | 0.04 | ― | 0.04 | ― |
| テフロン | 鋼鉄 | 0.04 | ― | 0.04 | ― |

物体I（物質I）が物体II（物質II）の上で静止または運動する場合。

## 8 太陽系の天体に関する定数 （理科年表 2022）

| | 太陽からの距離($10^8$km) | | | 公転周期（ユリウス年） | 軌道平均速度（km/s） | 赤道半径（km） | 赤道重力（地球＝1） | 質量（地球＝1） | 密度（$10^3$kg/m³） | 自転周期（日） |
|---|---|---|---|---|---|---|---|---|---|---|
| | 最小 | 長半径 | 最大 | | | | | | | |
| 太陽 | ― | ― | ― | ― | ― | 695700 | 28.04 | 332946 | 1.41 | 25.3800 |
| 水星 | 0.460 | 0.579 | 0.698 | 0.24085 | 47.36 | 2439.4 | 0.38 | 0.05527 | 5.43 | 58.6461 |
| 金星 | 1.075 | 1.082 | 1.089 | 0.61520 | 35.02 | 6051.8 | 0.91 | 0.8150 | 5.24 | 243.0185 |
| 地球 | 1.471 | 1.496 | 1.521 | 1.00002 | 29.78 | 6378.1 | 1.00 | 1.0000 | 5.51 | 0.9973 |
| 火星 | 2.066 | 2.279 | 2.492 | 1.88085 | 24.08 | 3396.2 | 0.38 | 0.1074 | 3.93 | 1.0260 |
| 木星 | 7.405 | 7.783 | 8.161 | 11.8620 | 13.06 | 71492 | 2.37 | 317.83 | 1.33 | 0.4135 |
| 土星 | 13.501 | 14.294 | 15.087 | 29.4572 | 9.65 | 60268 | 0.93 | 95.16 | 0.69 | 0.4440 |
| 天王星 | 27.417 | 28.750 | 30.084 | 84.0205 | 6.81 | 25559 | 0.89 | 14.54 | 1.27 | 0.7183 |
| 海王星 | 44.619 | 45.044 | 45.470 | 164.7701 | 5.44 | 24764 | 1.11 | 17.15 | 1.64 | 0.6653 |
| 月 | ― | ― | ― | ― | ― | 1737.4 | 0.17 | 0.012300 | 3.34 | 27.3217 |

巻末資料

## 9 物質の密度 （理科年表2022）

### ■ 液体の密度

| 物質 | 温度 | 密度($10^3$kg/m³) |
|---|---|---|
| アセトン | 20℃ | 0.791 |
| アニリン | 20℃ | 1.022 |
| アンモニア | −40℃ | 0.690 |
| エタノール | 20℃ | 0.789 |
| 海水 | 室温 | 1.01 〜 1.05 |
| 過酸化水素 | 20℃ | 1.442 |
| ガソリン | 室温 | 0.66 〜 0.75 |
| 空気 | −194℃ | 0.92 |

| 物質 | 温度 | 密度($10^3$kg/m³) |
|---|---|---|
| グリセリン | 20℃ | 1.264 |
| クロロホルム | 20℃ | 1.489 |
| 酢酸(純) | 20℃ | 1.049 |
| 石油(灯油) | 室温 | 0.80 〜 0.83 |
| パラフィン油 | 室温 | 約0.8 |
| ベンゼン | 20℃ | 0.879 |
| メタノール | 20℃ | 0.793 |
| 硫酸(純) | 20℃ | 1.834 |

### ■ 固体の密度

| 物質 | 温度 | 密度($10^3$kg/m³) |
|---|---|---|
| アスファルト | 室温 | 1.04 〜 1.40 |
| エボナイト | 室温 | 1.1 〜 1.4 |
| ガラス(普通) | 室温 | 2.4 〜 2.6 |
| 凝灰岩 | 室温 | 1.4 〜 2.6 |
| 固体二酸化炭素(ドライアイス) | −80℃ | 1.565 |
| ゴム(弾性ゴム) | 室温 | 0.91 〜 0.96 |
| 氷 | 0℃ | 0.917 |
| 砂糖 | 室温 | 1.59 |
| 食塩 | 室温 | 2.17 |
| 砂(乾) | 室温 | 1.4 〜 1.7 |
| 石英ガラス(透明) | 室温 | 2.22 |
| 生石灰 | 室温 | 2.3 〜 3.2 |
| 消石灰 | 室温 | 1.15 〜 1.25 |

| 物質 | 温度 | 密度($10^3$kg/m³) |
|---|---|---|
| 石炭 | 室温 | 1.2 〜 1.5 |
| 石綿 | 室温 | 2.0 〜 3.0 |
| 麻 | 室温 | 1.50 〜 1.52 |
| 絹 | 室温 | 1.30 〜 1.37 |
| 羊毛 | 室温 | 1.28 〜 1.33 |
| 綿 | 室温 | 1.50 〜 1.55 |
| ナイロン | 室温 | 1.12 |
| ナフタレン | 室温 | 1.16 |
| パラフィン | 室温 | 0.87 〜 0.94 |
| ポリエチレン | 室温 | 0.92 〜 0.97 |
| ポリ塩化ビニル | 室温 | 1.2 〜 1.6 |
| ポリスチレン | 室温 | 1.056 |

## 10 おもな物質の比熱 （改訂6版 化学便覧）

| 物質 | 比熱(J/(g·K)) | | | | |
|---|---|---|---|---|---|
| | 100 K | 200 K | 298.15 K | 400 K | 600 K |
| 亜鉛 | 0.2967 | 0.3668 | 0.3885 | 0.4023 | 0.4358 |
| アルミニウム | 0.4822 | 0.7980 | 0.9025 | 0.949 | 1.03 |
| 金 | 0.1091 | 0.1240 | 0.1285 | 0.1308 | 0.1352 |
| 銀 | 0.187 | 0.225 | 0.235 | 0.239 | 0.249 |
| 水銀 | 0.1209 | 0.1360 | 0.1395 | 0.1366 | 0.1353 |
| 炭素(ダイヤモンド) | 0.021 | 0.194 | 0.510 | 0.858 | 1.34 |
| 炭素(黒鉛) | 0.138 | 0.411 | 0.710 | 0.991 | 1.41 |
| 鉄 | 0.215 | 0.385 | 0.448 | 0.491 | 0.573 |
| 銅 | 0.2518 | 0.3561 | 0.3844 | 0.3973 | 0.4167 |
| 鉛 | 0.118 | 0.125 | 0.129 | 0.132 | 0.142 |
| ニッケル | 0.232 | 0.383 | 0.445 | 0.486 | 0.593 |
| 白金 | 0.100 | 0.125 | 0.133 | 0.136 | 0.141 |
| アンモニア | 1.530 | 4.313 | — | — | — |
| エタノール | 1.020 | 1.995 | 2.418 | — | — |
| 塩化水素 | 1.097 | — | — | — | — |
| 酢酸 | 0.8353 | 1.124 | 2.050 | — | — |
| 水酸化ナトリウム | 0.6935 | 1.240 | 1.488 | 1.624 | 2.152 |
| ベンゼン | 0.6455 | 1.072 | 1.742 | — | — |
| 水 | 0.8814 | 1.566 | 4.171 | — | — |
| メタノール | 1.359 | 2.207 | 2.55 | — | — |

$1.013 \times 10^5$ Pa での値

## 11 おもな単体の融点・融解熱・沸点・蒸発熱　（改訂6版 化学便覧）

| 物質 | 融点(K) | 融解熱(J/g) | 沸点(K) | 蒸発熱(J/g) |
|---|---|---|---|---|
| 亜鉛 | 692.68 | 112.0 | 1180 | 1756 |
| アルミニウム | 933.47 | 397.0 | 2740 | 10800 |
| ウラン | 1405.5 | 38.41 | 4018 | 1730 |
| 塩素 | 172.2 | 90.4 | 239.18 | 287.9 |
| 金 | 1337.58 | 63.71 | 3080 | 1576 |
| 銀 | 1225.08 | 104.7 | 2485 | 2350 |
| ケイ素 | 1683 | 1790 | — | — |
| 酸素 | 54.8 | 13.75 [1] | 90.19 | 213 |
| 水銀 | 234.28 | 11.44 | 629.73 | 290 |
| 水素 | 14.01 | 58.0 [2] | 20.28 | 448 |
| 窒素 | 63.29 | 26 [3] | 77.4 | 199 |
| 鉄 | 1808 | 247.3 | 3023 | 6340 |
| 銅 | 1356.6 | 208.7 | 2840 | 4800 |
| ナトリウム | 370.96 | 113.0 | 1156 | 3880 |
| 鉛 | 600.7 | 23.04 | 2013 | 866.3 |
| ニッケル | 1726 | 297.8 | 3005 | 6490 |
| 白金 | 2045 | 113.7 | 4103 | 2290 |
| マグネシウム | 922.0 | 348.7 | 1363 | 5430 |

1) $1.52\times10^{3}$ Pa での値　2) $7.20\times10^{4}$ Pa での値　3) $1.25\times10^{4}$ Pa での値　　左記以外は $1.013\times10^{5}$ Pa での値

## 12 おもな気体の定積・定圧モル比熱　（改訂5版 化学便覧）

| 気体 | | 定積モル比熱 $C_V$〔J/(mol·K)〕，定圧モル比熱 $C_p$〔J/(mol·K)〕，比熱比 $\gamma=\dfrac{C_p}{C_V}$ | | | | | | | |
|---|---|---|---|---|---|---|---|---|---|
| | | 200K | 300K | 400K | 500K | 700K | 1000K | 1500K | 2000K |
| アルゴン | $C_V$ | 12.50 | 12.47 | 12.48 | 12.47 | 12.47 | 12.47 | 12.47 | 12.47 |
| | $C_p$ | 20.92 | 20.83 | 20.81 | 20.80 | 20.79 | 20.79 | 20.79 | 20.79 |
| | $\gamma$ | 1.674 | 1.670 | 1.668 | 1.668 | 1.667 | 1.667 | 1.667 | 1.667 |
| 水素 | $C_V$ | 18.96 | 20.53 | 20.88 | 20.94 | — | — | — | — |
| | $C_p$ | 27.29 | 28.85 | 29.19 | 29.26 | — | — | — | — |
| | $\gamma$ | 1.439 | 1.405 | 1.398 | 1.397 | — | — | — | — |
| 窒素 | $C_V$ | 20.81 | 20.82 | 20.94 | 21.28 | 22.45 | 24.38 | 26.54 | 27.66 |
| | $C_p$ | 29.22 | 29.17 | 29.27 | 29.60 | 30.76 | 32.70 | 34.85 | 35.98 |
| | $\gamma$ | 1.404 | 1.401 | 1.398 | 1.391 | 1.370 | 1.341 | 1.313 | 1.301 |
| 酸素 | $C_V$ | 20.84 | 21.09 | 21.81 | 22.77 | 24.67 | 26.57 | 28.26 | 29.47 |
| | $C_p$ | 29.26 | 29.44 | 30.14 | 31.11 | 32.99 | 34.88 | 36.57 | 37.78 |
| | $\gamma$ | 1.404 | 1.396 | 1.382 | 1.366 | 1.337 | 1.313 | 1.294 | 1.282 |
| 一酸化炭素 | $C_V$ | 20.81 | 20.84 | 21.04 | 21.49 | 22.86 | 24.87 | 26.91 | 27.92 |
| | $C_p$ | 29.24 | 29.19 | 29.37 | 29.81 | 31.18 | 33.18 | 35.22 | 36.24 |
| | $\gamma$ | 1.405 | 1.401 | 1.396 | 1.387 | 1.364 | 1.334 | 1.309 | 1.298 |
| 二酸化炭素 | $C_V$ | — | 29.03 | 33.05 | 36.33 | — | 45.99 | 50.07 | — |
| | $C_p$ | — | 37.53 | 41.44 | 44.68 | — | 54.32 | 58.38 | — |
| | $\gamma$ | — | 1.293 | 1.254 | 1.230 | — | 1.181 | 1.166 | — |
| 空気 | $C_V$ | 20.74 | 20.80 | 21.04 | 21.51 | 22.82 | 24.77 | 27.35 | 30.42 |
| | $C_p$ | 29.15 | 29.15 | 29.38 | 29.84 | 31.14 | 33.09 | 35.67 | 38.76 |
| | $\gamma$ | 1.4057 | 1.4017 | 1.3961 | 1.3871 | 1.3646 | 1.336 | 1.304 | 1.274 |

$1.013\times10^{5}$ Pa での値

巻末資料

## 13 固体の線膨張率 (理科年表 2022)

| 物質 | 線膨張率($10^{-6}$/K) | | | |
|---|---|---|---|---|
| | 100 K | 293 K | 500 K | 800 K |
| 亜鉛 | 24.5 | 30.2 | 32.8 | — |
| アルミニウム | 12.2 | 23.1 | 26.4 | 34.0 |
| カリウム | — | 85 | — | — |
| カルシウム | 22(273 ～ 573 K の平均値) | | | |
| 金 | 11.8 | 14.2 | 15.4 | 17.0 |
| 銀 | 14.2 | 18.9 | 20.6 | 23.7 |
| ケイ素(シリコン) | −0.4 | 2.6 | 3.5 | 4.1 |
| ゲルマニウム | 2.4 | 5.7 | 6.5 | 7.2 |
| スズ | 16.5 | 22.0 | 27.2 | — |
| 炭素(ダイヤモンド) | 0.05 | 1.0 | 2.3 | 3.7 |
| 炭素(石墨) | — | 3.1 | 3.3 | 3.6 |
| 鉄 | 5.6 | 11.8 | 14.4 | 16.2 |
| ナトリウム | 70(273 ～ 323 K) | | | |
| 鉛 | 25.6 | 28.9 | 33.3 | — |
| ニッケル | 6.6 | 13.4 | 15.3 | 16.8 |
| 白金 | 6.6 | 8.8 | 9.6 | 10.3 |
| バリウム | 18.1 ～ 21.0(273 ～ 573 K) | | | |
| ホウ素 | — | 4.7 | 5.4 | 6.2 |
| マグネシウム | 14.6 | 24.8 | 29.1 | 35.4 |
| リチウム | 56(273 ～ 373 K) | | | |
| ジュラルミン | 13.1 | 21.6 | 27.5 | 30.1 |
| 青銅(85 Cu, 15 Sn) | — | 17.3 | 19.3 | 21.9 |
| 酸化チタン | — | 9 | — | — |
| 硫化鉛 | 19(313 K) | | | |
| 花コウ岩 | — | 4 ～ 10 | — | — |
| ガラス | 8 ～ 10(273 ～ 573 K) | | | |
| 岩塩 | 40.4(313 K) | | | |
| 氷 | 0.8(73 K), 33.9(173 K), 45.6(223 K), 52.7(273 K) | | | |
| コンクリート，セメント | — | 7 ～ 14 | — | — |
| セルロイド | — | 90 ～ 160 | — | — |
| 大理石 | — | 3 ～ 15 | — | — |
| パラフィン | 106.6(273 ～ 289 K), 130.3(289 ～ 311 K), 477.1(311 ～ 322 K) | | | |
| ポリエチレン | — | 100 ～ 200 | — | — |
| ポリスチレン | — | 34 ～ 210 | — | — |
| レンガ | — | 3 ～ 10 | — | — |

## 14 固体の体膨張率 (理科年表 2022)

| 単体 | 温度(K) | 体膨張率($10^{-6}$/K) |
|---|---|---|
| 亜鉛 | 323 | 89 |
| 硫黄(斜方) | 0 ～ 291 | 139 |
| カリウム | 273 ～ 328 | 240 |
| コバルト | 373 | 35.6 |
| スズ | 353 | 68 |
| ダイヤモンド | 298 ～ 923 | 9.1 |

| 単体 | 温度(K) | 体膨張率($10^{-6}$/K) |
|---|---|---|
| ナトリウム | 273 ～ 326 | 207 |
| ニッケル | 373 | 38.2 |
| | 573 | 46.5 |
| リチウム | 273 ～ 373 | 162 |
| リン | 194 ～ 292 | 362 |
| | 273 ～ 317 | 372 |

# 15 媒質中での音の速さ　(理科年表 2022)

## ■気体中の音の速さ

| 物質 | 温度(℃) | 音の速さ(m/s) |
|---|---|---|
| アンモニア | 0 | 415 |
| エタン | 10 | 308 |
| エチレン | 0 | 314 |
| 塩素 | 0 | 205.3 |
| 空気(乾燥) | 0 | 331.45 |
| 酸素 | 0 | 317.2 |
| 水蒸気 | 100 | 473 |

| 物質 | 温度(℃) | 音の速さ(m/s) |
|---|---|---|
| 水素 | 0 | 1269.5 |
| 窒素 | 0 | 337 |
| 二酸化炭素 | 0 | 258 〜 268.6 |
| ネオン | 0 | 435 |
| ヘリウム | 0 | 970 |
| メタン | 0 | 430 |
| 硫化水素 | 0 | 289 |

$1.013 \times 10^5$ Pa での音の速さ

## ■液体中の音の速さ

| 物質 | 温度(℃) | 音の速さ(m/s) |
|---|---|---|
| エタノール | 23 〜 27 | 1207 |
| クロロホルム | 25 | 995 |
| グリセリン | 23 〜 27 | 1986 |
| ジエチルエーテル | 23 〜 27 | 985 |

| 物質 | 温度(℃) | 音の速さ(m/s) |
|---|---|---|
| 水銀 | 23 〜 27 | 1450 |
| 水(蒸留) | 23 〜 27 | 1500 |
| 海水 | 20 | 1513 |
| ベンゼン | 23 〜 27 | 1295 |

## ■固体中の音の速さ

| 物質 | 音の速さ(m/s) |
|---|---|
| アルミニウム | 6420 |
| 金 | 3240 |
| 銀 | 3650 |
| シリコン | 8433 |
| 鉄 | 5950 |
| 銅 | 5010 |
| ニッケル | 6040 |
| 白金 | 3260 |
| マグネシウム | 5770 |

| 物質 | 音の速さ(m/s) |
|---|---|
| ガラス(窓ガラス) | 5440 |
| 氷 | 3230 |
| ゴム(天然) | 1500 |
| コンクリート | 4250 〜 5250 |
| ステンレス鋼 | 5790 |
| 大理石 | 6100 |
| ナイロン 66 | 2620 |
| ポリエチレン(軟質) | 1950 |
| ポリスチレン | 2350 |

# 16 媒質の屈折率　(理科年表 2022)

## ■空気に対する固体の屈折率(20℃)

| 物質 | 屈折率 |
|---|---|
| ゲルマニウム | 4.092 |
| 酸化マグネシウム | 1.7373 |
| ケイ素 | 3.448 |
| ダイヤモンド | 2.4195 |
| ポリスチレン | 1.592(15℃) |

## ■空気に対する液体の屈折率(20℃)

| 物質 | 屈折率 |
|---|---|
| エタノール | 1.3618 |
| ジエチルエーテル | 1.3538 |
| パラフィン油 | 1.48 |
| ベンゼン | 1.5012 |
| 水 | 1.3330 |
| メタノール | 1.3290 |

## ■真空に対する気体の屈折率(0℃, $1.013 \times 10^5$ Pa 換算)

| 物質 | 屈折率 |
|---|---|
| アルゴン | 1.000284 |
| 一酸化炭素 | 1.000334 |
| 塩素 | 1.000768 |
| 空気 | 1.000292 |
| 酸素 | 1.000272 |
| 水銀 | 1.000933 |
| 水蒸気 | 1.000252 |
| 水素 | 1.000138 |
| 二酸化炭素 | 1.000450 |
| ネオン | 1.000067 |
| ヘリウム | 1.000035 |
| ベンゼン | 1.001762 |

ナトリウム D 線(波長 589.3 nm)に対する屈折率

## 17 電気用図記号　(JIS 規格)

| 意味 | 記号 | 意味 | 記号 | 意味 | 記号 |
|------|------|------|------|------|------|
| 直流電源<br>（電池） | | 電流計<br>（直流） | Ⓐ | コイル | |
| 交流電源 | Ⓥ | 電流計<br>（交流） | Ⓐ | ダイオード | |
| 抵抗器 | | 電圧計<br>（直流） | Ⓥ | 接地<br>（アース） | |
| 可変抵抗器 | | 電圧計<br>（交流） | Ⓥ | pnp 型<br>トランジスター | |
| 電球<br>（ランプ） | ⊗ | 検流計 | Ⓘ | npn 型<br>トランジスター | |
| スイッチ | | コンデンサー | | | |

## 18 摩擦帯電列　(物理データ事典)

| Silsbee による | Jeans による | Lehmicke による | Hersh と Montgomery による |
|----------------|--------------|-----------------|----------------------------|
| アスベスト | 猫皮 | ガラス | 羊毛 |
| ガラス | ガラス | 人毛 | ナイロン |
| 雲母 | 象牙 | ナイロン糸 | ビスコース |
| 羊毛 | 絹 | ナイロンポリマー | 木綿 |
| 猫毛皮 | 水晶 | 羊毛 | 絹 |
| 鉛 | 手 | 絹 | アセテート |
| 絹 | 木材 | ビスコースレーヨン | ルーサイト |
| アルミ | 硫黄 | 木綿 | ポリビニルアルコール |
| 紙 | 木綿 | 紙 | ダイネル |
| 木綿 | 弾性ゴム | 鋼 | ベロン |
| エボナイト | 樹脂 | 硬質ゴム | ポリエチレン |
| 硫黄 | 硬質ゴム | アセテートレーヨン | テフロン |
| 白金 | 金属 | 合成ゴム | |
| インドゴム | 綿火薬 | ポリテン | |

縦に並んだ 2 つの物質を摩擦したとき，上のものが正に帯電する（おもなもののみ）。

## 19 比誘電率　(理科年表 2022)

■固体の比誘電率

| 物質 | 温度（℃） | 比誘電率 |
|------|-----------|----------|
| 雲母 | $20 \sim 100$ | 7.0 |
| 塩化ナトリウム | 25 | 5.9 |
| ダイヤモンド | 20 | 5.68 |
| ソーダガラス | 20 | 7.5 |
| パラフィン | 20 | 2.2 |

■液体の比誘電率

| 物質 | 温度（℃） | 比誘電率 |
|------|-----------|----------|
| アセトン（P） | 25 | 20.7 |
| エタノール（P） | 25 | 24.3 |
| トルエン | 20 | 2.39 |
| ベンゼン | 20 | 2.284 |

■気体の比誘電率（$1.013 \times 10^5$ Pa）

| 物質 | 温度（℃） | 比誘電率 |
|------|-----------|----------|
| アンモニア（P） | 1 | 1.0071 |
| エタノール（P） | 100 | 1.0078 |
| 空気（乾） | 20 | 1.000536 |
| 酸素 | 20 | 1.000494 |
| 水素 | 0 | 1.000272 |
| 水蒸気（P） | 100 | 1.0060 |
| 窒素 | 20 | 1.000547 |
| 二酸化炭素 | 20 | 1.000922 |
| ヘリウム | 0 | 1.00007 |
| ベンゼン | 100 | 1.00327 |

（P）は有極性分子の液体，または気体

## 20 抵抗率と温度係数　(理科年表2022)

| 金属 | 抵抗率（$10^{-8}\,\Omega\cdot$m） | | | | 温度係数（$10^{-3}$/K）(0℃〜100℃の平均) |
| --- | --- | --- | --- | --- | --- |
| | 0℃ | 100℃ | 300℃ | 700℃ | |
| 亜鉛 | 5.5 | 7.8 | 13.0 | — | 4.2 |
| アルミニウム | 2.50 | 3.55 | 5.9 | 24.7 | 4.2 |
| カリウム | 6.1 | 17.5 | 28.2 | 66.4 | 19 |
| カルシウム | 3.2 | 4.75 | 7.8 | 20 | 4.8 |
| 金 | 2.05 | 2.88 | 4.63 | 8.6 | 4.05 |
| 銀 | 1.47 | 2.08 | 3.34 | 6.1 | 4.15 |
| クロム | 12.7 | 16.1 | 25.2 | 47.2 | 2.68 |
| コバルト | 5.6 | 9.5 | 19.7 | 48 | 7.0 |
| 水銀 | 94.1 | 103.5 | 128 | 214 | 1.00 |
| スズ | 11.5 | 15.8 | 50 | 60 | 3.74 |
| 青銅 | 13.6 | — | — | — | — |
| タングステン | 4.9 | 7.3 | 12.4 | 24 | 4.9 |
| ジュラルミン | 3.4(室温) | | | | — |
| 鉄(純) | 8.9 | 14.7 | 31.5 | 85.5 | 6.5 |
| 鉄(鋼) | 10〜20(室温) | | | | 1.5〜5 |
| 銅 | 1.55 | 2.23 | 3.6 | 6.7 | 4.39 |
| ナトリウム | 4.2 | 9.7 | 16.8 | 39.2 | 13 |
| 鉛 | 19.2 | 27 | 50 | 108 | 4.1 |
| ニクロム | 107.3 | 108.3 | 110.0 | 110.3 | 0.09320 |
| ニッケル | 6.2 | 10.3 | 22.5 | 40 | 6.6 |
| 白金 | 9.81 | 13.6 | 21.0 | 34.3 | 3.86 |
| マグネシウム | 3.94 | 5.6 | 10.0 | 27.7 | 4.2 |
| リチウム | 8.55 | 12.4 | 30 | 40.5 | 4.50 |

## 21 比透磁率　(理科年表2022)

**■ 常磁性体および反磁性体の比透磁率**

| 物質 | 温度(℃) | 比透磁率 |
| --- | --- | --- |
| アルミニウム | 20 | 1.000021 |
| 銅 | 23 | 0.999990 |
| ゲルマニウム | 25 | 0.999993 |
| 炭素(グラファイト) | 16 | 0.999915 |
| 白金 | 25 | 1.000265 |
| ベンゼン | 室温 | 0.999992 |

| 物質 | 温度(℃) | 比透磁率 |
| --- | --- | --- |
| 水 | 0 | 0.999991 |
| 塩化ナトリウム | 室温 | 0.999986 |
| 酸素 | 20 | 1.000002 |

**■ 強磁性体の比透磁率**

| 物質 | 比初透磁率 | 比最大透磁率 |
| --- | --- | --- |
| 純鉄 | 200〜300 | 6000〜8000 |
| 方向性ケイ素鋼 | 1500 | 40000 |
| スーパーマロイ | 100000 | 6000000 |
| Mn-Zn フェライト | 10000 | — |

## 22 金属の仕事関数 （朝倉物理学大系 17　表面物理学）

| 金属 | 仕事関数(eV) | | 金属 | 仕事関数(eV) |
|---|---|---|---|---|
| ナトリウム Na | 2.3 | | モリブデン Mo | 4.53 |
| アルミニウム Al | 4.41 | | 銀 Ag | 4.64 |
| カリウム K | 2.40 | | セシウム Cs | 1.78 |
| 鉄 Fe | 4.68 | | タンタル Ta | 4.15 |
| ニッケル Ni | 5.22 | | タングステン W | 4.63 |
| 銅 Cu | 4.59 | | イリジウム Ir | 5.67 |
| ニオブ Nb | 4.02 | | 金 Au | 5.47 |

仕事関数の値は，同じ金属でも結晶面の方位によって値が異なる。
ここではある特定の方位に対する値を示した。

## 23 おもなスペクトル線の波長 （理科年表 2015）

| 物質 | 水素 | ヘリウム | | ネオン | | | |
|---|---|---|---|---|---|---|---|
| 波長(nm) | 656.285 } $H_\alpha$ 656.273 | 728.135 | 438.793 | 753.578 | 640.225 | 603.000 | 475.273 |
| | 486.133 | 706.519 | 414.376 | 724.517 | 638.299 | 597.553 | 471.534 |
| | 434.047 | 667.815 | 412.081 | 717.394 | 633.443 | 594.483 | 471.206 |
| | 410.174 | 656.013 | 402.619 | 703.241 | 630.479 | 588.190 | 470.885 |
| | 397.007 | 587.562 | 396.473 | 692.947 | 626.650 | 585.249 | 470.440 |
| | | 501.568 | 388.865 | 671.704 | 621.728 | 540.056 | 453.775 |
| | | 492.193 | 381.960 | 667.828 | 616.359 | 534.109 | |
| | | 471.314 | | 659.895 | 614.306 | 495.703 | |
| | | 468.575 | | 653.288 | 609.616 | 488.492 | |
| | | 447.148 | | 650.653 | 607.434 | 482.734 | |

| 物質 | ナトリウム | | 水銀 | | |
|---|---|---|---|---|---|
| 波長(nm) | 616.076 | 475.189 | 745.433 | 580.365 | 433.924 |
| | 615.423 | 474.802 | 737.171 | 579.065 | 407.781 |
| | 589.592($D_1$) | 466.860 | 734.637 | 578.966 | 404.656 |
| | 588.995($D_2$) | 466.489 | 709.199 | 576.959 | 398.398 |
| | 568.822 | 439.345 | 708.188 | 567.586 | 390.641 |
| | 568.266 | | 690.716 | 546.074 | |
| | 515.365 | | 671.643 | 535.405 | |
| | 514.909 | | 623.437 | 491.604 | |
| | 498.285 | | 589.016 | 435.835 | |
| | 497.851 | | 588.894 | 434.750 | |

可視光線の範囲での波長

# 24 固有X線(特性X線)の波長 (理科年表2022)

| 元 素 | 固有X線の波長(nm) | | | | | |
|---|---|---|---|---|---|---|
| | $\alpha_{1,2}$ | $\alpha_1$ | $\alpha_2$ | $\beta_1$ | $\beta_3$ | $\beta_2$ |
| Li | 23.0 | | | | | |
| Be | 11.3 | | | | | |
| B | 6.7 | | | | | |
| C | 4.4 | | | | | |
| N | 3.1603 | | | | | |
| O | 2.3707 | | | | | |
| F | 1.8307 | | | | | |
| Ne | 1.4615 | | | 1.4460 | | |
| Na | 1.1909 | | | 1.1574 | 1.1726 | |
| Mg | 0.9889 | | | 0.9559 | 0.9667 | |
| Al | 0.8339 | 0.8338 | 0.8341 | 0.7960 | 0.8059 | |
| Si | 0.7126 | 0.7125 | 0.7127 | 0.6778 | | |
| P | 0.6155 | 0.6154 | 0.6157 | 0.5804 | | |
| S | 0.5373 | 0.5372 | 0.5375 | 0.5032 | | |
| Cl | 0.4729 | 0.4728 | 0.4731 | 0.4403 | | |
| Ar | 0.4192 | 0.4191 | 0.4194 | 0.3886 | | |
| K | 0.3744 | 0.3742 | 0.3745 | 0.3454 | | |
| Ca | 0.3360 | 0.3359 | 0.3362 | 0.3089 | | |
| Ti | 0.2750 | 0.2749 | 0.2753 | 0.2514 | | |
| Cr | 0.2291 | 0.2290 | 0.2294 | 0.2085 | | |
| Mn | 0.2103 | 0.2102 | 0.2105 | 0.1910 | | |
| Fe | 0.1937 | 0.1936 | 0.1940 | 0.1757 | | |
| Ni | 0.1659 | 0.1658 | 0.1661 | 0.1500 | | 0.1489 |
| Cu | 0.1542 | 0.1540 | 0.1544 | 0.1392 | 0.1393 | 0.1381 |
| Zn | 0.1437 | 0.1435 | 0.1439 | 0.1296 | | 0.1284 |
| Ga | 0.1341 | 0.1340 | 0.1344 | 0.1207 | 0.1208 | 0.1196 |
| Ge | 0.1256 | 0.1255 | 0.1258 | 0.1129 | 0.1129 | 0.1117 |
| Sr | 0.0877 | 0.0875 | 0.0880 | 0.0783 | 0.0784 | 0.0771 |
| Mo | 0.0710 | 0.0709 | 0.0713 | 0.0632 | 0.0633 | 0.0621 |
| Ag | 0.0561 | 0.0559 | 0.0564 | 0.0497 | 0.0498 | 0.0487 |
| Sn | 0.0492 | 0.0491 | 0.0495 | 0.0435 | 0.0436 | 0.0426 |
| Cs | 0.0402 | 0.0401 | 0.0405 | 0.0355 | 0.0355 | 0.0346 |
| Ba | 0.0387 | 0.0385 | 0.0390 | 0.0341 | 0.0342 | 0.0333 |
| W | 0.0211 | 0.0209 | 0.0213 | 0.0184 | 0.0185 | 0.0179 |
| Pt | 0.0187 | 0.0185 | 0.0190 | 0.0163 | 0.0164 | 0.0159 |
| Au | 0.0182 | 0.0180 | 0.0185 | 0.0159 | 0.0160 | 0.0155 |
| Hg | 0.0177 | 0.0175 | 0.0180 | 0.0154 | 0.0155 | 0.0150 |
| Pb | 0.0167 | 0.0165 | 0.0170 | 0.0146 | 0.0147 | 0.0147 |
| Th | 0.0135 | 0.0133 | 0.0138 | 0.0117 | 0.0118 | 0.0114 |
| U | 0.0128 | 0.0126 | 0.0131 | 0.0111 | 0.0112 | 0.0108 |

電子がL殻からK殻に遷移する際に放出するX線($\alpha_{1,2}$, $\alpha_1$, $\alpha_2$)と，M殻からK殻に遷移する際に放出するX線($\beta_1$, $\beta_2$, $\beta_3$)

## 25 おもな同位体　(理科年表 2022)

| 安定同位体 (安定同位体以外の例) | 質量(u) | 存在比(%) | 安定同位体 (安定同位体以外の例) | 質量(u) | 存在比(%) |
|---|---|---|---|---|---|
| $^{1}_{1}\text{H}$ | 1.00782503224 | 99.972 〜 99.999 | $^{37}_{17}\text{Cl}$ | 36.96590258 | 23.9 〜 24.5 |
| $^{2}_{1}\text{H}$ | 2.01410177811 | 0.001 〜 0.028 | $(^{38}_{17}\text{Cl})$ | — | — |
| $(^{3}_{1}\text{H})$ | — | — | $(^{52}_{26}\text{Fe})$ | — | — |
| $^{3}_{2}\text{He}$ | 3.01602932265 | 0.0002 | $^{54}_{26}\text{Fe}$ | 53.9396083 | 5.845 |
| $^{4}_{2}\text{He}$ | 4.00260325413 | 99.9998 | $(^{55}_{26}\text{Fe})$ | — | — |
| $(^{11}_{6}\text{C})$ | — | — | $^{56}_{26}\text{Fe}$ | 55.9349356 | 91.754 |
| $^{12}_{6}\text{C}$ | 12 | 98.84 〜 99.04 | $^{57}_{26}\text{Fe}$ | 56.9353921 | 2.119 |
| $^{13}_{6}\text{C}$ | 13.00335483521 | 0.96 〜 1.16 | $^{58}_{26}\text{Fe}$ | 57.9332737 | 0.282 |
| $(^{14}_{6}\text{C})$ | — | — | $(^{59}_{26}\text{Fe})$ | — | — |
| $(^{13}_{7}\text{N})$ | — | — | $(^{105}_{47}\text{Ag})$ | — | — |
| $^{14}_{7}\text{N}$ | 14.00307400446 | 99.578 〜 99.663 | $^{107}_{47}\text{Ag}$ | 106.9050915 | 51.839 |
| $^{15}_{7}\text{N}$ | 15.0001088989 | 0.337 〜 0.422 | $^{109}_{47}\text{Ag}$ | 108.9047558 | 48.161 |
| $(^{15}_{8}\text{O})$ | — | — | $(^{110}_{47}\text{Ag})$ | — | — |
| $^{16}_{8}\text{O}$ | 15.99491461960 | 99.738 〜 99.776 | $(^{111}_{47}\text{Ag})$ | — | — |
| $^{17}_{8}\text{O}$ | 16.9991317566 | 0.0367 〜 0.0400 | $^{234}_{92}\text{U}$ | 234.0409504 | 0.0054 |
| $^{18}_{8}\text{O}$ | 17.9991596128 | 0.187 〜 0.222 | $^{235}_{92}\text{U}$ | 235.0439282 | 0.7204 |
| $^{35}_{17}\text{Cl}$ | 34.96885269 | 75.5 〜 76.1 | $^{238}_{92}\text{U}$ | 238.0507870 | 99.2742 |
| $(^{36}_{17}\text{Cl})$ | — | — | | | |

質量は統一原子質量単位, 存在比は原子百分率

## 26 崩壊系列　(理科年表 2022)

■ウラン系列

| 質量数 \ 原子番号 | 80 | 81 | 82 | 83 | 84 | 85 | 86 | 87 | 88 | 89 | 90 | 91 | 92 |
|---|---|---|---|---|---|---|---|---|---|---|---|---|---|
| 238 | | | | | | | | | | | | | $^{238}_{92}\text{U}$ (4.468×10⁹ y) |
| 234 | | | | | | | | | | | $^{234}_{90}\text{Th}$ (24.10 d) | $^{234m}_{91}\text{Pa}$ (1.159 m) $^{234}_{91}\text{Pa}$ (6.70 h) | $^{234}_{92}\text{U}$ (2.455×10⁵ y) |
| 230 | | | | | | | | | | | $^{230}_{90}\text{Th}$ (7.54×10⁴ y) | | |
| 226 | | | | | | | | | $^{226}_{88}\text{Ra}$ (1.600×10³ y) | | | | |
| 222 | | | | | | | $^{222}_{86}\text{Rn}$ (3.824 d) | | | | | | |
| 218 | | | $^{218}_{84}\text{Po}$ (3.098 m) | | | $^{218}_{85}\text{At}$ (1.28 s) | $^{218}_{86}\text{Rn}$ (33.75 ms) | | | | | | |
| 214 | | | $^{214}_{82}\text{Pb}$ (27.06 m) | $^{214}_{83}\text{Bi}$ (19.71 m) | $^{214}_{84}\text{Po}$ (163.5 μs) | | | | | | | | |
| 210 | | $^{210}_{81}\text{Tl}$ (1.30 m) | $^{210}_{82}\text{Pb}$ (22.20 y) | $^{210}_{83}\text{Bi}$ (5.012 d) | $^{210}_{84}\text{Po}$ (138.4 d) | | | | | | | | |
| 206 | $^{206}_{80}\text{Hg}$ (8.32 m) | $^{206}_{81}\text{Tl}$ (4.202 m) | $^{206}_{82}\text{Pb}$ (安定) | | | | | | | | | | |

（　）は各原子核の半減期を示す。質量数の横の $m$ は準安定状態を表す。

■アクチニウム系列

| 質量数＼原子番号 | 81 | 82 | 83 | 84 | 85 | 86 | 87 | 88 | 89 | 90 | 91 | 92 |
|---|---|---|---|---|---|---|---|---|---|---|---|---|
| 235 | | | | | | | | | | | | $^{235}_{92}$U (7.04×10⁸y) |
| 231 | | | | | | | | | | $^{231}_{90}$Th (25.52h) | $^{231}_{91}$Pa (3.276×10⁴y) | |
| 227 | | | | | | | | | $^{227}_{89}$Ac (21.77y) | $^{227}_{90}$Th (18.70d) | | |
| 223 | | | | | | | $^{223}_{87}$Fr (22.00m) | $^{223}_{88}$Ra (11.43d) | | | | |
| 219 | | | | | $^{219}_{85}$At (56s) | $^{219}_{86}$Rn (3.96s) | | | | | | |
| 215 | | | $^{215}_{83}$Bi (7.6m) | $^{215}_{84}$Po (1.781ms) | $^{215}_{85}$At (0.10ms) | | | | | | | |
| 211 | | $^{211}_{82}$Pb (36.1m) | $^{211}_{83}$Bi (2.14m) | $^{211}_{84}$Po (0.516s) | | | | | | | | |
| 207 | $^{207}_{81}$Tl (4.77m) | $^{207}_{82}$Pb (安定) | | | | | | | | | | |

■トリウム系列

| 質量数＼原子番号 | 81 | 82 | 83 | 84 | 85 | 86 | 87 | 88 | 89 | 90 |
|---|---|---|---|---|---|---|---|---|---|---|
| 232 | | | | | | | | | | $^{232}_{90}$Th (1.40×10¹⁰y) |
| 228 | | | | | | | | $^{228}_{88}$Ra (5.75y) | $^{228}_{89}$Ac (6.15h) | $^{228}_{90}$Th (1.912y) |
| 224 | | | | | | | | $^{224}_{88}$Ra (3.632d) | | |
| 220 | | | | | | $^{220}_{86}$Rn (55.6s) | | | | |
| 216 | | | | $^{216}_{84}$Po (0.145s) | | | | | | |
| 212 | | $^{212}_{82}$Pb (10.62h) | $^{212}_{83}$Bi (60.55m) | $^{212}_{84}$Po (0.2943μs) | | | | | | |
| 208 | $^{208}_{81}$Tl (3.053m) | $^{208}_{82}$Pb (安定) | | | | | | | | |

■ネプツニウム系列

| 質量数＼原子番号 | 81 | 82 | 83 | 84 | 85 | 86 | 87 | 88 | 89 | 90 | 91 | 92 | 93 |
|---|---|---|---|---|---|---|---|---|---|---|---|---|---|
| 237 | | | | | | | | | | | | | $^{237}_{93}$Np (2.144×10⁶y) |
| 233 | | | | | | | | | | | $^{233}_{91}$Pa (26.98d) | $^{233}_{92}$U (1.592×10⁵y) | |
| 229 | | | | | | | | | | $^{229}_{90}$Th (7.88×10³y) | | | |
| 225 | | | | | | | | $^{225}_{88}$Ra (14.9d) | $^{225}_{89}$Ac (9.920d) | | | | |
| 221 | | | | | | | $^{221}_{87}$Fr (4.9m) | | | | | | |
| 217 | | | | | $^{217}_{85}$At (32.3ms) | $^{217}_{86}$Rn (0.54ms) | | | | | | | |
| 213 | | | $^{213}_{83}$Bi (45.59m) | $^{213}_{84}$Po (3.72μs) | | | | | | | | | |
| 209 | $^{209}_{81}$Tl (2.162m) | $^{209}_{82}$Pb (3.234h) | $^{209}_{83}$Bi (2.01×10¹⁹y) | | | | | | | | | | |
| 205 | $^{205}_{81}$Tl (安定) | | | | | | | | | | | | |

# 27 おもな放射性同位体の半減期 （理科年表 2022）

| 核種 | 崩壊型 | 半減期 |
|---|---|---|
| $^{14}_{6}\text{C}$ | $\beta^-$ | $5.70\times10^3$ 年 |
| $^{26}_{13}\text{Al}$ | $\beta^+$，電子捕獲 | $7.17\times10^5$ 年 |
| $^{36}_{17}\text{Cl}$ | $\beta^-$，$\beta^+$，電子捕獲 | $3.013\times10^5$ 年 |
| $^{40}_{19}\text{K}$ | $\beta^-$，電子捕獲 | $1.248\times10^9$ 年 |
| $^{60}_{27}\text{Co}$ | $\beta^-$ | 5.2712 年 |
| $^{85}_{36}\text{Kr}$ | $\beta^-$ | 10.739 年 |
| $^{89}_{38}\text{Sr}$ | $\beta^-$ | 50.563 日 |
| $^{90}_{38}\text{Sr}$ | $\beta^-$ | 28.91 年 |
| $^{131}_{53}\text{I}$ | $\beta^-$ | 8.0252 日 |

| 核種 | 崩壊型 | 半減期 |
|---|---|---|
| $^{134}_{55}\text{Cs}$ | $\beta^-$，電子捕獲 | 2.0652 年 |
| $^{137}_{55}\text{Cs}$ | $\beta^-$ | 30.08 年 |
| $^{222}_{86}\text{Rn}$ | $\alpha$ | 3.8235 日 |
| $^{226}_{88}\text{Ra}$ | $\alpha$ | $1.600\times10^3$ 年 |
| $^{232}_{90}\text{Th}$ | $\alpha$ | $1.40\times10^{10}$ 年 |
| $^{235}_{92}\text{U}$ | $\alpha$，自発核分裂 | $7.04\times10^8$ 年 |
| $^{238}_{92}\text{U}$ | $\alpha$，自発核分裂 | $4.468\times10^9$ 年 |
| $^{239}_{92}\text{U}$ | $\beta^-$ | 23.45 分 |
| $^{239}_{94}\text{Pu}$ | $\alpha$，自発核分裂 | $2.4110\times10^4$ 年 |

# 28 放射線加重係数・組織加重係数 （国際放射線防護委員会 2007 年勧告）

■放射線加重係数の勧告値

| 放射線の種類 | 放射線加重係数 |
|---|---|
| 光子 | 1 |
| 電子，$\mu$ 粒子 | 1 |
| 陽子，荷電 $\pi$ 中間子 | 2 |
| $\alpha$ 粒子，核分裂片，重イオン | 20 |
| 中性子<br>（$E$ はエネルギー） | $2.5+18.2e^{-[\log_e(E)]^2/6}$ ($E<1\,\text{MeV}$)<br>$5.0+17.0e^{-[\log_e(2E)]^2/6}$ ($1\,\text{MeV}\leqq E\leqq50\,\text{MeV}$)<br>$2.5+3.25e^{-[\log_e(0.04E)]^2/6}$ ($50\,\text{MeV}<E$) |

■組織加重係数の勧告値

| 組織 | 組織加重係数 |
|---|---|
| 骨髄(赤色)，結腸，肺，胃，乳房，残りの組織 | 0.12 |
| 生殖腺 | 0.08 |
| 膀胱，食道，肝臓，甲状腺 | 0.04 |
| 骨表面，脳，唾液腺，皮膚 | 0.01 |
| 合計 | 1.00 |

※残りの組織：副腎，胸郭外(ET)領域，胆嚢，心臓，腎臓，リンパ節，筋肉，口腔粘膜，膵臓，前立腺(男性)，小腸，脾臓，胸腺，子宮/頸部(女性)の合計値。

# 29 素粒子の性質 （理科年表 2022）

■クォークの性質

| 粒子 | 電荷 | 反粒子 | スピン | 質量 |
|---|---|---|---|---|
| u | $+\dfrac{2}{3}$ | $\bar{\text{u}}$ | $\dfrac{1}{2}$ | $1.9\sim2.7\,\text{MeV}$ |
| d | $-\dfrac{1}{3}$ | $\bar{\text{d}}$ | $\dfrac{1}{2}$ | $4.5\sim5.2\,\text{MeV}$ |
| s | $-\dfrac{1}{3}$ | $\bar{\text{s}}$ | $\dfrac{1}{2}$ | $88\sim104\,\text{MeV}$ |
| c | $+\dfrac{2}{3}$ | $\bar{\text{c}}$ | $\dfrac{1}{2}$ | $1.25\sim1.29\,\text{GeV}$ |
| b | $-\dfrac{1}{3}$ | $\bar{\text{b}}$ | $\dfrac{1}{2}$ | $4.16\sim4.21\,\text{GeV}$ |
| t | $+\dfrac{2}{3}$ | $\bar{\text{t}}$ | $\dfrac{1}{2}$ | $172.5\sim173.1\,\text{GeV}$ |

電荷は，電気素量 $e$ を単位として示している。
スピンとは，素粒子のもつ量子力学的な量の1つ。$\hbar$（プランク定数 $h$ の $2\pi$ 分の 1）を単位として示している。

■レプトンの性質

| 粒子 | 電荷 | 反粒子 | スピン | 質量 | 平均寿命 |
|---|---|---|---|---|---|
| $\nu_e$ | 0 | $\bar{\nu}_e$ | $\dfrac{1}{2}$ | 2eV 未満 | 安定 |
| $\nu_\mu$ | 0 | $\bar{\nu}_\mu$ | $\dfrac{1}{2}$ | 0.19MeV 未満 | 安定 |
| $\nu_\tau$ | 0 | $\bar{\nu}_\tau$ | $\dfrac{1}{2}$ | 18.2MeV 未満 | 安定 |
| $e^-$ | $-1$ | $e^+$ | $\dfrac{1}{2}$ | $0.510998946$ $\pm0.00000003$MeV | 安定 |
| $\mu^-$ | $-1$ | $\mu^+$ | $\dfrac{1}{2}$ | $105.658375$ $\pm0.000002$MeV | $(2.196981\pm0.000002)$ $\times10^{-6}$ 秒 |
| $\tau^-$ | $-1$ | $\tau^+$ | $\dfrac{1}{2}$ | $1776.9\pm0.12$MeV | $(290.3\pm0.5)$ $\times10^{-15}$ 秒 |

平均寿命は，粒子数がもとの $\dfrac{1}{e}$ 倍（$e$：自然対数の底，約 2.72）に減少するまでの時間

■ゲージ粒子の性質

| 粒子 | 電荷 | 反粒子 | スピン | 質量 | 媒介する相互作用 |
|---|---|---|---|---|---|
| $\gamma$（光子） | 0 | $\gamma$ | 1 | 0 | 電磁相互作用 |
| g（グルーオン） | 0 | g | 1 | 0 | 強い相互作用 |
| $W^+$ | $+1$ | $W^-$ | 1 | $80.379\pm0.012\,\text{GeV}$ | 弱い相互作用 |
| $Z^0$ | 0 | $Z^0$ | 1 | $91.188\pm0.002\,\text{GeV}$ | 弱い相互作用 |

# 30 平方・立方・平方根・立方根の表

| $n$ | $n^2$ | $n^3$ | $\sqrt{n}$ | $\sqrt{10n}$ | $\sqrt[3]{n}$ |
|---|---|---|---|---|---|
| 1 | 1 | 1 | 1.0000 | 3.1623 | 1.0000 |
| 2 | 4 | 8 | 1.4142 | 4.4721 | 1.2599 |
| 3 | 9 | 27 | 1.7321 | 5.4772 | 1.4422 |
| 4 | 16 | 64 | 2.0000 | 6.3246 | 1.5874 |
| 5 | 25 | 125 | 2.2361 | 7.0711 | 1.7100 |
| 6 | 36 | 216 | 2.4495 | 7.7460 | 1.8171 |
| 7 | 49 | 343 | 2.6458 | 8.3666 | 1.9129 |
| 8 | 64 | 512 | 2.8284 | 8.9443 | 2.0000 |
| 9 | 81 | 729 | 3.0000 | 9.4868 | 2.0801 |
| 10 | 100 | 1000 | 3.1623 | 10.0000 | 2.1544 |
| 11 | 121 | 1331 | 3.3166 | 10.4881 | 2.2240 |
| 12 | 144 | 1728 | 3.4641 | 10.9545 | 2.2894 |
| 13 | 169 | 2197 | 3.6056 | 11.4018 | 2.3513 |
| 14 | 196 | 2744 | 3.7417 | 11.8322 | 2.4101 |
| 15 | 225 | 3375 | 3.8730 | 12.2474 | 2.4662 |
| 16 | 256 | 4096 | 4.0000 | 12.6491 | 2.5198 |
| 17 | 289 | 4913 | 4.1231 | 13.0384 | 2.5713 |
| 18 | 324 | 5832 | 4.2426 | 13.4164 | 2.6207 |
| 19 | 361 | 6859 | 4.3589 | 13.7840 | 2.6684 |
| 20 | 400 | 8000 | 4.4721 | 14.1421 | 2.7144 |
| 21 | 441 | 9261 | 4.5826 | 14.4914 | 2.7589 |
| 22 | 484 | 10648 | 4.6904 | 14.8324 | 2.8020 |
| 23 | 529 | 12167 | 4.7958 | 15.1658 | 2.8439 |
| 24 | 576 | 13824 | 4.8990 | 15.4919 | 2.8845 |
| 25 | 625 | 15625 | 5.0000 | 15.8114 | 2.9240 |
| 26 | 676 | 17576 | 5.0990 | 16.1245 | 2.9625 |
| 27 | 729 | 19683 | 5.1962 | 16.4317 | 3.0000 |
| 28 | 784 | 21952 | 5.2915 | 16.7332 | 3.0366 |
| 29 | 841 | 24389 | 5.3852 | 17.0294 | 3.0723 |
| 30 | 900 | 27000 | 5.4772 | 17.3205 | 3.1072 |
| 31 | 961 | 29791 | 5.5678 | 17.6068 | 3.1414 |
| 32 | 1024 | 32768 | 5.6569 | 17.8885 | 3.1748 |
| 33 | 1089 | 35937 | 5.7446 | 18.1659 | 3.2075 |
| 34 | 1156 | 39304 | 5.8310 | 18.4391 | 3.2396 |
| 35 | 1225 | 42875 | 5.9161 | 18.7083 | 3.2711 |
| 36 | 1296 | 46656 | 6.0000 | 18.9737 | 3.3019 |
| 37 | 1369 | 50653 | 6.0828 | 19.2354 | 3.3322 |
| 38 | 1444 | 54872 | 6.1644 | 19.4936 | 3.3620 |
| 39 | 1521 | 59319 | 6.2450 | 19.7484 | 3.3912 |
| 40 | 1600 | 64000 | 6.3246 | 20.0000 | 3.4200 |
| 41 | 1681 | 68921 | 6.4031 | 20.2485 | 3.4482 |
| 42 | 1764 | 74088 | 6.4807 | 20.4939 | 3.4760 |
| 43 | 1849 | 79507 | 6.5574 | 20.7364 | 3.5034 |
| 44 | 1936 | 85184 | 6.6332 | 20.9762 | 3.5303 |
| 45 | 2025 | 91125 | 6.7082 | 21.2132 | 3.5569 |
| 46 | 2116 | 97336 | 6.7823 | 21.4476 | 3.5830 |
| 47 | 2209 | 103823 | 6.8557 | 21.6795 | 3.6088 |
| 48 | 2304 | 110592 | 6.9282 | 21.9089 | 3.6342 |
| 49 | 2401 | 117649 | 7.0000 | 22.1359 | 3.6593 |
| 50 | 2500 | 125000 | 7.0711 | 22.3607 | 3.6840 |

| $n$ | $n^2$ | $n^3$ | $\sqrt{n}$ | $\sqrt{10n}$ | $\sqrt[3]{n}$ |
|---|---|---|---|---|---|
| 51 | 2601 | 132651 | 7.1414 | 22.5832 | 3.7084 |
| 52 | 2704 | 140608 | 7.2111 | 22.8035 | 3.7325 |
| 53 | 2809 | 148877 | 7.2801 | 23.0217 | 3.7563 |
| 54 | 2916 | 157464 | 7.3485 | 23.2379 | 3.7798 |
| 55 | 3025 | 166375 | 7.4162 | 23.4521 | 3.8030 |
| 56 | 3136 | 175616 | 7.4833 | 23.6643 | 3.8259 |
| 57 | 3249 | 185193 | 7.5498 | 23.8747 | 3.8485 |
| 58 | 3364 | 195112 | 7.6158 | 24.0832 | 3.8709 |
| 59 | 3481 | 205379 | 7.6811 | 24.2899 | 3.8930 |
| 60 | 3600 | 216000 | 7.7460 | 24.4949 | 3.9149 |
| 61 | 3721 | 226981 | 7.8102 | 24.6982 | 3.9365 |
| 62 | 3844 | 238328 | 7.8740 | 24.8998 | 3.9579 |
| 63 | 3969 | 250047 | 7.9373 | 25.0998 | 3.9791 |
| 64 | 4096 | 262144 | 8.0000 | 25.2982 | 4.0000 |
| 65 | 4225 | 274625 | 8.0623 | 25.4951 | 4.0207 |
| 66 | 4356 | 287496 | 8.1240 | 25.6905 | 4.0412 |
| 67 | 4489 | 300763 | 8.1854 | 25.8844 | 4.0615 |
| 68 | 4624 | 314432 | 8.2462 | 26.0768 | 4.0817 |
| 69 | 4761 | 328509 | 8.3066 | 26.2679 | 4.1016 |
| 70 | 4900 | 343000 | 8.3666 | 26.4575 | 4.1213 |
| 71 | 5041 | 357911 | 8.4261 | 26.6458 | 4.1408 |
| 72 | 5184 | 373248 | 8.4853 | 26.8328 | 4.1602 |
| 73 | 5329 | 389017 | 8.5440 | 27.0185 | 4.1793 |
| 74 | 5476 | 405224 | 8.6023 | 27.2029 | 4.1983 |
| 75 | 5625 | 421875 | 8.6603 | 27.3861 | 4.2172 |
| 76 | 5776 | 438976 | 8.7178 | 27.5681 | 4.2358 |
| 77 | 5929 | 456533 | 8.7750 | 27.7489 | 4.2543 |
| 78 | 6084 | 474552 | 8.8318 | 27.9285 | 4.2727 |
| 79 | 6241 | 493039 | 8.8882 | 28.1069 | 4.2908 |
| 80 | 6400 | 512000 | 8.9443 | 28.2843 | 4.3089 |
| 81 | 6561 | 531441 | 9.0000 | 28.4605 | 4.3267 |
| 82 | 6724 | 551368 | 9.0554 | 28.6356 | 4.3445 |
| 83 | 6889 | 571787 | 9.1104 | 28.8097 | 4.3621 |
| 84 | 7056 | 592704 | 9.1652 | 28.9828 | 4.3795 |
| 85 | 7225 | 614125 | 9.2195 | 29.1548 | 4.3968 |
| 86 | 7396 | 636056 | 9.2736 | 29.3258 | 4.4140 |
| 87 | 7569 | 658503 | 9.3274 | 29.4958 | 4.4310 |
| 88 | 7744 | 681472 | 9.3808 | 29.6648 | 4.4480 |
| 89 | 7921 | 704969 | 9.4340 | 29.8329 | 4.4647 |
| 90 | 8100 | 729000 | 9.4868 | 30.0000 | 4.4814 |
| 91 | 8281 | 753571 | 9.5394 | 30.1662 | 4.4979 |
| 92 | 8464 | 778688 | 9.5917 | 30.3315 | 4.5144 |
| 93 | 8649 | 804357 | 9.6437 | 30.4959 | 4.5307 |
| 94 | 8836 | 830584 | 9.6954 | 30.6594 | 4.5468 |
| 95 | 9025 | 857375 | 9.7468 | 30.8221 | 4.5629 |
| 96 | 9216 | 884736 | 9.7980 | 30.9839 | 4.5789 |
| 97 | 9409 | 912673 | 9.8489 | 31.1448 | 4.5947 |
| 98 | 9604 | 941192 | 9.8995 | 31.3050 | 4.6104 |
| 99 | 9801 | 970299 | 9.9499 | 31.4643 | 4.6261 |
| 100 | 10000 | 1000000 | 10.0000 | 31.6228 | 4.6416 |

# 31 三角関数の表

| 角度 | | 正弦<br>sin | 余弦<br>cos | 正接<br>tan |
|---|---|---|---|---|
| 度 | rad | | | |
| 0° | 0.000 | 0.0000 | 1.0000 | 0.0000 |
| 1° | 0.017 | 0.0175 | 0.9998 | 0.0175 |
| 2° | 0.035 | 0.0349 | 0.9994 | 0.0349 |
| 3° | 0.052 | 0.0523 | 0.9986 | 0.0524 |
| 4° | 0.070 | 0.0698 | 0.9976 | 0.0699 |
| 5° | 0.087 | 0.0872 | 0.9962 | 0.0875 |
| 6° | 0.105 | 0.1045 | 0.9945 | 0.1051 |
| 7° | 0.122 | 0.1219 | 0.9925 | 0.1228 |
| 8° | 0.140 | 0.1392 | 0.9903 | 0.1405 |
| 9° | 0.157 | 0.1564 | 0.9877 | 0.1584 |
| 10° | 0.175 | 0.1736 | 0.9848 | 0.1763 |
| 11° | 0.192 | 0.1908 | 0.9816 | 0.1944 |
| 12° | 0.209 | 0.2079 | 0.9781 | 0.2126 |
| 13° | 0.227 | 0.2250 | 0.9744 | 0.2309 |
| 14° | 0.244 | 0.2419 | 0.9703 | 0.2493 |
| 15° | 0.262 | 0.2588 | 0.9659 | 0.2679 |
| 16° | 0.279 | 0.2756 | 0.9613 | 0.2867 |
| 17° | 0.297 | 0.2924 | 0.9563 | 0.3057 |
| 18° | 0.314 | 0.3090 | 0.9511 | 0.3249 |
| 19° | 0.332 | 0.3256 | 0.9455 | 0.3443 |
| 20° | 0.349 | 0.3420 | 0.9397 | 0.3640 |
| 21° | 0.367 | 0.3584 | 0.9336 | 0.3839 |
| 22° | 0.384 | 0.3746 | 0.9272 | 0.4040 |
| 23° | 0.401 | 0.3907 | 0.9205 | 0.4245 |
| 24° | 0.419 | 0.4067 | 0.9135 | 0.4452 |
| 25° | 0.436 | 0.4226 | 0.9063 | 0.4663 |
| 26° | 0.454 | 0.4384 | 0.8988 | 0.4877 |
| 27° | 0.471 | 0.4540 | 0.8910 | 0.5095 |
| 28° | 0.489 | 0.4695 | 0.8829 | 0.5317 |
| 29° | 0.506 | 0.4848 | 0.8746 | 0.5543 |
| 30° | 0.524 | 0.5000 | 0.8660 | 0.5774 |
| 31° | 0.541 | 0.5150 | 0.8572 | 0.6009 |
| 32° | 0.559 | 0.5299 | 0.8480 | 0.6249 |
| 33° | 0.576 | 0.5446 | 0.8387 | 0.6494 |
| 34° | 0.593 | 0.5592 | 0.8290 | 0.6745 |
| 35° | 0.611 | 0.5736 | 0.8192 | 0.7002 |
| 36° | 0.628 | 0.5878 | 0.8090 | 0.7265 |
| 37° | 0.646 | 0.6018 | 0.7986 | 0.7536 |
| 38° | 0.663 | 0.6157 | 0.7880 | 0.7813 |
| 39° | 0.681 | 0.6293 | 0.7771 | 0.8098 |
| 40° | 0.698 | 0.6428 | 0.7660 | 0.8391 |
| 41° | 0.716 | 0.6561 | 0.7547 | 0.8693 |
| 42° | 0.733 | 0.6691 | 0.7431 | 0.9004 |
| 43° | 0.750 | 0.6820 | 0.7314 | 0.9325 |
| 44° | 0.768 | 0.6947 | 0.7193 | 0.9657 |
| 45° | 0.785 | 0.7071 | 0.7071 | 1.0000 |

| 角度 | | 正弦<br>sin | 余弦<br>cos | 正接<br>tan |
|---|---|---|---|---|
| 度 | rad | | | |
| 45° | 0.785 | 0.7071 | 0.7071 | 1.0000 |
| 46° | 0.803 | 0.7193 | 0.6947 | 1.0355 |
| 47° | 0.820 | 0.7314 | 0.6820 | 1.0724 |
| 48° | 0.838 | 0.7431 | 0.6691 | 1.1106 |
| 49° | 0.855 | 0.7547 | 0.6561 | 1.1504 |
| 50° | 0.873 | 0.7660 | 0.6428 | 1.1918 |
| 51° | 0.890 | 0.7771 | 0.6293 | 1.2349 |
| 52° | 0.908 | 0.7880 | 0.6157 | 1.2799 |
| 53° | 0.925 | 0.7986 | 0.6018 | 1.3270 |
| 54° | 0.942 | 0.8090 | 0.5878 | 1.3764 |
| 55° | 0.960 | 0.8192 | 0.5736 | 1.4281 |
| 56° | 0.977 | 0.8290 | 0.5592 | 1.4826 |
| 57° | 0.995 | 0.8387 | 0.5446 | 1.5399 |
| 58° | 1.012 | 0.8480 | 0.5299 | 1.6003 |
| 59° | 1.030 | 0.8572 | 0.5150 | 1.6643 |
| 60° | 1.047 | 0.8660 | 0.5000 | 1.7321 |
| 61° | 1.065 | 0.8746 | 0.4848 | 1.8040 |
| 62° | 1.082 | 0.8829 | 0.4695 | 1.8807 |
| 63° | 1.100 | 0.8910 | 0.4540 | 1.9626 |
| 64° | 1.117 | 0.8988 | 0.4384 | 2.0503 |
| 65° | 1.134 | 0.9063 | 0.4226 | 2.1445 |
| 66° | 1.152 | 0.9135 | 0.4067 | 2.2460 |
| 67° | 1.169 | 0.9205 | 0.3907 | 2.3559 |
| 68° | 1.187 | 0.9272 | 0.3746 | 2.4751 |
| 69° | 1.204 | 0.9336 | 0.3584 | 2.6051 |
| 70° | 1.222 | 0.9397 | 0.3420 | 2.7475 |
| 71° | 1.239 | 0.9455 | 0.3256 | 2.9042 |
| 72° | 1.257 | 0.9511 | 0.3090 | 3.0777 |
| 73° | 1.274 | 0.9563 | 0.2924 | 3.2709 |
| 74° | 1.292 | 0.9613 | 0.2756 | 3.4874 |
| 75° | 1.309 | 0.9659 | 0.2588 | 3.7321 |
| 76° | 1.326 | 0.9703 | 0.2419 | 4.0108 |
| 77° | 1.344 | 0.9744 | 0.2250 | 4.3315 |
| 78° | 1.361 | 0.9781 | 0.2079 | 4.7046 |
| 79° | 1.379 | 0.9816 | 0.1908 | 5.1446 |
| 80° | 1.396 | 0.9848 | 0.1736 | 5.6713 |
| 81° | 1.414 | 0.9877 | 0.1564 | 6.3138 |
| 82° | 1.431 | 0.9903 | 0.1392 | 7.1154 |
| 83° | 1.449 | 0.9925 | 0.1219 | 8.1443 |
| 84° | 1.466 | 0.9945 | 0.1045 | 9.5144 |
| 85° | 1.484 | 0.9962 | 0.0872 | 11.4301 |
| 86° | 1.501 | 0.9976 | 0.0698 | 14.3007 |
| 87° | 1.518 | 0.9986 | 0.0523 | 19.0811 |
| 88° | 1.536 | 0.9994 | 0.0349 | 28.6363 |
| 89° | 1.553 | 0.9998 | 0.0175 | 57.2900 |
| 90° | 1.571 | 1.0000 | 0.0000 | — |

# 32 物理定数

| 分野 | 物理量 | 記号 | 概数値 | | 詳しい値 | |
|---|---|---|---|---|---|---|
| 力学 | 標準重力加速度 | $g$ | 9.8 | $m/s^2$ | 9.80665 | $m/s^2$ |
| | 万有引力定数 | $G$ | $6.67 \times 10^{-11}$ | $N \cdot m^2/kg^2$ | 6.67430 | $\times 10^{-11}$ $N \cdot m^2/kg^2$ |
| 熱力学 | 絶対零度 | | $-273$ | ℃ (= 0K) | $-273.15$ | ℃ |
| | アボガドロ定数 | $N$, $N_A$ | $6.02 \times 10^{23}$ | /mol | 6.02214076 | $\times 10^{23}$ /mol |
| | ボルツマン定数 | $k$ | $1.38 \times 10^{-23}$ | J/K | 1.380649 | $\times 10^{-23}$ J/K |
| | 理想気体の体積(0℃, 1atm) | | $2.24 \times 10^{-2}$ | $m^3/mol$ | 2.241396954 | $\times 10^{-2}$ $m^3/mol$ |
| | 気体定数 | $R$ | 8.31 | $J/(mol \cdot K)$ | 8.314462618 | $J/(mol \cdot K)$ |
| 波 | 乾燥空気中の音の速さ(0℃) | | 331.5 | m/s | 331.45 | m/s |
| | 真空中の光の速さ | $c$ | $3.00 \times 10^8$ | m/s | 2.99792458 | $\times 10^8$ m/s |
| 電磁気 | クーロンの法則の比例定数(真空中) | $k_0$ | $8.99 \times 10^9$ | $N \cdot m^2/C^2$ | 8.98755179 | $\times 10^9$ $N \cdot m^2/C^2$ |
| | 真空の誘電率 | $\varepsilon_0$ | $8.85 \times 10^{-12}$ | F/m | 8.8541878128 | $\times 10^{-12}$ F/m |
| | 真空の透磁率 | $\mu_0$ | $1.26 \times 10^{-6}$ | $N/A^2$ | 1.25663706212 | $\times 10^{-6}$ $N/A^2$ |
| 原子 | 電子の比電荷 | | $1.76 \times 10^{11}$ | C/kg | 1.75882001076 | $\times 10^{11}$ C/kg |
| | 電気素量 | $e$ | $1.60 \times 10^{-19}$ | C | 1.602176634 | $\times 10^{-19}$ C |
| | 電子の質量 | $m_e$ | $9.11 \times 10^{-31}$ | kg | 9.1093837015 | $\times 10^{-31}$ kg |
| | プランク定数 | $h$ | $6.63 \times 10^{-34}$ | J・s | 6.62607015 | $\times 10^{-34}$ J・s |
| | ボーア半径 | | $5.29 \times 10^{-11}$ | m | 5.29177210903 | $\times 10^{-11}$ m |
| | リュードベリ定数 | $R$ | $1.10 \times 10^7$ | /m | 1.0973731568160 | $\times 10^7$ /m |
| | 統一原子質量単位 | | $1.66 \times 10^{-27}$ | kg (= 1u) | 1.66053906660 | $\times 10^{-27}$ kg |

索引

# 新課程　フォトサイエンス
# 物理図録

**■編集協力者・物理実験協力者 (五十音順)**

黒田楯彦　元東京都立竹早高等学校教諭
河本敏郎　神戸大学教授
小林雅之　東京学芸大学附属高等学校教諭
永露浩明　元東京都立町田高等学校教諭

**■実験協力校 (五十音順)**

多摩大学附属聖ヶ丘中学・高等学校　東京都立雪谷高等学校

**■実験写真撮影 (五十音順)**

伊知地国夫　久保政喜

**■実験・撮影協力 (五十音順)**

株式会社島津理化　株式会社東京サマーランド　ケニス株式会社
国立研究開発法人 理化学研究所　日本アビオニクス株式会社
横浜・八景島シーパラダイス

**■表紙デザイン**

株式会社クラップス

**■表紙写真**

epicstockmedia/123RF　lightpoet/123RF　shalamov/123RF
t.s photography/PIXTA　yanik88/PIXTA　空 /PIXTA　花火 /PIXTA
やえざくら /PIXTA

**■本文デザイン**

株式会社ウエイド

**■写真・データ提供 (五十音順)**

アイリスオーヤマ株式会社　青森県立三沢航空科学館　秋本祐希 (higgstan.com)　アフロ
amanaimages　アメリカ航空宇宙局 (NASA)　EHT Collaboration　伊知地国夫　123RF
一般社団法人 日本損害保険協会　魚津市役所　Airbus　AFP=時事　NNP
エレコム株式会社　欧州宇宙機関 (ESA)　大崎クールジェン株式会社　OPO
株式会社アイビット　株式会社エフ・ピー・エス　株式会社サトーメガネ
株式会社島津理化　株式会社真珠科学研究所　株式会社SUBARU
株式会社ダイナテック　株式会社タダノ　株式会社超臨界技術研究所　株式会社東芝
株式会社フェローテックマテリアルテクノロジーズ　株式会社ブリヂストン
株式会社リガク　川村敦一　気象庁　キヤノン電子管デバイス株式会社
キヤノンメディカルシステムズ株式会社　Getty Images　ケニス株式会社
公益財団法人 鉄道総合技術研究所　航空自衛隊　神戸市消防局　国立科学博物館
国立研究開発法人 宇宙航空研究開発機構 (JAXA)
国立研究開発法人 新エネルギー・産業技術総合開発機構 (NEDO)
国立研究開発法人 理化学研究所　J-PARC センター　Shutterstock　シャープ株式会社
昭和電線ホールディングス株式会社　信越化学工業株式会社　スカパー JSAT 株式会社
住友建機株式会社　西華産業株式会社　CERN アトラス実験グループ　ソニー株式会社
大学共同利用機関法人 自然科学研究機構 国立天文台
Daigas ガスアンドパワーソリューシュン株式会社　大作商事株式会社　Dyson
大日本印刷株式会社　田口耕造 (立命館大学)　田中宏幸　田之倉優 (東京大学)
ティファール　東京大学宇宙線研究所　神岡宇宙素粒子研究施設
東京大学宇宙線研究所 重力波観測研究施設　東京電力ホールディングス株式会社
東京都交通局　東芝インフラシステムズ株式会社　東芝エネルギーシステムズ株式会社
東北大学・大気海洋変動観測研究センター　トヨタ自動車株式会社
ナスバ ((独) 自動車事故対策機構)　日本アビオニクス株式会社　日本航空株式会社
日本車輌製造株式会社　日本電子株式会社　日本レイテック株式会社　任天堂株式会社
パナソニック エコシステムズ株式会社　パナソニック株式会社　浜松ホトニクス株式会社
ハーマンインターナショナル株式会社　東日本旅客鉄道株式会社　PIXTA
日立製作所中央研究所　PPS　フォトライブラリー
富士フイルムビジネスイノベーション株式会社　ボーズ合同会社　本田技研工業株式会社
本多電子株式会社　毎日新聞社 / 時事通信フォト　三菱重工業株式会社
ミドリ安全株式会社

**初　版**
第 1 刷　2006 年 12 月 1 日　発行
第 24 刷　2012 年 5 月 1 日　発行
**新課程**
第 1 刷　2012 年 11 月 1 日　発行
第 14 刷　2016 年 5 月 1 日　発行
**改訂版**
第 1 刷　2016 年 11 月 1 日　発行
第 14 刷　2022 年 3 月 1 日　発行
**新課程**
第 1 刷　2022 年 11 月 1 日　発行
第 2 刷　2023 年 1 月 10 日　発行
第 3 刷　2023 年 4 月 1 日　発行
第 4 刷　2024 年 2 月 1 日　発行
第 5 刷　2024 年 3 月 1 日　発行

**数研出版のデジタル版教科書・教材**

数研出版の教科書や参考書をパソコンやタブレットで！

動画やアニメーションによる解説で，理解が深まります。
ラインナップや購入方法など詳しくは，弊社 HP まで →

ISBN978-4-410-26514-3

編　者　数研出版編集部
発行者　星野泰也
発行所　**数研出版株式会社**
　　　　〒 101-0052　東京都千代田区神田小川町 2 丁目 3 番地 3
　　　　〔振替〕00140-4-118431
　　　　〒 604-0861　京都市中京区烏丸通竹屋町上る大倉町 205 番地
　　　　〔電話〕代表 (075) 231-0161
　　　　ホームページ　https://www.chart.co.jp
印刷　寿印刷株式会社

240205

# 元素の周期表

原子量は、質量数12の炭素原子 $^{12}C$ 1個の質量を基準とし、これを12としたときの、他の原子1個の質量の相対値を表しているもの。同位体（同じ元素で質量数が異なる原子）が存在する原子は、それらの存在比で平均した値によっている。天然で特定の同位体組成を示さない元素については、その元素の放射性同位体の質量数（原子核を構成する粒子—陽子と中性子—の数）の一例を（ ）内に示す。

元素名の※は、人工的に作られた元素であることを示している。$_{104}$Rf以降の元素を超アクチノイド元素などとよぶ。詳しい性質はわかっていない。

$_3$Li は天然の同位体存在量に大きな変動幅があるため、原子量を3桁にしている。

凡例
原子番号
00 元素名 / 元素記号
原子量
■ は金属元素
□ は非金属元素
単体は常温で気体
単体は常温で液体
単体は常温で固体
単体は半導体
単体は強磁性体
▲ すべて放射性同位体からなる元素

| 周期＼族 | 1 | 2 | 3 | 4 | 5 | 6 | 7 | 8 | 9 | 10 | 11 | 12 | 13 | 14 | 15 | 16 | 17 | 18 |
|---|---|---|---|---|---|---|---|---|---|---|---|---|---|---|---|---|---|---|
| 1 | 1H 水素 1.008 | | | | | | | | | | | | | | | | | 2He ヘリウム 4.003 |
| 2 | 3Li リチウム 6.94 | 4Be ベリリウム 9.012 | | | | | | | | | | | 5B ホウ素 10.81 | 6C 炭素 12.01 | 7N 窒素 14.01 | 8O 酸素 16.00 | 9F フッ素 19.00 | 10Ne ネオン 20.18 |
| 3 | 11Na ナトリウム 22.99 | 12Mg マグネシウム 24.31 | | | | | | | | | | | 13Al アルミニウム 26.98 | 14Si ケイ素 28.09 | 15P リン 30.97 | 16S 硫黄 32.07 | 17Cl 塩素 35.45 | 18Ar アルゴン 39.95 |
| 4 | 19K カリウム 39.10 | 20Ca カルシウム 40.08 | 21Sc スカンジウム 44.96 | 22Ti チタン 47.87 | 23V バナジウム 50.94 | 24Cr クロム 52.00 | 25Mn マンガン 54.94 | 26Fe 鉄 55.85 | 27Co コバルト 58.93 | 28Ni ニッケル 58.69 | 29Cu 銅 63.55 | 30Zn 亜鉛 65.38 | 31Ga ガリウム 69.72 | 32Ge ゲルマニウム 72.63 | 33As ヒ素 74.92 | 34Se セレン 78.97 | 35Br 臭素 79.90 | 36Kr クリプトン 83.80 |
| 5 | 37Rb ルビジウム 85.47 | 38Sr ストロンチウム 87.62 | 39Y イットリウム 88.91 | 40Zr ジルコニウム 91.22 | 41Nb ニオブ 92.91 | 42Mo モリブデン 95.95 | 43Tc テクネチウム※ (99) | 44Ru ルテニウム 101.1 | 45Rh ロジウム 102.9 | 46Pd パラジウム 106.4 | 47Ag 銀 107.9 | 48Cd カドミウム 112.4 | 49In インジウム 114.8 | 50Sn スズ 118.7 | 51Sb アンチモン 121.8 | 52Te テルル 127.6 | 53I ヨウ素 126.9 | 54Xe キセノン 131.3 |
| 6 | 55Cs セシウム 132.9 | 56Ba バリウム 137.3 | 57～71 ランタノイド | 72Hf ハフニウム 178.5 | 73Ta タンタル 180.9 | 74W タングステン 183.8 | 75Re レニウム 186.2 | 76Os オスミウム 190.2 | 77Ir イリジウム 192.2 | 78Pt 白金 195.1 | 79Au 金 197.0 | 80Hg 水銀 200.6 | 81Tl タリウム 204.4 | 82Pb 鉛 207.2 | 83Bi ビスマス 209.0 | 84Po ポロニウム※ (210) | 85At アスタチン※ (210) | 86Rn ラドン (222) |
| 7 | 87Fr フランシウム (223) | 88Ra ラジウム (226) | 89～103 アクチノイド | 104Rf ラザホージウム※ (267) | 105Db ドブニウム※ (268) | 106Sg シーボーギウム※ (271) | 107Bh ボーリウム※ (272) | 108Hs ハッシウム※ (277) | 109Mt マイトネリウム※ (276) | 110Ds ダームスタチウム※ (281) | 111Rg レントゲニウム※ (280) | 112Cn コペルニシウム※ (285) | 113Nh ニホニウム※ (278) | 114Fl フレロビウム※ (289) | 115Mc モスコビウム※ (289) | 116Lv リバモリウム※ (293) | 117Ts テネシン※ (293) | 118Og オガネソン※ (294) |

ランタノイド

| 57La ランタン 138.9 | 58Ce セリウム 140.1 | 59Pr プラセオジム 140.9 | 60Nd ネオジム 144.2 | 61Pm プロメチウム※ (145) | 62Sm サマリウム 150.4 | 63Eu ユウロピウム 152.0 | 64Gd ガドリニウム 157.3 | 65Tb テルビウム 158.9 | 66Dy ジスプロシウム 162.5 | 67Ho ホルミウム 164.9 | 68Er エルビウム 167.3 | 69Tm ツリウム 168.9 | 70Yb イッテルビウム 173.0 | 71Lu ルテチウム 175.0 |
|---|---|---|---|---|---|---|---|---|---|---|---|---|---|---|

アクチノイド

| 89Ac アクチニウム (227) | 90Th トリウム 232.0 | 91Pa プロトアクチニウム 231.0 | 92U ウラン 238.0 | 93Np ネプツニウム (237) | 94Pu プルトニウム (239) | 95Am アメリシウム (243) | 96Cm キュリウム (247) | 97Bk バークリウム (247) | 98Cf カリホルニウム (252) | 99Es アインスタイニウム (252) | 100Fm フェルミウム (257) | 101Md メンデレビウム (258) | 102No ノーベリウム (259) | 103Lr ローレンシウム (262) |
|---|---|---|---|---|---|---|---|---|---|---|---|---|---|---|

D

# ⛰ 物理 に関する仕事を している方に インタビューしました!

## ⛰ 興味のあった「音」を仕事に

**パナソニック エンターテインメント&コミュニケーション株式会社**
**スマートコミュニケーション BU ハード設計部　増田真理枝さん**

**Q. イヤホン関連のお仕事とのことですが,どんなことをしていますか?**

A. ワイヤレスイヤホンの音響特性を評価し,高音質化をめざしています。音響特性とは,音やその響きの性能のこと。たとえば評価するものとして周波数特性があります。試作イヤホンについて,出力できる周波数(音の振動数 ♩ p.84)の上限から下限までを連続で出力し,その帯域ごとにどのくらい音を出せるかはかります。通話機能つきイヤホンにはマイクもあるので,音を入力する側の音響特性も評価します。また,ノイズも音質に影響するので,原因が電気的なものなのか構造的なものなのかなどをつきとめ,できるだけ抑えるようにしていきます。入社まもなく通話性能などを先輩たちと担当し,まわりの騒音を減らし,使用者の声だけをクリアに相手に届ける「JustMyVoice 機能」を新製品に搭載させることができました。店頭でそのイヤホンをお客さまが購入するところを目にし,心の中で「ありがとうございます」と言いました。

**Q. 学生時代に学んだことが,どのように仕事に役立っていますか?**

A. 音は波ですので,波の伝わり方の原理(♩ p.78)などは仕事に直結しています。でもそれだけでなく,イヤホンなどのスピーカーは電磁気(♩ p.105)のしくみで動き,音を出すための振動などは力学(♩ p.20)とも関わるので,高校物理で習ったことは広く役立っています。大学と大学院では,芸術工学という分野の音響設計学を専攻し,音というものを物理,身体,心理などさまざまな視点から学びました。

**Q. この書籍で学ぶ人たちにメッセージをお願いします!**

A. 高校時代,ライブハウスのスピーカーの音に感動し,さらに学校の電磁気などの授業でスピーカーの原理を理解し,学びが深まったという経験があります。みなさんも印象にあるものと授業内容を関連づけられると,さらに興味がわいてくると思います。

高音質化が実現し,製品化したワイヤレスイヤホン。

## ⛰ 振動で触覚を得るハプティクスの質を高める

**TDK 株式会社　電子部品ビジネスカンパニー**
**ピエゾ&プロテクションデバイス B.Grp ピエゾ商品開発部　池田佳生さん**

**Q. ハプティクスとはどういうもので,どんなお仕事をしているのですか?**

A. 触感を得るための技術をハプティクスといいます。電子機器などで平面なのに指を触れると,あたかも押してクリックしたように感じられることがあると思います。そこには「振動する素子」が使われている場合があるのです。

自由度の高い触感を再現するため,私は圧電効果や逆圧電効果という現象を応用して,振動する素子を開発しています。圧電効果とは,特定のセラミックス材料などに圧力を加えることで電圧が生じる現象のこと。逆圧電効果は反対に,材料に電圧をかけることで歪みが生じる現象のことです。開発している素子では逆圧電効果を利用して振動を生じさせます。振動を得る方式にはほかにモーターを使うものなど複数がありますが,圧電の方式は応答性に優れ,複雑な振動を瞬時に再現できるため,ガラスの割れるような触感まで得られます。素子を二重にし,そこに金属板を挟むことで,振動を大きくするといった工夫もしています。

**Q. 学生時代に学んだことが,研究にどう役立っていますか?**

A. 圧電素子には共振現象(♩ p.87,136)を利用したものが多く,高校物理で学んだ共振の知識をほぼすべて,仕事での振動のデザインなどに使っています。ただし,実際の素子ではさまざまな振動のしかたが生じるため,望む振動のしかたを得られるよう,弾性力(♩ p.28)を発展させた弾性波や弾性定数などの,大学・大学院で学ぶ知識も使っています。

**Q. この書籍で学ぶ人たちにメッセージをお願いします!**

A. 仕事では高校物理で学んだ内容を含む振動のことを,数学の知識で記述・計算しています。このように,物理と数学が密接に関係しあっていることを理解できれば,さらに物理や数学などの勉強が楽しくなると思いますよ。

ハプティクス技術の応用イメージ例。左の写真で手に持っているのが振動する素子の数々。